长江流域水库群科学调度丛书

三峡水库水文特性
及预报技术

闵要武　鲍正风　冯宝飞　许银山　刘冬英 等 编著

科学出版社

北　京

内 容 简 介

本书全面梳理长江上游水库群建成后水文情势的新变化、实时预报调度中面临的新问题，总结国内外水库群运行后洪水预报相关技术研究进展，系统分析长江上游水库群运行背景下水文基础资料的一致性、洪水特性及规律的演变，对水文气象预报模型、洪水演进模型、旱涝长期预测技术、入库洪水概率预报方法等问题开展系统研究，结合实时预报调度实践，总结提炼形成三峡水库水文特性及预报技术。本书提出的相关技术成果均可应用于三峡水库等工程调度实践，在类似工程中具有参考价值和推广意义。

本书适合水旱灾害防御、水文气象、水利工程调度等领域的技术、科研人员及政府决策人员参考阅读。

审图号：GS 京（2024）0242 号

图书在版编目（CIP）数据

三峡水库水文特性及预报技术/闵要武等编著.—北京：科学出版社，2024.3
（长江流域水库群科学调度丛书）
ISBN 978-7-03-078211-3

Ⅰ.① 三… Ⅱ.① 闵… Ⅲ.① 三峡水利工程-工程水文学-水文特征-研究
②三峡水利工程-工程水文学-水文预报-研究 Ⅳ.①TV12

中国国家版本馆 CIP 数据核字（2024）第 051182 号

责任编辑：何 念 王 玉/责任校对：高 嵘
责任印制：彭 超/封面设计：无极书装

科学出版社 出版
北京东黄城根北街 16 号
邮政编码：100717
http://www.sciencep.com

武汉精一佳印刷有限公司印刷
科学出版社发行 各地新华书店经销
*

开本：787×1092 1/16
2024 年 3 月第 一 版 印张：14 1/4
2024 年 3 月第一次印刷 字数：354 000
定价：169.00 元
（如有印装质量问题，我社负责调换）

"长江流域水库群科学调度丛书"序

长江是我国第一大河，流域面积达 178.3 万 km²。截至 2022 年末，长江经济带常住人口数量占全国比重为 43.1%，地区生产总值占全国比重为 46.5%。长江流域在我国经济社会发展中占有极其重要的地位。

长江三峡水利枢纽工程（简称三峡工程）是治理开发和保护长江的关键性骨干工程，是世界上规模最大的水利枢纽工程，水库正常蓄水位 175 m，防洪库容 221.5 亿 m³，调节库容 165 亿 m³，具有防洪、发电、航运、水资源利用等巨大的综合效益。

2018 年 4 月 24 日，习近平总书记赴三峡工程视察并发表重要讲话。习近平总书记指出，三峡工程是国之重器，是靠劳动者的辛勤劳动自力更生创造出来的，三峡工程的成功建成和运转，使多少代中国人开发和利用三峡资源的梦想变为现实，成为改革开放以来我国发展的重要标志。这是我国社会主义制度能够集中力量办大事优越性的典范，是中国人民富于智慧和创造性的典范，是中华民族日益走向繁荣强盛的典范。

2003 年三峡水库水位蓄至 135 m，开始发挥发电、航运效益；2006 年三峡水库比初步设计进度提前一年进入 156 m 初期运行期；2008 年三峡水库开始正常蓄水位 175 m 试验性蓄水期，2010～2020 年三峡水库连续 11 年蓄水至 175 m，三峡工程开始全面发挥综合效益。

随着经济社会的高速发展，我国水资源利用和水安全保障对三峡工程运行提出了新的更高要求。针对三峡水库蓄水运用以来面临的新形势、新需求和新挑战，2011 年，中国长江三峡集团有限公司与水利部长江水利委员会实施战略合作，联合开展"三峡水库科学调度关键技术研究"第一阶段项目的科技攻关工作。研究提出并实施三峡工程适应新约束、新需求的调度关键技术和水库优化调度方案，保障了三峡工程综合效益的充分发挥。

"十二五"期间，长江上游干支流溪洛渡、向家坝、亭子口等一批调节性能优异的大型水利枢纽陆续建成和投产，初步形成了以三峡水库为核心的长江流域水库群联合调度格局。流域水库群作为长江流域防洪体系的重要组成部分，是长江流域水资源开发、水资源配置、水生态水环境保护的重要引擎，为确保长江防洪安全、能源安全、供水安全和生态安全提供了重要的基础性保障。

从新时期长江流域梯级水库群联合运行管理的工程实际出发，为解决变化环境中以三峡水库为核心的长江流域水库群联合调度所面临的科学问题和技术难点，2015 年，中国长江三峡集团有限公司启动了"三峡水库科学调度关键技术研究"第二阶段项目的科技攻关工作。研究成果实现了从单一水库调度向以三峡水库为核心的水库群联合调度的转变、从汛期调度向全年全过程调度的转变，以及从单一防洪调度向防洪、发电、航运、供水、生态、应急等多目标综合调度的转变，解决了水库群联合调度运用面临的跨区域精准调控难度大、一库多用协调要求高、防洪与兴利效益综合优化难等一系列亟待突破的科学问题，为流域水库群长期高效稳定运行与综合效益发挥提供了技术保障和支撑。2020 年，三峡工程完成整体竣工验收，其结论是：运行持续保持良好状态，防洪、发电、航运、水资源利用等综合效益全面发挥。

当前，长江经济带和长江大保护战略进入高质量发展新阶段，水库群对国家重大战略和经济社会发展的支撑保障日益凸显。因此，总结提炼、持续创新和优化梯级水库群联合调度理论与方法更为迫切。

为此，"长江流域水库群科学调度丛书"在对"三峡水库科学调度关键技术研究"项目系列成果进行总结梳理的基础上，凝练了一批水文预测分析、生态环境模拟和联合优化调度核心技术，形成了与梯级水库群安全运行和多目标综合效益挖掘需求相适应的完备技术体系，有效指导了流域水库群联合调度方案制定，全面提升了以三峡水库为核心的长江流域水库群联合调度管理水平和示范效应。

"十三五"期间，随着乌东德、白鹤滩、两河口等大型水库陆续建成投运和水库群范围的进一步扩大，以及新技术的迅猛发展，新情况、新问题、新需求还将接续出现。为此，需要持续滚动开展系统、精准的流域水库群智慧调度研究，科学制定对策措施，按照"共抓大保护、不搞大开发"和"生态优先、绿色发展"的总体要求，为长江经济带发挥生态效益、经济效益和社会效益提供坚实的保障。

"长江流域水库群科学调度丛书"力求充分、全面、系统地展示"三峡水库科学调度关键技术研究"第二阶段项目的丰硕成果，做到理论研究与实践应用相融合，突出其系统性和专业性。希望该丛书的出版能够促进水利工程学科相关科研成果交流和推广，为同类工程体系的运行和管理提供有益的借鉴，并对水利工程学科未来发展起到积极的推动作用。

中国工程院院士

2023 年 3 月 21 日

前　　言

以三峡水库为核心的长江流域水库群逐步建成运行，对流域防洪、水资源管理、水生态环境保护影响日益显著。然而，受水利工程投入运用的影响，自然河系演变成多阻断复杂河网，天然河道的水文水力特性及水文要素的时空分布特征发生较大改变。这些影响和变化最终使得流域产汇流规律、洪水形成发展过程及传播演进规律发生不可逆的转变，对水文基础资料的可靠性、代表性及一致性影响显著，加剧流域洪水预报及水库调度的复杂性和难度。

目前，对于多阻断条件下流域水文特性及预报技术的研究还处于探索阶段。针对长江干支流、上下游洪水特性差异大、流域洪水组成复杂，以及河道渠化、洪水特性变化显著等带来的一系列技术问题，开展洪水、径流还原还现、洪水分期、典型年设计洪水过程分析与计算、水库出库流量率定，以及水库群运行后水库下游洪水传播等相关研究，并对气象预报、水文模型、洪水演进、不确定性水文预报等方面的新技术开展试验性应用研究。

为了做好相关研究工作，研究团队组织了实地勘察、走访调研、专家研讨等活动。同时，长江上游大部分水库的投产运行及三峡水库自2008年以来实施的试验性运行积累一定的运行资料，为本书提供了必要的基础数据。此外，由于近年来长江上游的水雨情站网布设逐步完善，高时空分辨率的数值降雨预报产品能够较好体现降雨的空间分布不均匀性；并且随着科学技术的发展，水文气象预报理论方法及系统开发集成技术也有了一定程度的进步，这些都为长江上游水库群运行后洪水规律和实时预报调度技术研究提供了良好的技术基础。

本书通过开展水库群运行后洪水预报技术的相关研究，创新性地提出水库群协同调度和长距离河道洪水演进耦合模型，构建长江流域主要控制节点的整体设计洪水过程数据库（集），揭示建库前后洪水传播特性变化规律，拓展分布式水文模型的应用前景，以及开展不确定性水文预报试验，以期为提高我国多阻断条件下水文预报技术水平提供借鉴。

本书由闵要武、鲍正风、冯宝飞、许银山、刘冬英等编著。全书共6章，第1章由闵要武、冯宝飞、许银山编写，第2章由刘冬英、李秋平、周曼、王祥编写，第3章由鲍正风、李妍清、肖扬帆、曾明编写，第4章由冯宝飞、邱辉、李鹏、曾明编写，第5章由许银山、徐雨妮、胡挺、任玉峰编写，第6章由闵要武、张涛、李帅、邱辉、訾丽编写。闵要武、冯宝飞对本书进行校核与审查，许银山、徐雨妮负责全书的统稿、修改及图表编辑。杨文发、李玉荣、戴明龙、闫金波、陈瑜彬、田逸飞、张俊、李春龙、张方伟、陈玺、李立平、张冬冬、张晶、邢雯慧、王乐、顾丽等参与本书相关的研究与技术把关工作。在本书的编写过程中，还得到了中国长江三峡集团有限公司流域枢纽运行管理中心、中国长江电力股份有限公司三峡水利枢纽梯级调度通信中心，水利部长江水利委员会及其所属水旱灾害防御局、长江设计集团有限公司、水文局等相关单位领导、专家的大力支持和指导。本书的出版得到了中国长江三峡集团有限公司"三峡水库科学调度关键技术研究"第二阶段项目的资助，在此一并致以衷心的感谢。

多阻断条件下三峡水库水文特性及预报技术研究是一个非常复杂的课题，涉及气象、水文、地质、防洪等多个学科。尽管我们在研究工作中做了很大努力，但由于该问题的复杂性，以及时间、资料的限制，本书研究中还存在一些不足之处，需要通过实践不断完善。最后，需要再次说明的是，由于作者水平有限，书中不足之处，敬请广大读者批评指正。

作　者

2022 年 11 月于武汉

目　　录

第1章

绪　　论

　　长江流域控制性水利工程的建设运行对流域防洪、水资源管理、水生态环境保护影响日益显著。据初步统计，截至2021年，长江流域已建成并纳入联合调度的控制性水库为47座，总调节库容为 1 066 亿 m^3，总防洪库容为 695 亿 m^3。然而，水利工程的建设运行，给流域的蒸发、下垫面条件、产汇流规律带来了显著的变化，极大地影响流域天然水文条件和水力环境。为满足水库群联合、综合调度需求，开展上游水库群运行后洪水规律和实时预报调度技术研究具有重大的社会效益和经济效益。本书结合长江上游水库群运行后三峡水库实际调度问题，归纳提炼相关研究成果，形成三峡水库水文特性及预报技术。本章主要梳理本书的研究背景，阐述研究意义，并简述研究内容及方法。

1.1　水文特性及预报技术研究需求和意义

随着长江上游以三峡水库为核心的水库群逐步建成运行，经济社会发展、流域综合管理、环境保护等方面向水库（群）调度提出了更高的要求，调度对象由单库调度向水库群联合调度转变，调度目标由单目标调度向多目标综合调度转变。水库群联合、综合调度是极大的系统性工程，涉及水库自身和水库之间防洪、供水、蓄水、消落、发电、航运、生态调度等方面面的利益，既需要分析整理一致性的水文基础资料，摸清现状条件下水库群运行后流域洪水规律，也需要精度高、预见期长、断面覆盖全的水文气象预报成果作为支撑。

考虑大规模水库群的建设运行，自然河系在水利工程胁迫下被动演变成多阻断复杂河网，极大改变了上游地区的下垫面条件和天然洪水演进特性（金勇 等，2010），加之气候变化带来的降雨不确定性，最终导致流域产汇流规律、洪水形成发展过程及传播演进规律发生显著变化（Duan et al.，2016），对水文基础资料的可靠性、代表性及一致性影响显著，加剧了流域洪水预报及水库调度的复杂性和难度，带来了一系列技术难题。

同时，三峡水库自 2008 年实施正常蓄水位 175 m 试验性运行以来，长江上游大部分水库已投产运行，积累了一定的运行资料。进入 21 世纪，长江上游的水雨情站网布设有了很大程度的改善，高时空分辨率的数值降雨预报产品能够较好体现降雨的空间分布不均匀性。随着科学技术的发展，水文气象预报理论方法及系统开发集成技术也有一定程度的进步。这些都为长江上游水库群运行后洪水规律和实时预报调度技术研究提供了良好的基础条件。

长江上游水库群的联合调度运行历经 2012 年、2016 年、2017 年、2020 年洪水的考验，发挥巨大防洪减灾作用的同时，也对综合调度提出了更多的需求和挑战。精准、可靠、一致的水文资料，长预见期、高精度的水文气象预报，是充分发挥以三峡水库为核心的水库群防洪、供水、航运、生态等综合利用目标的重要技术支撑，也是长江流域防洪减灾、水资源可持续开发利用、水生态保护、水利工程安全运行管理及流域综合管理的基础支撑。因此，为满足水库群联合、综合调度需求，开展长江上游三峡水库水文特性及预报技术研究具有重大社会意义和经济意义，具体如下。

（1）水文资料是水资源开发利用规划、设计、建设、运行及管理的基础依据，也是流域防洪、水资源调度及管理等的决策依据。水利工程的大规模建设，水文站实测的径流、洪水系列特性发生了较大改变。因此，开展长江流域主要控制站点及断面的洪水资料处理及分析工作，保障资料的一致性是非常必要且十分紧迫的，具有重大的社会效益和经济效益。

（2）掌握洪水传播特性和演进规律是科学应对流域洪水变化、开展相应河道治理和洪水预报的重要基础和依据。长江上游水库群的建成运行在发挥综合效益的同时，也极大影响和改变了天然河道的水力特性，包括水位、流量、流速等特征指标，这些变化根据发生位置的不同，大致可以分为两类：一类是发生在水库库区，水库建成后，库区产汇流规律发生了改变，在入库洪水从库尾向坝址演进的过程中，随水深不同、边界形状变化，洪水波特性与天然河道洪水特性有明显差异（卢程伟 等，2021；陈力和段唯鑫，2014）；另一类是发生在长江下游河道水库的阻隔调节作用，使天然河道的水文特征发生明显改变（程

海云 等，2016），应用传统预报模型及方法可能存在局限性，需要构建合适的模型，明晰水库建成后的库区和下游河道的水文影响程度，为实时预报和水库群联合调度提供依据。

（3）精度高、预见期长、断面覆盖全的水文气象预报是水库群联合、综合调度的重要支撑。科学高效的调度运行离不开高质量的水文气象预报，而精细化的水文预报一方面取决于气象预报成果，另一方面取决于水文模型的预测。在全球气候变暖的背景下，极端事件频发，给短期气候预测带来了极大的不确定性。随着气候模式的发展，如何通过多模式集成技术减小模式自身不确定性带来的误差从而提高预测精度，成为提高短期气候预测的重要手段（杨文发 等，2021）。此外，随着长江上游水库的建设运行，径流时空分布发生显著变化，库区下垫面条件、上下游水力条件、河道行洪能力等也发生改变，在这些新的变化下，原有的水文预报方法的适用性受到了一定限制，水文预报精度和预见期也受到了极大的影响。为提高预报精度、延长预见期，研究多阻断条件下水文预报方法是实现科学调度的重要前提。

（4）不确定性水文预报能够充分挖掘水文预报信息的价值，为科学开展长江流域水资源管理和防洪抗旱提供重要参考。由于水文现象的复杂性，加之不同流域的产、汇流机制及下垫面条件的不同，水文模型很难准确地描述每一个流域的水文循环过程。用相对简单的数学公式来概化高度复杂的水文过程，在这个过程中往往会出现失真，从而造成水文模型的不确定性。此外，水文预报的不确定性来源还包括输入资料不确定性等诸多方面。科学分析多重不确定性因素对变化环境下水文预报结果的影响，是一个具有挑战性的难题（刘源 等，2022；刘章君 等，2019）。

1.2 主要研究内容及方法

本书的总体目标为分析水库群建成后长江流域水文特性，提出长江流域一致性的水文分析成果，研究水文气象预报新技术和新方法并开展试验应用，以期在充分认识流域洪水规律的基础上，提升流域水文气象预报精度、延长预见期，为水库群联合调度及风险管理提供基础技术支撑。为实现研究目标，本书将重点围绕水库群运行后洪水特性及规律和水库群运行后实时预报技术两大方向，从水文基础资料的一致性分析、长江上游水库群运行后洪水特性及规律、水文气象预报模型方法、三峡水库不确定性水文预报和短中期水文气象预报实践及精度评定 5 个层面开展相关研究，最后基于本书的相关研究成果，结合长江流域水文分析计算及水文气象预报对研究成果的实践应用效果进行评价，供实时调度参考，研究思路如图 1.1 所示。主要内容如下。

（1）水文基础资料一致性分析。

长江流域主要控制站洪水、径流还原还现。考虑具有较明显调蓄功能的水利工程运行影响，提出长江流域各主要控制站不同水平年的径流、洪水还原还现系列。其中，洪水还原还现成果为超过各站某一流量阈值的洪水过程（如宜昌站洪峰流量超过 35 000 m^3/s），径流还原还现成果为旬平均流量系列。最终研究成果可作为长江流域防洪减灾、水资源可持续开发利用、水利工程安全运行管理及流域综合管理的重要基础资料。

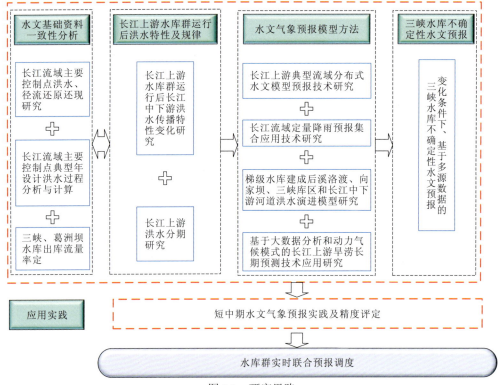

图 1.1　研究思路

长江流域主要控制站典型年设计洪水过程分析与计算。以长江流域干支流主要控制站的历史洪水过程为研究对象，从洪水发生时间、洪水地区组成、洪水遭遇规律、典型洪水选取及不同典型年的洪水过程分析等方面开展研究，采用数理统计与理论分析相结合的方法，推求各控制站不同组成和遭遇类型的典型年设计洪水过程，并构建主要控制站的设计洪水过程数据库（集），为以三峡水库为核心的梯级水库群防洪调度决策和流域洪水资源化利用提供技术支撑。

三峡、葛洲坝水库出库流量率定。三峡水库蓄水后，针对三峡水库出库和葛洲坝水库入库不平衡问题，通过历史资料分析、原型观测试验、数学模型计算等手段，研究分析三峡、葛洲坝水库出库与下游水文站点之间的关系，揭示水库典型工况下洪水传播特性及规律，提高出库流量的报汛精度，给防洪、发电、航运等调度及枢纽运行调度有关的计算分析工作提供依据。

（2）长江上游水库群运行后洪水特性及规律。

梯级水库群条件下洪水传播特性。针对库区洪水传播特性，利用三峡库区水力学模型，对分段库区分别模拟寸滩站不同量级下的洪水在不同库水位下的传播时间，并与运动波、动力波波速的传播时间进行对比；针对坝下河道洪水传播特性，分析武汉地区泄流能力变化情况，揭示三峡水库下泄至中游河道主要控制站的传播时间和水文要素的影响规律，为三峡水库对荆江河段拦峰、错峰调度，并为城陵矶地区、汉口地区防洪调度等提供有效技术支撑。

长江上游洪水分期。针对长江中上游干支流主要控制站，分析探索长江中上游干支流汛期洪水遭遇及分期规律；进而确定各主要控制站前汛期、主汛期、后汛期的分界点及对应分期设计洪水过程，为优化以三峡水库为核心的长江上游水库群联合调度方式、提高汛期特别是汛末水库群洪水资源的高效利用提供技术支撑。

（3）水文气象预报模型方法。

典型流域分布式水文模型预报技术。在调研分布式水文模型研究与应用现状的基础上，了解和掌握分布式新安江模型和基于数字高程模型（digital elevation model，DEM）的分布式降雨径流模型（DEM-based distributed rainfall-runoff model，DDRM）的结构原理，选择赤水河及渠江流域作为典型示范区，分析模型参数的适应性，开展模拟预报研究，通过模拟精度评价，分析两种分布式模型在长江上游推广运用的可行性。

定量降雨预报集合应用技术。整合长江流域水文气象降雨数据，建立长江流域及各分区月、季、年面雨量历史资料序列，开展其年内、年际变化特征分析；检验分析现有能获取的国内外多种数值模式降雨预报产品的预报效果，评估不同模式产品在长江流域的可利用水平，通过对多模式降雨产品的综合集成订正与优化，建立多模式动态集成应用方案，进一步提高数值预报产品释用水平；开展长江流域集合降雨预报产品应用可行性研究，探讨降雨预报的不确定性问题，引进降雨集合预报产品开展长江三峡水库预报调度应用服务试验。

洪水演进模型。总结梯级水库建成前后长江干流（包括金沙江下游）洪水演进特征的变化情况，初步探讨其变化规律；了解国内外洪水演进模型的研究现状及发展趋势，分析不同模型在溪洛渡、向家坝、三峡库区及长江中下游干流的适用性；将研究区域分为库区及河道两类，即溪洛渡、向家坝、三峡库区和川江、长江中下游干流，分别构建适用的水文、水力学耦合的洪水演进模型；研究洪水在长江干流（溪洛渡至大通河段）的连续演算方法，模拟不同来水情景下的洪水演进过程，实现洪水在研究河段的连续演算，为水库群联合调度提供技术支撑。

长江上游旱涝长期预测技术应用。建立长江上游汛期典型旱涝概念性物理模型、构建基于大数据分析的长江上游汛期旱涝等级预测模型、建立面向长江上游的区域气候模型预测系统，实现长期降雨预测从定性到定量的转变，提升长江上游长期降雨的预测能力，更好地满足三峡水库运行管理对长期预测成果实际应用的需求。综合评定短中期定量降雨预报及水情预报精度水平，提出三峡水库来水预报有效预见期，为三峡水库科学、精细调度提供重要技术支撑。

（4）三峡水库不确定性水文预报。

降雨预报数据预处理技术。梳理不同的降雨校正方法，针对人工综合预报产品，采用不同的预报降雨校正方法进行校正，并分析偏差情况；根据实际情况分析选择降雨时程分配方法，以向家坝—三峡水库区间为研究对象，分析向家坝—三峡水库区间不同雨型降雨发生频率的空间分布。

入库洪水模拟预报方法。建立适用于溪洛渡、三峡水库入库流量计算的多输入单输出（multi-input and single-output，MISO）系统模型，采用入库流量评定指标，分析评价洪水模拟结果。

入库洪水预报实时校正。建立误差自回归估计模型，对比分析溪洛渡、三峡水库入库 MISO 系统模型的模拟误差与自回归误差，实现对模型计算流量的有效校正。

入库洪水概率预报方法研究与应用。分析确定溪洛渡、三峡水库入库洪水边缘分布函数，建立基于 Copula 函数（Copula 有连接和交换的意思，因此 Copula 函数也可称为连接函数）理论的联合分布函数，根据数理统计原理，计算得到后验期望值，作为确定性洪水预报结果，同时获取给定置信水平下的入库流量预报区间。

入库洪水集合预报研究与应用。采用不同种类数值降雨量和水文模型，交叉构建三峡水库入库流量集合预报方案，采用统计学方法对集合预报系统的输出结果进行修正，使其更加符合真实预报量的统计特性。

（5）短中期水文气象预报实践及精度评定。

水文气象预报作业体系。基于前述研究成果，以重要防洪控制站、水文站及水利工程为预报节点，搭建长江流域水文气象作业预报体系，并开展作业预报实践，支撑流域水旱灾害防御、水资源管理及水利工程调度等工作。

短中期水文气象预报精度评定。根据相关标准规范，提出短期、中期降雨预报精度评定方法及短中期水文预报精度评定方法，对长江流域主要控制站水文气象预报成果开展精度评定，分析不同预见期预报成果可利用性。

第2章

水文基础资料一致性分析

受水库建设运行、堤防整治等水利工程的影响，长江上游水文基础资料的一致性受到了显著影响。首先，天然河道呈现多阻断特性，主要控制站洪水、径流过程受到调蓄，不再呈现天然洪水、径流演进的形态；其次，长江流域支流众多，干支流洪水特性差异较大，洪水的发生时间、形成过程及类型各有不同，长江中下游干流接纳上游干支流和中下游支流的来水，洪水来源和组成异常复杂；此外，随着枢纽运行环境或边界条件的改变，水利工程的泄流曲线在运用过程中会与设计值发生偏差，因此枢纽建成运用后一般会定期对主要泄水建筑物的泄流曲线进行检验。因此，亟须开展水库建设运行后水文基础资料的一致性分析研究工作。

本章通过系统开展长江流域主要控制站洪水、径流还原还现，典型年设计洪水过程计算，三峡、葛洲坝水库出库流量率定等相关研究，提出水库群协同调度和长距离河道洪水演进模型耦合的洪水、径流还现方法，构建长江流域主要控制站的设计洪水过程数据库（集），探索三峡水库出库与葛洲坝水库入库不平衡的原因。主要研究结果表明：长江流域主要控制站大洪水主要由干支流来水遭遇及干支流与区间来水遭遇形成；通过水库群的有效拦蓄，能够对下游防洪控制站产生较大的削峰减量效果，显著降低防洪风险。

2.1 长江流域主要控制站洪水、径流还原还现

2.1.1 洪水、径流还原还现方法

目前，国内外关于洪水、径流还原还现的计算方法通常包括物理概念明确的水量平衡法、降雨径流模型法及综合修正法。除此之外，在径流还原还现计算中，还可以采用蒸发差值法，但由于蒸发资料的缺少，所以在实际应用中使用较少。现对几种常用的还原还现计算方法的优缺点进行阐述。

水量平衡法是将影响水文序列的成因细化，进行逐项还原的一种水文序列还原计算方法。在计算过程中，理论上应将所有影响水文序列的形成因素进行还原或者还现，但是这将导致计算工作量加大，因此在满足工程精度要求的情况下，结合实际需求删除一些对水文序列形成影响较小的因素，可使计算量大大减少。

降雨径流模型法是在下垫面条件基本一致的情况下，由降雨和径流之间的相关关系而得出的一种模型算法。但是，由于径流的影响因素很多，一般情况下降雨、径流之间的关系，并不能充分反映当地的实际情况。因此，该方法使用过程中往往存在计算结果不易外延、外延精度不准确等不足。

综合修正法即年径流综合修正法，是基于流域过程的连续性，从径流量过程线上的骤降点起（即径流过程修正的起始点）开始修正，河川径流量过程线上的骤降部分即拦、提、引水工程等消耗的水量。根据求得的逐年径流过程线，并参照区域内平均降雨过程，用综合修正法进行径流过程的修正计算。此方法可以很好地还原众多小型水利工程，如提灌机具、非长期稳定取用地表水情况下的消耗水量等，但是在实际综合修正径流过程中，修正起始点的确定很难掌控，人为因素较多，因而误差较大。

这些传统的方法在理论上简单易懂，但是随着经济化、城镇化的步伐加快，水的用途广泛化，人类活动的影响更加频繁，流域的条件更为复杂化，这些传统化的计算方法除本身的不足之外，还难以适应高速发展的科学技术和国民经济发展对水文资料还原还现计算的要求。由此，寻求新形势、新情况下洪水、径流还原还现计算的新技术是当前水文分析计算中的一项新课题。

2.1.2 洪水、径流还原还现计算

1. 洪水还原计算

（1）根据水库运行资料及控制站实测流量资料，以控制站年最大洪水过程（如宜昌站洪峰流量超过 35 000 m^3/s）发生时间为基准选定每年的研究时段。

（2）根据水库的水位库容曲线、坝前水位、出库流量等资料，采用水量平衡法、入库洪水演算法等方法进行洪水过程还原计算（计算时段初步考虑为 3~6 h），得到坝址处的天然洪水过程。

（3）将水库实测的出库流量过程演算到控制站，与控制站实测流量过程相减，得到水

库—控制站区间洪水过程。

（4）将还原后的坝址天然流量过程演算到控制站，与水库—控制站区间洪水过程叠加，得到控制站的天然流量过程。

（5）统计控制站还原后的洪水过程的洪峰、洪量等特征值，结合天然的实测系列，提出控制站天然洪水系列。

洪水还原技术路线图见图 2.1。

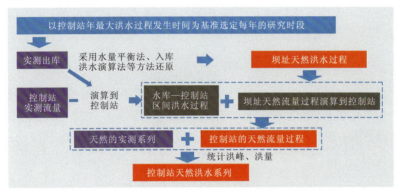

图 2.1　洪水还原技术路线图

2. 洪水还现计算

（1）采用与洪水还原计算相同的方法，选定每年的研究时段。

（2）根据水库坝址上下游水文站或控制站实测流量资料，推求坝址处的天然洪水过程。

（3）采用与洪水还原计算相同的方法，推求水库—控制站区间洪水过程。

（4）以各大型水库工程防洪调度规则为依据，结合水库的防洪任务、防洪库容、防洪对象及防护标准、下游防洪控制断面及安全泄量等内容，对水库进行洪水调节计算，得到受水库影响的出库流量过程。

（5）将水库出库流量过程演算到控制站，与水库—控制站区间洪水过程叠加，得到控制站的还现流量过程。

（6）统计控制站受水库影响后的洪水过程的洪峰、洪量等特征值，结合建库后控制站实测系列，提出控制站还现洪水系列。

洪水还现计算技术路线图如图 2.2 所示。

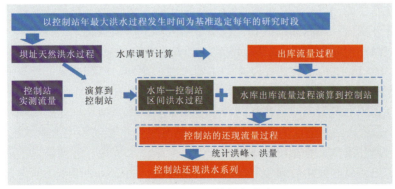

图 2.2　洪水还现计算技术路线图

3．径流还原计算

以长江上游干支流和清江流域各控制站的实测年、月、旬径流系列资料为基础，根据长江上游和清江流域已建成的有较强调节性能的大型水库的水位库容曲线和调度运行资料，采用水量平衡法等方法分析水库的调蓄作用，对控制站的实测径流资料进行还原计算，计算的时段为旬。

根据水库水位、水库库容曲线及出库流量，基于水量平衡法反推计算入库流量，公式如下：

$$\overline{I} = \overline{O} + \frac{\Delta V_{损}}{\Delta t} + \frac{\Delta V}{\Delta t}$$

式中：$\overline{I}$ 为时段平均入库流量；$\overline{O}$ 为时段平均出库流量，由发电流量、空转流量、船闸过水流量和闸门弃水流量相加得到出库流量，也可用宜昌站实测流量代替；$\Delta V_{损}$ 为水库损失水量，包括水库的水面蒸发、库区渗漏损失等；ΔV 为时段始末水库蓄水量变化值；Δt 为计算时段。

4．径流还现计算

对调节库容特别大的水库，复核并延长其坝址的天然径流系列，根据水库的调度运行规则进行调节计算，得到水库出流过程，并研究建库后的径流演算方法，对长江上游干支流控制站的径流进行还现计算，进而分析水库调节对长江上游干支流控制站的径流影响。

径流还现计算依据"先上游再下游""先支流再干流"的原则，首先通过各水库常规调度模式推求水库出库流量过程，并根据水量平衡方程由上游水库的入库、出库流量及下游水库的还原流量推求下游水库的还现流量。模型计算采用水文水动力学耦合模型实现。

2.1.3　洪水、径流还原还现结果

1．洪水还原

考虑长江上游 20 余座水库的调度运行影响，根据各控制站水文资料及相关水库实际调度运行资料，采用水量平衡等方法还原各水库的入库洪水，后逐级演算推求各控制站的天然流量过程，将流域主要控制站的天然洪水系列延长至 2015 年。

金沙江屏山（向家坝水库）站控制面积约占宜昌站的 1/2，其多年平均汛期（5～10 月）水量占宜昌站水量的 1/3，因其洪水过程平缓，年际变化较小，是长江宜昌洪水的基础。岷江、嘉陵江分别流经川西暴雨区和大巴山暴雨区，洪水来量甚大，高场站、北碚站控制面积分别占宜昌站控制面积的 13.5%、15.5%，而多年平均汛期水量却分别占 20.2%、16.2%，共计占宜昌站的 36.4%，是宜昌站洪水的主要来源。此外，乌江武隆站控制面积占宜昌站控制面积的 8.2%，多年平均汛期水量约占宜昌站的 11.2%。

因此选择长江上游支流上金沙江的屏山（向家坝水库）站、岷江的高场站、嘉陵江的北碚站、乌江的武隆站和清江的长阳（高坝洲）站等主要水文站为支流洪水还原的控制站。长江干流上选择寸滩站、宜昌站等站为控制站。根据洪水特性，寸滩站以上流域控制点流量过程以 6 h 为计算时段，寸滩至宜昌段以日为时段。各控制站洪水还原考虑的水库情况见表 2.1。

表 2.1　各控制站洪水还原考虑的水库情况

序号	水系名称	水库名称	开工年份	建成年份	系列	还原年份
1	雅砻江	锦屏一级水库	2005	2014	2013~2015	
2		二滩水库	1991	1999	1998~2015	
3	金沙江	梨园水库	2007	2015	2014~2015	
4		阿海水库	2011	2014	2012~2015	
5		金安桥水库	2005	2011	2012~2015	
6		龙开口水库	2008	2014	2013~2015	
7		鲁地拉水库	2012	2014	2013~2015	
8		观音岩水库	2009	2015	2014~2015	
9		溪洛渡水库	2005	2014	2013~2015	
10		向家坝水库	2006	2014	2012~2015	
11	岷江	紫坪铺水库	2001	2006		
12		瀑布沟水库	2000	2011	2011~2015	
13	乌江	乌江渡水库	1970	1982	1980~2015	
14		构皮滩水库	2003	2009	2008~2015	
15		思林水库	2006	2009	2009~2015	
16		沙沱水库	2006	2013	2013~2015	
17		彭水水库	2005	2009	2008~2015	
18	嘉陵江	碧口水库	1969	1983		
19		宝珠寺水库	1984	2001		
20		亭子口水库	2009	2014	2013~2015	
21		草街水库	2004	2012		
22	清江	水布垭水库	2002	2009	2007~2015	
23		隔河岩水库	1987	1994	1993~2015	
24	长江	三峡水库	1993	2009	2003~2015	

注：阴影部分表示考虑还原的年份。

考虑金沙江、岷江、嘉陵江流域的控制性水库和三峡水库的调洪作用，采用长办汇流曲线法将支流控制站还原后的流量演算到宜昌站，与汇入的区间洪水叠加，得到宜昌站还原洪水过程。宜昌站 2004 年、2015 年还原前后的流量过程如图 2.3 和图 2.4 所示。

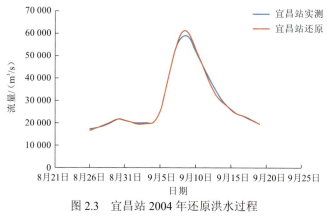

图 2.3　宜昌站 2004 年还原洪水过程

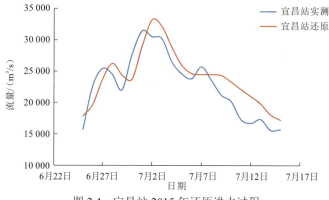

图 2.4　宜昌站 2015 年还原洪水过程

根据宜昌站考虑长江上游梯级水库的调洪作用的还原洪水过程，分别统计宜昌站还原洪水过程的年最大日流量（Q_m）和最大 7 日过程（W_{7d}）、最大 15 日过程（W_{15d}）、最大 30 日过程（W_{30d}）洪量系列如表 2.2 所示，还原前、后年最大洪峰流量比较如图 2.5 所示。通过比较宜昌站 2003～2015 年还原前、后洪水统计特征值系列可以看出，经还原后宜昌站年最大洪峰、洪量大都较实测洪水不同程度增大，尤其是 2009 年之后，上游梯级水库起到较强的拦蓄作用，2009～2013 年削减洪峰流量均达到 10 000 m³/s 以上，占还原洪峰流量的比例约为 22%～29%。2014 年和 2015 年上游梯级削减洪峰流量较少，分别为 2 700 m³/s 和 5 300 m³/s，由于 2015 年宜昌站上游来水较小，所以占还原洪峰流量的比例仍较高，为 14%。

表 2.2　宜昌站还原洪水与实测洪水统计特征值比较

年份	实测				还原				还原-实测			
	Q_m /（m³/s）	W_{7d} /亿 m³	W_{15d} /亿 m³	W_{30d} /亿 m³	Q_m /（m³/s）	W_{7d} /亿 m³	W_{15d} /亿 m³	W_{30d} /亿 m³	Q_m /（m³/s）	W_{7d} /亿 m³	W_{15d} /亿 m³	W_{30d} /亿 m³
2003	47 300	245	480	890	47 300	245	481	890	0	0	1	0
2004	58 400	297	472	739	60 500	298	472	741	2 100	1	0	2

续表

年份	实测				还原				还原-实测			
	Q_m /（m³/s）	W_{7d} /亿 m³	W_{15d} /亿 m³	W_{30d} /亿 m³	Q_m /（m³/s）	W_{7d} /亿 m³	W_{15d} /亿 m³	W_{30d} /亿 m³	Q_m /（m³/s）	W_{7d} /亿 m³	W_{15d} /亿 m³	W_{30d} /亿 m³
2005	46 900	264	543	989	47 200	264	542	988	300	0	-1	-1
2006	29 900	154	289	506	29 900	154	290	507	0	0	1	1
2007	46 900	260	528	937	51 400	264	533	940	4 500	4	5	3
2008	37 700	216	414	787	37 800	215	416	789	100	-1	2	2
2009	39 800	233	433	796	51 100	262	447	819	11 300	29	14	23
2010	41 500	235	490	854	58 300	287	557	922	16 800	52	67	68
2011	27 400	159	303	539	37 600	184	325	573	10 200	25	22	34
2012	46 500	276	555	1 044	60 000	307	569	1 114	13 500	32	14	70
2013	35 000	207	415	796	47 100	261	502	896	12 100	54	87	100
2014	46 900	240	435	820	49 600	264	475	905	2 700	24	40	85
2015	31 400	168	328	583	36 700	193	383	700	5 300	25	55	117

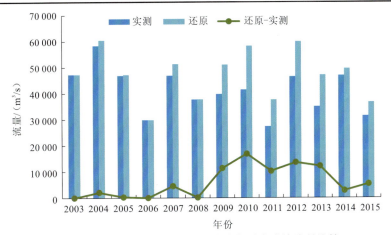

图 2.5 宜昌站还原洪水与实测洪水年最大洪峰流量比较

根据长江上游各水库投入运行时间，考虑各水库实际运行后的调蓄作用，分别对长江上游支流金沙江屏山（向家坝水库）站、岷江高场站、嘉陵江北碚站、乌江武隆站和清江长阳（高坝洲）站，长江干流寸滩站、宜昌站等主要控制站的洪水进行了还原分析。分析结果表明，上游梯级水库对各控制站天然大洪水过程有着明显的削峰减量作用，减少了高水流量级的出现时间。宜昌站 2009～2015 年洪峰流量减小 2 700～16 800 m³/s，削峰比例约为 5%～29%，流量超过 35 000 m³/s 的天数最多减少 11 天，未出现超过 50 000 m³/s 的流量。其中 2010 年和 2012 年，宜昌站天然洪峰流量重现期分别为 4 年和 5 年，经过上游梯级水库群的有效拦蓄后，实测洪峰流量较天然洪峰流量分别减小 16 800 m³/s 和 13 500 m³/s，削峰比依次约为 29% 和 23%，洪峰流量削减至 1～2 年一遇。

2015 年为纳入长江上游水库群联合调度范围的 21 座水库均建成的第一年，经过上游梯级水库调蓄后：金沙江屏山站年最大洪峰流量减小 3 500 m³/s，占天然洪峰流量的 21%；岷江高场站洪峰流量减小 1 220 m³/s，削峰比为 13%；嘉陵江北碚站减小 2 600 m³/s，削峰比为 10%；乌江武隆站减小 810 m³/s，削峰比为 21%；清江长阳站减小 2 920 m³/s，削峰比为 74%；长江干流寸滩站减小 5 200 m³/s，削峰比为 13%；长江干流宜昌站减小 5 300 m³/s，削峰比为 14%。

2. 洪水还现

由于 20 世纪 60 年代之前的长江流域各支流水文站的实测资料较为缺乏，所以本次对支流控制站的洪水还现重点考虑 1970 年以后的年份。选择长江上游金沙江屏山（向家坝水库）站、岷江高场站、嘉陵江北碚站、乌江武隆站和清江长阳（高坝洲）站，以及长江干流寸滩站和宜昌站等主要水文站为各干支流洪水还现的控制站，得到 1970～2015 年的洪水还现系列。

长江上游水库的调度目标为确保各枢纽工程自身安全；通过拦蓄洪水，实现各水库防洪目标，并提高流域整体防洪效益；三峡水库应保证荆江河段防洪标准达 100 年一遇，遇 1 000 年一遇洪水或类似 1870 年洪水时，配合使用蓄滞洪区，保证荆江河段不发生毁灭性洪水灾害；三峡水库上游水库通过拦洪、削峰、错峰，提高宜宾、泸州、乐山、攀枝花、重庆主城区、苍溪、阆中、南充、合川、思南、沿河、彭水、武隆等重要城镇及重要基础设施的防洪能力；三峡水库上游水库配合三峡水库拦蓄洪水，以减少汇入三峡水库的洪量，进一步减少长江中下游分洪量和蓄滞洪区的使用概率。

根据各水库防洪调度规则，本次在分析选定的长江干支流各控制水文站还现洪水的同时，还重点分析了各江段防洪控制站经过水库调蓄后的洪水特征值。其中，川渝河段寸滩站为重庆的防洪控制站，李庄站为宜宾的防洪控制站，朱沱站为泸州的防洪控制站，嘉陵江武胜站为南充防洪控制站，乌江武隆站为武隆区的防洪控制站。

宜昌站为三峡水库出库控制站。三峡水库的入库洪水经过防洪调度规程调节计算，得到三峡水库出库流量过程，即认为是宜昌站还现流量过程。综合考虑长江上游包括溪洛渡、向家坝、三峡水库等 20 余座水库的调洪作用，根据计算得到的屏山站、高场站、北碚站、武隆站的还现流量过程，依次演算至下游控制断面，叠加区间洪水过程，最终得到三峡水库来水的还现流量过程。再根据三峡水库的防洪调度规程进行调节计算，得到三峡水库的出库流量过程，即宜昌站考虑长江上游梯级水库的还现流量过程。

将 1970～2015 年宜昌站天然洪水过程，按三峡水库防洪调度规则进行调节计算。当三峡水库水位低于 171 m，按沙市站水位不高于 44.5 m 控制水库下泄流量；当三峡水库水位在 171～175 m 时，控制枝城站流量不超过 80 000 m³/s。

在现有长江上游水库群联合调度方案的基础上，结合已有梯级水库优化调度研究成果，本次拟定的防洪控制方式为三峡水库入库洪峰大于 60 000 m³/s（约 3 年一遇）的洪水，三峡水库出库流量按 50 000 m³/s（2 年一遇）控泄；三峡水库入库洪峰大于 50 000 m³/s 的洪水，三峡水库出库流量按 45 000 m³/s 控泄。三峡水库需对荆江河段进行防洪补偿调度和兼顾城陵矶地区防洪补偿调度的年份有 1974 年、1981 年、1982 年、1984 年、1987 年、1989 年、1996 年、1998 年、1999 年、2000 年、2002 年和 2004 年，其中针对城陵矶地区补偿调度的年份有 1996 年和 2002 年，兼顾荆江河段和城陵矶地区防洪补偿调度的大水年份有

1998 年和 1999 年。根据长江上游其他水库的防洪任务，本次选定了用于中小洪水优化调度的防洪控制站。川渝河段的防洪控制站为寸滩站、李庄站、朱沱站，嘉陵江的防洪控制站为南充站，乌江的防洪控制站为武隆站，各控制站的防洪控制方式为 50 年一遇的洪水削减至 20 年一遇，10～20 年一遇的洪水削减至 5～10 年一遇，5～10 年一遇的洪水削减至 5 年一遇。

考虑长江上游 20 余座水库的调度运行影响，根据各控制站的天然洪水过程及各水库的调度规程等资料，首先将各水库的入库洪水进行调节计算，其次将水库出库流量逐级演算，叠加区间洪水，推求流域主要控制站的 1970～2015 年还现流量过程。分别统计宜昌站还现洪水过程及其 Q_m 和 W_{7d}、W_{15d}、W_{30d} 洪量系列，通过比较宜昌站还现前后洪水统计特征值系列。1970～2015 年宜昌站还现后多年平均洪峰流量减小 4 770 m^3/s，削减流量占天然洪峰流量的比例平均为 9%，7～30 日洪量减少比例平均为 3%～6%。

根据宜昌站设计洪水成果，宜昌站 20 年一遇洪峰流量为 72 300 m^3/s，5 年一遇入库洪峰流量为 60 500 m^3/s。在 1970～2015 年系列中，宜昌站没有发生超过 20 年一遇的洪峰流量。天然洪峰流量大于 60 500 m^3/s 的年份有 1974 年、1981 年、1998 年和 2004 年。这 4 年宜昌站的最大洪峰流量分别为 61 000 m^3/s、69 500 m^3/s、61 700 m^3/s 和 60 500 m^3/s，对应重现期为 5～14 年，经过上游梯级水库拦蓄后，削减洪峰流量 10 500～19 500 m^3/s，占天然洪峰流量的 17%～28%。还现后洪峰流量削减为 50 000 m^3/s，重现期约为 2 年。

比较宜昌站还现前后洪水统计特征值系列，经长江上游梯级水库对洪水进行拦蓄调节，大部分年份三峡水库入库洪水年最大洪峰、时段洪量均有一定程度的削减。在调节库容及防洪库容较大的水库上游发生较大洪水的情况下，通过水库群的有效拦蓄，能够对下游防洪控制站产生较大的削峰减量效果，显著降低防洪风险。

对各控制站洪水还原与还现成果进行比较，表 2.3 中结果显示，本次还现分析的各控制站洪水成果与近年水库实际运行以来对洪水的削减效果较为一致，但由于各水库投入运行以来的时间不同，各控制站考虑的还原时段不一致，且近年长江上游来水较小，实际水库拦洪削峰程度有限，所以对于还原系列较短的年份，实际水库调蓄后削峰效果大都相对还现分析系列最大削峰量级与比例略小，但均高于长系列多年平均削峰程度。

表 2.3 各控制站洪水还原与还现成果比较

控制站	还原		还现			
	洪峰最大削减 /（m^3/s）	最大削减比例 /%	洪峰最大削减 /（m^3/s）	最大削减比例 /%	洪峰削减平均值 /（m^3/s）	削减比例平均值 /%
溪洛渡水库入库	1 600	8	2 800	18	435	3
屏山站	3 500	21	7 800	44	2 280	12
高场站	1 800	13	4 600	27	1 270	7
北碚站	2 600	10	6 400	18	1 060	4
武隆站	7 600	32	5 000	53	1 790	14
长阳站	11 380	89	11 360	89	3 400	47
寸滩站	5 200	13	9 100	11	28	1
三峡水库入库	4 000	7	9 300	11	1 190	2
宜昌站	16 800	29	19 500	28	4 770	9

3. 径流还原

根据各梯级水库投入运行时间，将宜昌站受上游水库影响的 1998～2014 年分为如下 4 个时期（1998 年以前基本为天然径流过程）。

1）三峡水库运行前（1998～2002 年）

宜昌站流量主要受上游二滩、碧口、宝珠寺、乌江渡等水库的影响。其中只有二滩水库的调节库容较大，为 33.7 亿 m^3，其他水库调节库容均小于 15 亿 m^3。

从 1998～2002 年宜昌站还原前后月平均流量变化情况（图 2.6）可以看出，在这一时期，长江上游已建成的大型水库较少，对宜昌站径流影响较小，各月流量变幅不超过 500 m^3/s，占天然流量的比例不超过 2%。从径流量来看，还原前后宜昌站径流年内分配基本无变化。

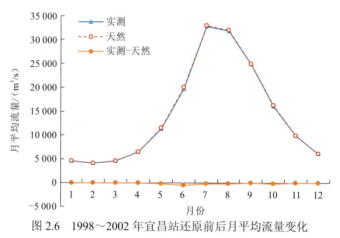

图 2.6　1998～2002 年宜昌站还原前后月平均流量变化

2）三峡水库围堰发电期（2003～2005 年）

从 2003～2005 年宜昌站还原前后月平均流量变化情况（图 2.7）可以看出，三峡水库围堰发电期，长江上游无新建成的大型水库，2003 年 6 月 10 日之后三峡水库蓄水量维持在 123 亿～142 亿 m^3，对宜昌站径流影响较小。除 6 月受三峡水库蓄水影响，实测平均流量较天然减少 1 100 m^3/s，其他月份还原前后流量变幅不超过 500 m^3/s，占天然流量的比例不超过 3%。从径流量来看，还原前后宜昌站径流年内分配基本无变化。

3）三峡水库初期运行期（2006～2008 年）

从 2006～2008 年三峡水库初期运行期宜昌站还原前后月平均流量变化情况（图 2.8）可以看出，这个时期长江上游仅乌江彭水于 2008 年 1 月下闸蓄水，2006 年 9 月 20 日之后三峡水库开始汛后蓄水，对宜昌站径流有显著影响，10 月平均流量减少 3 000 m^3/s，占天然流量的 21%。其他月份还原前后流量变幅不超过 700 m^3/s，占天然流量的比例不超过 7%。从径流量来看，还原前后宜昌站径流年内分配开始有一定的变化。

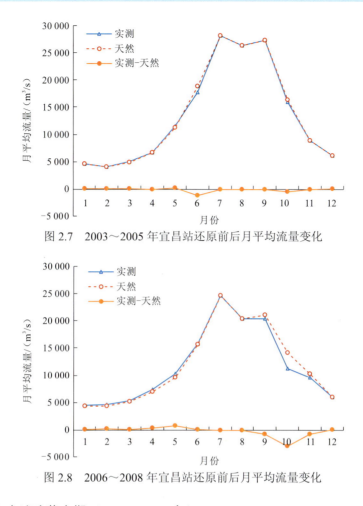

图 2.7　2003～2005 年宜昌站还原前后月平均流量变化

图 2.8　2006～2008 年宜昌站还原前后月平均流量变化

4）三峡水库试验蓄水期（2009～2014 年）

根据国务院批准的《三峡工程 2009 年试验性蓄水方案》和《三峡水库优化调度方案》，三峡水库从 2009 年 9 月 15 日开始蓄水，至 11 月 2 日蓄至 170.93 m，拦蓄水量超 175 亿 m^3。自 2010 年开始至 2014 年，三峡水库连续 5 年完成 175 m 试验性蓄水目标。

乌江思林水库和岷江瀑布沟水库于 2009 年下闸蓄水，嘉陵江草街水库于 2010 年下闸蓄水，金沙江上的向家坝、金安桥、阿海水库于 2012 年开始蓄水，雅砻江锦屏一级水库，金沙江溪洛渡、鲁地拉水库，嘉陵江亭子口水库，乌江的沙沱水库于 2013 年蓄水，金沙江中游梨园、观音岩水库也于 2014 年蓄水。至此，长江上游梯级水库陆续建成投产，形成长江上游联合调度的梯级水库群。

从 2009～2014 年三峡水库试验性蓄水期宜昌站还原前后月平均流量变化情况（图 2.9）可以看出，随着水库的陆续蓄水与正式投入运行，上游梯级水库群对宜昌站径流开始有较明显的影响，近年平均蓄水期 9 月、10 月平均流量分别减少 3 900 m^3/s 和 3 000 m^3/s，占天然流量的 16% 和 24%。供水期 12 月～次年 5 月流量有所增加，其中 2 月流量增加最为显著，多年平均流量增加 1 970 m^3/s，占天然流量的 48%。

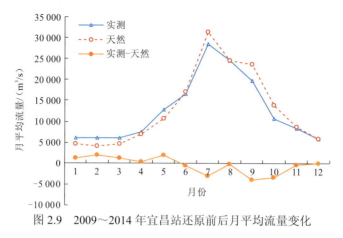

图 2.9　2009～2014 年宜昌站还原前后月平均流量变化

将 2009～2014 年三峡水库试验性蓄水期宜昌站还原计算后得到的逐年天然月平均流量与 1970～2014 年逐月平均流量进行比较，如图 2.10 所示。2009～2014 年蓄水期 9 月、10 月平均流量分别为 23 700 m³/s、14 000 m³/s，占 1970～2014 年多年平均月流量的 97%、83%。其中 2011 年 9～10 月径流量仅 768 亿 m³，蓄水期来水较多年均值偏少约 3 成，2009 年和 2013 年 9～10 月径流量也显著偏少。

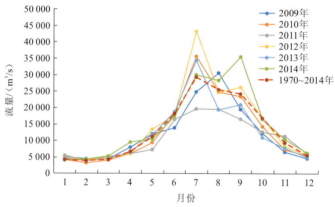

图 2.10　2009～2014 年宜昌站还原月平均流量与多年平均比较

从径流量来看，2009～2014 年还原前后宜昌站径流年内分配有较为明显的变化：①汛期及汛后蓄水期，经水库拦蓄后径流量减小。三峡水库多年平均 7～10 月实际来水量较天然情况减少 68 亿 m³，经过三峡水库拦蓄后（平均拦蓄量 204 亿 m³），宜昌站 7～10 月多年平均径流量减少 272 亿 m³。蓄水期 9～10 月流量减小最为明显，三峡水库多年平均实际来水量较天然情况减少 21 亿 m³，经过三峡水库拦蓄后（平均拦蓄量 169 亿 m³），宜昌站 9～10 月平均径流量减少 190 亿 m³。②枯季 12 月～次年的 6 月上旬，为满足航运和供水需要向下游补水，同时汛前需要腾空库容，径流量增大。由于上游部分水库存在汛前反蓄现象，且水库陆续下闸蓄水，所以三峡水库 5 月平均来水量较天然情况略有增加，约 8 亿 m³；三峡水库平均腾空库容 62.5 亿 m³，宜昌站平均径流量增加 54.5 亿 m³。

4. 径流还现

分析比较经径流影响模型模拟出的不同水平年条件下上游水库运行后的干支流径流与

天然情况的不同，重点分析上游嘉陵江、岷江、金沙江、乌江梯级水库群及三峡水库运行对干支流控制站的径流影响。

三峡水库试验蓄水期（2009～2014 年），嘉陵江上有宝珠寺、亭子口 2 座大型水库，出口控制站为北碚站；岷江上已建大型水库有紫坪铺、瀑布沟水库，出口控制站为高场站；乌江上现有洪家渡、乌江渡、构皮滩、彭水水库，出口控制站为武隆站；金沙江干流现有溪洛渡、向家坝水库，支流雅砻江上现有二滩、锦屏一级水库，出口控制站为屏山站。这里将金沙江支流雅砻江上的水库与其下游金沙江上的水库一起考虑，综合分析不同水平年金沙江上的主要水库运行对金沙江径流的影响。

1970～2014 年宜昌站还现前后月平均流量变化情况如表 2.4 和图 2.11 所示。受上游梯级水库调蓄影响，宜昌站还现后多年平均 7～11 月流量相比天然流量有所减少，其中 10月还现后平均流量比天然流量减少 7 350 m³/s。12 月～次年 6 月流量增加 10%～77%，其中 2 月增加流量占天然流量的比例最多。

表 2.4　1970～2014 年宜昌站还现前后月平均流量变化（规划水平年 2020 年）（单位：m³/s）

项目	1 月	2 月	3 月	4 月	5 月	6 月	7 月	8 月	9 月	10 月	11 月	12 月
天然	4 330	3 920	4 430	6 800	11 300	18 300	29 400	25 600	24 400	16 900	9 530	5 660
还现	6 920	6 940	7 260	9 380	18 900	20 400	25 800	20 900	19 300	9 550	8 560	6 960
还现－天然	2 590	3 020	2 830	2 580	7 600	2 100	−3 600	−4 700	−5 100	−7 350	−970	1 300
（还现－天然）/天然	60%	77%	64%	38%	67%	11%	−12%	−18%	−21%	−43%	−10%	23%

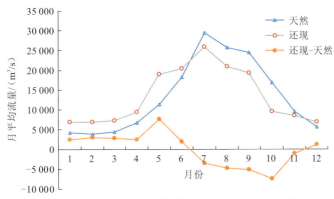

图 2.11　1970～2014 年宜昌站还现前后月平均流量变化曲线（规划水平年 2020 年）

根据长江上游水库群联合调度方案，各水库有序逐步蓄水，梨园、阿海、金安桥、龙开口、鲁地拉、锦屏一级、二滩等水库 8 月初开始有序逐步蓄水。溪洛渡、亭子口、草街、构皮滩、思林、沙沱、彭水等水库，9 月初在留足所在河流防洪要求库容的前提下可逐步蓄水。三峡、向家坝水库 9 月中旬可逐步蓄水。紫坪铺、碧口、宝珠寺等水库 10 月初开始蓄水。观音岩、瀑布沟水库根据防洪库容预留要求分时段逐步蓄水。枯季各水库合理运用调节库容，统筹协调发电与供水、航运、生态等方面对水资源的需求，对下游进行补水。

从全年来看，水库群的调度运用可分为汛前消落、汛期拦洪、汛末蓄水、枯季补水等阶段，各阶段水库的影响作用不同，分别进行分析。

1）汛期及蓄水期

受长江上游梯级水库运行影响，2015 年水平年～2020 年水平年，考虑嘉陵江和乌江无新增大型水库：嘉陵江 7～11 月径流量平均减少 24.0 亿 m³，占比 5.3%；乌江减少 30.6 亿 m³，占比 12.3%。考虑岷江、金沙江上游有新增水库：2015 年水平年和 2020 年水平年岷江 7～11 月径流量平均减少 38.0 亿 m³ 和 50.1 亿 m³，占比 7.0% 和 9.2%；2015 年水平年和 2020 年水平年金沙江 7～11 月径流量平均减少 115.7 亿 m³ 和 266.6 亿 m³，占比 11.3% 和 25.9%。

三峡水库以上梯级水库 2015 年水平年和 2020 年水平年 7～11 月蓄水量分别为 208.3 亿 m³ 和 371.3 亿 m³，2020 年水平年增加上游 4 座水库后增加蓄水量 162.9 亿 m³，三峡水库来水量进一步减小。三峡水库 2015 年水平年和 2020 年水平年多年平均 7～11 月蓄水量约 205 亿 m³。

2015 年水平年～2020 年水平年：嘉陵江和乌江 9 月、10 月径流量分别减少了 15.4 亿 m³ 和 7.9 亿 m³；岷江 9～10 月径流量减少 23.3 亿～24.4 亿 m³；金沙江 9～10 月径流量减少了 63.4 亿～105.5 亿 m³。相比其他支流而言，由于乌江的主汛期为 5～8 月，比其他支流早，蓄水时间也相对其他支流早，且较多水库均未留防洪库容，汛限水位较高，所以部分水库在 9 月上旬即可蓄满，对 9～10 月径流的影响没有其他支流明显。

三峡水库以上梯级水库 2015 年水平年和 2020 年水平年 9 月、10 月蓄水量分别为 110.0 亿 m³ 和 153.1 亿 m³，2020 年水平年增加上游 4 座水库后增加蓄水量 43.1 亿 m³。三峡水库 2015 年水平年和 2020 年水平年多年平均 9～10 月蓄水量约 175 亿 m³。

对宜昌站而言，在 2015 年水平年，9～10 月径流量减少 285.2 亿 m³，7～11 月径流量减少 412.5 亿 m³，其中减少最为明显的是 10 月。在 2020 年水平年，9～10 月径流量共减少 329.1 亿 m³，7～11 月径流量减少 576.5 亿 m³，较 2015 年水平年径流量进一步减少约 164 亿 m³，主要是因为上游乌东德、白鹤滩、两河口、双江口水库的投运。可以看出，随着上游水库的陆续投入运行，对 9～10 月的径流量影响较大，所占百分比尤其以 10 月最为显著，而对 11 月的径流量影响较小。

2）枯水期及消落期

2015 年水平年～2020 年水平年，考虑嘉陵江和乌江无新增水库：嘉陵江 12 月～次年 5 月径流量平均增加 28.0 亿 m³，占比 24.0%；乌江 12 月～次年 5 月径流量平均增加 30.8 亿 m³，占比 21.2%。考虑岷江和金沙江上游有新增水库：2015 年水平年和 2020 年水平年岷江 12 月～次年 5 月径流量平均增加 42.4 亿 m³ 和 60.4 亿 m³，占比 23.3% 和 33.1%；2015 年水平年和 2020 年水平年金沙江 12 月～次年 5 月径流量平均增加 108.0 亿 m³ 和 253.6 亿 m³，占比 38.9% 和 91.3%，2020 年水平年由于增加了乌东德、白鹤滩、两河口水库，径流量较 2015 年水平年增加 145.6 亿 m³。

三峡水库以上梯级水库 2015 年水平年和 2020 年水平年 12 月～次年 5 月增加下游水量合计分别为 209.2 亿 m³ 和 372.8 亿 m³，2020 年水平年增加上游 4 座水库后增加下泄水量 163.6 亿 m³，增大了三峡水库消落期的入库水量。三峡水库 2015 年水平年和 2020 年水平年多年平均 12 月～次年 5 月月供水及消落期增加下泄水量约 151 亿 m³。

2.2　长江流域主要控制站典型年设计洪水过程分析与计算

2.2.1　设计洪水研究现状

同场洪水不同控制站的频率往往不一致，同场洪水同一站的洪峰流量、不同历时的洪量，频率往往也不相同。即使在防洪控制站发生同频率的洪水时，由于上游来水地区组成不同，流域综合防洪减灾调度时需要采用的水库群调度方案也不尽相同，所以需要研究清楚长江流域干支流不同区域、不同来水条件下的洪水过程组合情况。

在工程设计中，当设计断面上游有较强调洪性能的水库时，我国洪水计算规范指出，应开展设计断面上区域的洪水地区组成分析。工程设计中常用的计算设计洪水地区组成的方法有典型洪水组成法、同频率地区组成法等。在水库较多，设计断面上游分区较多的情况下，典型洪水组成法是最常采用的方法。然而，该方法不能考虑分区洪水的空间相关性，也无法考虑洪水地区组成的随机性（李天元 等，2013）。同频率地区组成法假定设计断面上游的某一分区洪水与控制断面洪水同频率，其余分区洪水与控制断面洪水相应，当水库较多时，组合方案繁多，且这种假定是否符合洪水地区组成规律，尚需结合地区洪水特性分析论证。

为了弥补上述地区组成法的不足，国内一些学者研究提出了地区洪水频率组合法和随机模拟法（谭维炎和黄守信，1983）。频率组合法可考虑各分区洪水的所有组合情况，并能结合梯级水库的防洪调度，但求解较为困难。李天元等（2014）采用 Copula 函数构建了设计控制断面与上游分区洪量的联合分布，并提出了改进的频率组合法。然而，无论是频率组合法还是改进频率组合法，当水库数量较多时，计算工作量都巨大。随机模拟法（袁鹏 等，2008；丁晶，1988）通过构建随机化模型生成设计断面以上各分区的同步洪水过程线，结合水库调洪规则调度计算，从而推求设计断面洪水特征量的概率分布。随机模拟法的关键问题，是要建立反映区域洪水特性的合理模型。当水库数目较多时，频率组成法的求解异常复杂，随机模拟法将是解决多水库调洪影响情形下设计洪水地区组成推求的有效方法。

近年来，我国在水库设计洪水地区组成研究上涌现了新的计算方法，如 JC 法[①]和 Copula 函数法。谢小平等（2006）借鉴结构可靠度计算中的 JC 法思路，研究了受单库调节影响的设计洪水地区组成。黄灵芝（2006）将 JC 法的应用拓展至梯级水库，研究了梯级水库条件下的最不利洪水地区组成。JC 法的缺点在于其计算得到的风险无相关参考，且调洪函数计算较为复杂。洪水地区组成是带有随机性的，基于概率论方法，构建各分区洪水的联合分布函数是开展地区组成研究的有效方法。随着近年来 Copula 联结函数在水文研究中的成功应用（郭生练 等，2008），学者们开始采用联合分布函数研究设计洪水的地区组成。闫宝伟等（2010）采用 Copula 函数构造了单库条件下上游水库断面与区间洪水的联合分布，推导出条件期望洪水地区组成和最可能洪水地区组成。刘章君等（2014a）将其推广到上游有两个梯级水库的情形。刘章君等（2015）采用 Copula 函数构建了各分区洪水的联合分布，推导提出了洪水地区组成的区间估计法。需要指出的是，基于 Copula 函数提出的洪水地区组成法和 JC 法，

---

① 该方法已经由国际结构安全性联合委员会（the Joint Committee on Structural Safety，JCSS）所采用，故称为 JC 法。

存在一个共同的缺点，即假定设计断面受水库调洪影响下的洪水与天然情况同频率。

工程常用典型年法开展梯级水库影响下的设计洪水分析计算，但该方法不能考虑分区洪水的空间相关性，也无法考虑洪水地区组成的随机性，目前，对梯级水库影响下的整体设计洪水方法研究较多，但理论方法与工程实际运用仍有一定差距，需进一步开展研究，促进新方法技术在实际中的应用。

2.2.2 设计洪水研究方法

通过开展长江流域主要控制站典型年设计洪水过程分析与计算研究，提出长江流域主要控制站的整体设计洪水过程，为以三峡水库为核心的梯级水库群防洪调度决策提供技术支撑，采用的技术路线如图 2.12 所示，主要的研究方法如下。

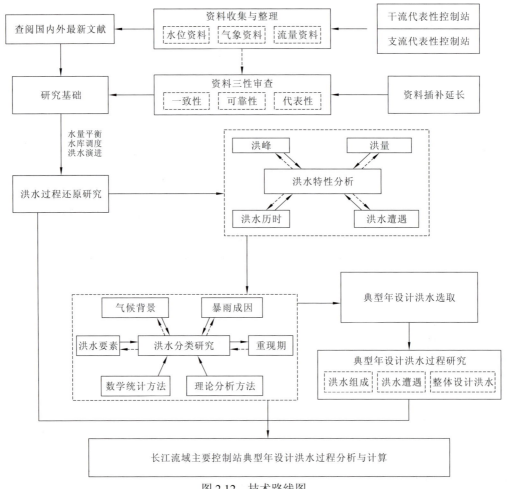

图 2.12　技术路线图

（1）洪水发生时间。依据各骨干控制站洪水资料，将历年的年最大洪水以洪峰发生日期为横坐标，以相应洪水的峰量数值为纵坐标，点绘各控制站的洪水年内分布图；统计长江干支流最大洪峰出现的月份频次，从中分析长江各干支流站的主汛期出现迟早、汛期历时长短，揭示各控制站洪水的季节性变化特征。

（2）洪水地区组成。将各控制站断面以上的干支流洪水过程演算至下游控制站断面，然后统计控制站断面及各支流的给定时段洪量，分析各支流占控制站断面不同控制时段洪量的比例，归纳各控制站洪水地区组成特征。统计时段根据流域控制面积和洪水特征，拟选择 24 h、3 天、7 天、15 天、30 天、60 天等不同时段。

对于短时段洪量过程，受洪水变形影响较大，一般采用马斯京根法、汇流曲线法等方法进行洪水演进；但对于长时段洪水，洪水变形对总洪量影响不大，故不进行洪水演进，考虑其洪水传播时间后再相应统计。螺山站、汉口站等控制站将采用总入流法推求河流的洪水组成。

（3）洪水遭遇规律。洪水遭遇拟结合干支流各控制站历年给定时段最大洪量的起讫时间，并考虑干支流洪水传播时间，将各支流及出口控制断面的洪水过程点绘在同一张图中，分析干支流洪水遭遇情形。方法主要采用水文学分析法。洪水遭遇在现行标准中未有明确的定义。在分析时考虑干支流的洪水传播时间差值，若洪水过程的洪峰同日出现，即为洪峰遭遇；若洪水过程超过 1/2 时间重叠，即为洪水过程遭遇。最后，将各控制站以上历年各支流的遭遇情况进行统计，揭示各控制站以上的支流遭遇规律。

（4）典型洪水选取。资料可靠完整、具有代表性，设计条件下可能发生的且对控制断面防洪较为不利的情况。选取时将依照如下原则：①选择资料较完整、洪水量级较大的实测大洪水过程线。②选择的典型洪水能够表征控制断面可能发生的洪水过程，即洪水出现的季节、洪峰次数、洪水历时、主峰位置等洪水要素，能较好、概括地代表控制站大洪水的一般特性。③选择的典型洪水应能满足防洪调度研究要求。从防洪后果考虑，对流域防洪调度较为不利的典型洪水过程，如选择峰高、量大、峰型集中、主峰发生时间偏后的洪水过程线。

（5）不同典型年的洪水过程分析。收集整理长江干支流各主要骨干控制站的历次设计洪水成果，以洪峰流量和时段洪量的频率计算成果为基础，充分考虑洪水的地区组成和干支流遭遇情形，以尽量照顾峰型的完整为原则，合理选择 2～3 个时段为控制时段。采用同频率放大法，用同一频率的洪峰和各时段的洪量控制放大典型洪水过程线，推求各控制站的设计洪水过程。

2.2.3　设计洪水数据库（集）构建

1. 长江上中游

以长江上游干流出口宜昌站作为骨干控制站，乌江武隆站和长江干流寸滩站作为支汊控制站。长江宜昌以上流域主要水系及站点分布示意图见图 2.13。

1954～2016 年宜昌站实测资料中，选择年

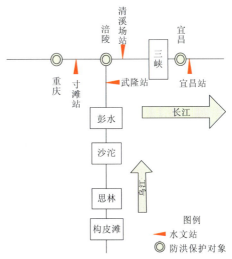

图 2.13　长江宜昌以上流域主要水系及站点分布

最大日流量（Q_m）和 W_{3d}、W_{7d}、W_{15d}、W_{30d} 和 W_{60d} 排序前 3 的年份（图 2.14）。可以看出，宜昌站年最大洪水过程一般历时 15～20 天，因此宜昌站洪水控制时段选择为 30 天。

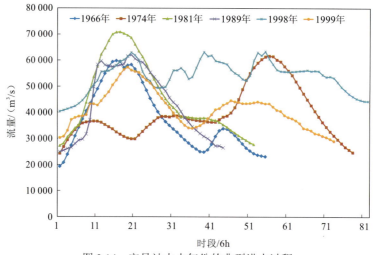

图 2.14　宜昌站大水年份的典型洪水过程

1）洪水发生时间分布特征

根据 1877～2016 年宜昌站实测资料统计分析了宜昌站洪水发生时间分布特征。宜昌站年最大洪峰流量散点图如图 2.15 所示，宜昌站年最大洪峰散点的概率、大小基本上呈现由弱至强，再由强至弱的规律。由宜昌站年最大洪峰流量散点图可以看出，在 8 月 20 日左右出现了弱空档期，且洪量量级有所减小。

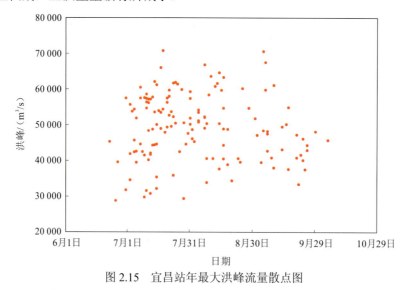

图 2.15　宜昌站年最大洪峰流量散点图

表 2.5 为宜昌站年最大洪峰逐旬分布表，可以看出，宜昌站年最大洪峰流量出现在 6 月下旬～10 月上旬，主要集中在 7～9 月，以 7 月中旬出现的次数最多，占总数的 19.3%，7 月上旬次之。

表 2.5　宜昌站年最大洪峰逐旬分布

时间		2 000～ <30 000 m³/s	30 000～ <40 000 m³/s	40 000～ <50 000 m³/s	50 000～ <60 000 m³/s	60 000～ <70 000 m³/s	≥70 000 m³/s	合计
6 月	下旬	1	2	1	1	—	—	5
7 月	上旬	1	3	7	10	1	—	22
	中旬	—	2	10	11	3	1	27
	下旬	1	1	4	11	3		20
	小计	2	6	21	32	7	1	69
8 月	上旬	—	1	6	9	2		18
	中旬	—	3	5	3	4		15
	下旬	—	1	1	2	1		5
	小计	—	5	12	14	7		38
9 月	上旬	—	2	6	1	2	1	12
	中旬	—	1	4	2			7
	下旬	—	2	6	—	—		8
	小计	—	5	16	3	2	1	27
10 月	上旬	—	—	1	—	—	—	1
合计		3	18	51	50	16	2	140

注：表中数值为次数。

从宜昌站的年最大洪峰流量量级分布可以看出，宜昌站年最大洪峰流量量级一般在 30 000～<70 000 m³/s，2 000～<30 000 m³/s 有 3 次，≥70 000 m³/s 仅有 2 次，最大为 70 800 m³/s，出现在 1981 年；从洪峰流量出现量级和时间看，洪峰流量较大的洪水主要出现在 7 月中旬～8 月上旬。

2）洪水地区分布特征

宜昌站是长江上游干流出口控制站，洪水主要来源于金沙江、岷江、沱江、嘉陵江、乌江及屏山站至武隆站区间。根据 1952～2016 年长江干流寸滩站和乌江武隆站同步实测资料分析了宜昌站洪水地区分布特征，见表 2.6。

表 2.6　长江宜昌站以上洪水地区组成多年平均统计表

河名	站名	集水面积		7 日洪量		15 日洪量		30 日洪量	
		面积/km²	占比/%	体积/亿 m³	占比/%	体积/亿 m³	占比/%	体积/亿 m³	占比/%
长江	寸滩站	866 559	86.2	218.0	83.7	407.0	82.4	729.0	82.2
乌江	武隆站	83 035	8.2	23.8	9.1	48.0	9.7	90.3	10.2
未控区间		55 907	5.6	18.7	7.2	39.2	7.9	67.4	7.6
长江	宜昌站	1 005 501	100.0	260.5	100.0	494.2	100.0	886.7	100.0

宜昌站不同历时洪水组成中寸滩站的洪水占比最大，达到 80%以上；武隆站 7 日、15 日和 30 日的洪量占比大于其面积占比，未控区间洪量占比也大于其面积占比。

3）洪水遭遇规律

乌江流域为降雨补给河流，洪水主要由暴雨形成，暴雨集中在 5～10 月。年最大洪峰流量出现在汛期 5～10 月，集中于 6～7 月，尤以 6 月中、下旬发生的机会最多。乌江为山区性河流，因暴雨急骤、坡降大，故汇流迅速、洪水涨落快、峰型尖瘦、洪量集中。乌江下游一次洪水过程约 20 日，其中大部分水量集中在 7 日内，最大 7 日洪量占最大 15 日洪量的 65% 以上，最大 3 日洪量占最大 7 日洪量的 60%，而最大 1 日洪量占最大 3 日洪量的40%，大水年份则更为集中。8 月副高脊线位置偏北，乌江流域出现年最大洪峰次数骤减。9 月、10 月副高脊线南撤至 20°N 附近时，乌江流域常出现次大洪峰，个别年份还发生年最大值，如 1994 年 10 月 10 日武隆站出现年最大洪峰流量 9 670 m³/s。而年最大洪水出现在 10 月下旬的多属中、小洪水年。寸滩站与武隆站年最大 1 日、年最大 15 日和年最大 30日洪水遭遇频次、概率统计见表 2.7。

表 2.7　寸滩站与武隆站洪水遭遇频次、概率统计

遭遇情景	年最大 1 日	年最大 15 日	年最大 30 日
寸滩站与武隆站	1（1.54%）	8（12.3%）	15（23.1%）

从表 2.7 中可以看出：寸滩站与武隆站年最大 1 日洪水有 1 年发生遭遇，遭遇概率约为 1.54%；年最大 15 日洪水有 8 年发生遭遇，遭遇概率约为 12.3%；年最大 30 日洪水有15 年发生遭遇，遭遇概率约为 23.1%。

根据宜昌站排位前 10 的年最大 15 日洪量和年最大 30 日洪量及洪水地区组成与宜昌站不同历时洪量分布情形，重点分析年最大 7 日、年最大 15 日和年最大 30 日洪量排序前 4的大水年份，主要有 1954 年、1998 年、1981 年、1966 年、1982 年、1999 年、2012 年 7个年份，各年份年最大 7 日、年最大 15 日和年最大 30 日洪量及洪水地区组成情况见表 2.8。

表 2.8　宜昌站大水年份洪量及地区组成汇总

序号	年份	项目	宜昌站 洪量/亿 m³	宜昌站 发生时间	宜昌站 排位	寸滩站 洪量/亿 m³	寸滩站 占比/%	武隆站 洪量/亿 m³	武隆站 占比/%	备注
1	1954	年最大 7 日	385.3	8月2日～8月8日	1	261.5	67.9	63.2	16.4	
		年最大 15 日	785.0	7月28日～8月11日	1	526.0	67.0	148.0	18.9	干支遭遇
		年最大 30 日	1 387.0	7月20日～8月18日	1	1 009.0	72.7	203.0	14.6	干支遭遇
2	1998	年最大 7 日	347.8	8月12日～8月18日	2	244.2	70.2	29.1	8.4	
		年最大 15 日	728.0	8月6日～8月20日	2	512.0	70.3	80.2	11.0	
		年最大 30 日	1 380.0	8月4日～9月2日	2	1 067.0	77.3	143.0	10.4	干支遭遇
3	1981	年最大 7 日	334.8	7月16日～7月22日	3	330.4	98.7	6.0	1.8	
		年最大 15 日	558.0	7月12日～7月26日	10	537.0	96.2	12.3	2.2	
		年最大 30 日	994.6	6月27日～7月26日	11	909.7	91.5	52.5	5.3	
4	1966	年最大 7 日	334.2	9月2日～9月8日	4	335.7	100.4	5.5	1.6	
		年最大 15 日	592.0	8月31日～9月14日	3	577.0	97.5	9.7	1.6	
		年最大 30 日	933.6	8月29日～9月27日	24	912.4	97.7	15.6	1.7	

续表

序号	年份	项目	宜昌站			寸滩站		武隆站		备注
			洪量/亿 m³	发生时间	排位	洪量/亿 m³	占比/%	洪量/亿 m³	占比/%	
5	1982	年最大 7 日	303.8	7 月 28 日~8 月 3 日	8	214.2	70.5	34.9	11.5	
		年最大 15 日	584.0	7 月 19 日~8 月 2 日	4	413.0	70.7	46.9	8.0	
		年最大 30 日	989.0	7 月 12 日~8 月 10 日	12	728.5	73.7	69.6	7.0	
6	1999	年最大 7 日	287.6	7 月 17 日~7 月 23 日	18	220.2	76.6	44.9	15.6	
		年最大 15 日	574.0	7 月 8 日~7 月 22 日	6	433.0	75.4	79.1	13.8	
		年最大 30 日	1 118.0	6 月 30 日~7 月 29 日	3	833.0	74.5	214.0	19.1	干支遭遇
7	2012	年最大 7 日	307.4	7 月 24 日~7 月 30 日	6	273.6	89.0	29.9	9.7	
		年最大 15 日	569.0	7 月 20 日~8 月 3 日	8	506.0	88.9	61.4	10.8	干支遭遇
		年最大 30 日	1 114.0	7 月 4 日~8 月 2 日	4	981.0	88.1	92.0	8.3	
多年平均		年最大 7 日	260.9	—		218.4	83.7	23.8	9.1	
		年最大 15 日	494.0	—		407.0	82.4	48.0	9.7	
		年最大 30 日	887.0	—		729.0	82.2	90.3	10.2	

　　根据以上分析，宜昌站各大水年份主要是由干流来水较大和支流发生遭遇、支流来水较大和干流遭遇、区间来水较大、干流来水主导及干支流来水均大且发生遭遇形成，形成的洪水一般为"肥胖型"洪水。

　　宜昌站以上整体设计洪水采用典型年法，选取上述 7 年作为典型年。根据宜昌站各典型年洪水过程分别统计出 Q_m、W_{7d}、W_{15d} 和 W_{30d}，计算不同时段各典型年放大倍比系数，宜昌站各典型年放大倍比系数及采用情形见表 2.9。

表 2.9　宜昌站各典型年放大倍比系数及采用情形

年份	项目	P=0.5%	P=1%	P=2%	P=3.33%	P=5%	P=10%	P=20%	备注
1954	Q_m	1.34	1.27	1.20	1.14	1.09	1.01	0.92	采用
	W_{7d}	1.15	1.09	1.04	0.99	0.96	0.90	0.82	
	W_{15d}	1.06	1.01	0.96	0.93	0.89	0.84	0.77	
	W_{30d}	1.05	1.00	0.96	0.92	0.89	0.84	0.77	
1966	Q_m	1.49	1.41	1.33	1.26	1.21	1.12	1.02	
	W_{7d}	1.32	1.26	1.20	1.15	1.11	1.03	0.95	
	W_{15d}	1.41	1.34	1.28	1.23	1.18	1.11	1.02	采用
	W_{30d}	1.56	1.49	1.42	1.37	1.33	1.24	1.15	
1981	Q_m	1.27	1.21	1.14	1.08	1.04	0.96	0.87	采用
	W_{7d}	1.32	1.26	1.19	1.14	1.11	1.03	0.94	
	W_{15d}	1.49	1.43	1.36	1.30	1.26	1.18	1.08	
	W_{30d}	1.46	1.40	1.34	1.29	1.25	1.17	1.08	
1982	Q_m	1.50	1.42	1.34	1.28	1.22	1.13	1.03	
	W_{7d}	1.45	1.39	1.32	1.26	1.22	1.14	1.04	
	W_{15d}	1.43	1.36	1.30	1.25	1.20	1.12	1.03	
	W_{30d}	1.47	1.41	1.34	1.29	1.25	1.17	1.08	采用

年份	项目	$P=0.5\%$	$P=1\%$	$P=2\%$	$P=3.33\%$	$P=5\%$	$P=10\%$	$P=20\%$	备注
1998	Q_m	1.44	1.36	1.28	1.22	1.17	1.08	0.98	
	W_{7d}	1.27	1.21	1.15	1.10	1.06	0.99	0.91	采用
	W_{15d}	1.14	1.09	1.04	1.00	0.96	0.90	0.83	
	W_{30d}	1.05	1.01	0.96	0.93	0.90	0.84	0.78	
1999	Q_m	1.56	1.48	1.39	1.33	1.27	1.17	1.07	
	W_{7d}	1.54	1.46	1.39	1.33	1.29	1.20	1.10	采用
	W_{15d}	1.45	1.39	1.32	1.27	1.22	1.14	1.05	
	W_{30d}	1.30	1.24	1.19	1.14	1.11	1.04	0.96	
2012	Q_m	1.48	1.40	1.32	1.26	1.20	1.11	1.01	
	W_{7d}	1.44	1.37	1.30	1.25	1.20	1.12	1.03	
	W_{15d}	1.47	1.40	1.33	1.28	1.24	1.16	1.06	采用
	W_{30d}	1.30	1.25	1.19	1.15	1.11	1.04	0.96	

以宜昌站为控制站的长江上游 1966 年型整体设计洪水过程线（$P=2\%$）见图 2.16。

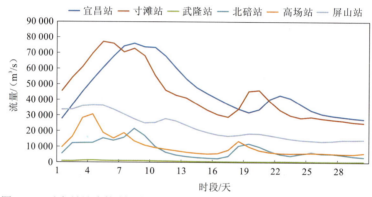

图 2.16　以宜昌站为控制站的 1966 年型整体设计洪水过程线图（$P=2\%$）

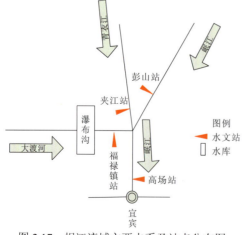

图 2.17　岷江流域主要水系及站点分布图

2. 岷江

以岷江干流高场站作为骨干控制站，青衣江夹江站、大渡河福禄镇站和岷江彭山站作为支汊控制站。岷江流域主要水系及站点分布图见图 2.17。

高场站 1956～2016 年实测资料中，采用相同的方法，选取 Q_m、W_{3d}、W_{7d}、W_{15d} 和 W_{30d} 排序前 3 的年份。这些大水年的年最大洪水过程如图 2.18 所示。可以看出，高场站年最大洪水过程一般历时 6~10 天，因此高场站洪水控制时段选择为 7 天。

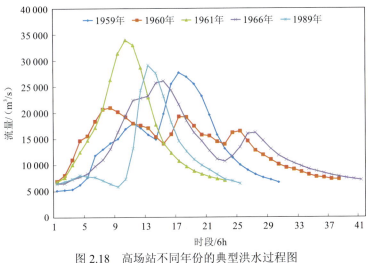

图 2.18　高场站不同年份的典型洪水过程图

1）洪水发生时间分布特征

根据 1940~2016 年高场站实测资料分析高场站的洪水发生时间分布特征。

从岷江高场站年最大洪峰流量散点图（图 2.19）可见，6 月下旬~9 月中旬为岷江高场站年最大洪峰出现的集中时段，7 月下旬~8 月上旬岷江高场站有洪峰流量相对出现较少的弱空档期，以后洪峰又增多。

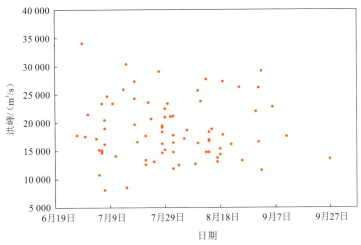

图 2.19　岷江高场站年最大洪峰流量散点图

表 2.10 为高场站年最大洪峰逐旬出现时间表。高场站年最大洪峰出现在 6 月下旬~9 月下旬，主要集中在 7~8 月，以 7 月下旬出现的次数最多，占总数的 22.1%，8 月中旬次之。

表 2.10　高场站年最大洪峰逐旬分布

时间		5 000～<10 000 m³/s	10 000～<15 000 m³/s	15 000～<20 000 m³/s	20 000～<25 000 m³/s	25 000～<30 000 m³/s	≥30 000 m³/s	合计
6 月	下旬	—	—	2	—	—	1	3
7 月	上旬	1	2	5	5	—	—	13
	中旬	1	1	2	1	2	1	8
	下旬	—	4	6	6	1	—	17
	小计	2	7	13	12	3	1	38
8 月	上旬	—	4	5	1	1	—	11
	中旬	—	5	6	1	2	—	14
	下旬	—	1	1	1	1	—	4
	小计	—	10	12	3	4	—	29
9 月	上旬	—	1	1	1	2	—	5
	中旬	—	—	1	—	—	—	1
	下旬	—	1	—	—	—	—	1
	小计	—	2	2	1	2	—	7
合计		2	19	29	16	9	2	77

注：表中数值为次数。

从高场站的年最大洪峰流量量级分布可以看出：高场站年最大洪峰流量量级一般在 10 000～<30 000 m³/s，5 000～<10 000 m³/s 仅有 2 次；≥30 000 m³/s 有 2 次，出现在 1961 年和 1955 年；年最大洪峰流量在 20 000 m³/s 以上占 35.1%，在 25 000 m³/s 以上占 14.3%。

从高场站年最大 3 日、年最大 7 日和年最大 15 日洪量散点分布可以看出，同年最大洪峰散布图类似，6～9 月为年最大洪量出现的集中时段，9 月上旬之后不同量级的洪量迅速衰减。

2）洪水地区分布特征

高场站是岷江流域控制站，洪水由大渡河与嘉陵江干流汇流而成。根据岷江干流彭山站、大渡河福禄镇站、青衣江夹江站 1956～2016 年同步洪水资料分析了岷江洪水地区分布特征，见表 2.11。

表 2.11　岷江高场站以上洪水地区组成多年平均统计表

河名	站名	集水面积		3 日洪量		7 日洪量		15 日洪量	
		面积/km²	占比/%	体积/亿 m³	占比/%	体积/亿 m³	占比/%	体积/亿 m³	占比/%
岷江	彭山站	30 661	22.6	7.2	23.0	12.1	20.8	19.9	19.1
青衣江	夹江站	12 588	9.3	7.8	24.9	13.2	22.6	21.2	20.4
大渡河	福禄镇站	76 452	56.5	7.8	24.9	18.4	31.6	39.0	37.5
未控区间		15 677	11.6	8.5	27.2	14.6	25.0	24.0	23.0
岷江	高场站	135 378	100.0	31.3	100.0	58.3	100.0	104.1	100.0

可以看出：大渡河福禄镇站以上流域面积占高场站以上面积的 56.5%，7 日和 15 日洪量占高场站的比例分别为 31.6% 和 37.5%，均小于其相应的面积比；岷江干流彭山站占高场站以上面积比为 22.6%，7 日和 15 日洪量占高场站的比例分别为 20.8% 和 19.1%，均小于其相应的面积比；青衣江夹江站占高场站以上面积比为 9.3%，7 日和 15 日洪量占高场站的比例分别为 22.6% 和 20.4%，均大于其相应的面积比，未控区间占高场站以上面积比为 11.6%，7 日和 15 日洪量占高场站的比例分别为 25.0% 和 23.0%，均大于其相应的面积比。可见，青衣江和未控区间洪水是高场站洪水的重要来源。

3）洪水遭遇规律

大渡河福禄镇站、青衣江夹江站和岷江干流彭山站距离高场站较近，本次在分析其洪水遭遇特征规律时考虑各站洪水传播至高场站的时间差异（1 天）。如表 2.12 所示，高场站年最大 1 日洪水有 21 年发生遭遇，主要是干流与青衣江发生遭遇（以下简称为干青遭遇），遭遇概率为 29.5%，三江年最大洪水未发生遭遇；年最大 3 日洪水有 37 年发生遭遇，其中干流与青衣江遭遇概率最高，为 57.4%，约每两年遭遇 1 次，干流与大渡河未发生遭遇（以下简称为干大遭遇），大渡河与青衣江遭遇（以下简称为青大遭遇）与三江遭遇概率均较低，61 年分别都只有 1 年发生遭遇，概率为 1.64%；年最大 7 日洪水有 40 年发生遭遇，其中干青遭遇概率较高，为 45.9%，青大遭遇概率最低，为 4.92%。

表 2.12　岷江干支流洪水遭遇频次、概率统计

遭遇情景	年最大 1 日	年最大 3 日	年最大 7 日
干流与青衣江遭遇	18（29.5%）	35（57.4%）	28（45.9%）
干流与大渡河遭遇	1（1.64%）	—	4（6.56%）
大渡河与青衣江遭遇	2（3.28%）	1（1.64%）	3（4.92%）
三江遭遇	—	1（1.64%）	5（8.20%）
合计	21	37	40

综上可知，不管是长时段洪水还是短时段洪水，干青遭遇的概率最高，干大遭遇和青大遭遇概率较低，随着洪水时段的增加，三江遭遇的概率略有增加。

根据 1956～2016 年高场站洪水地区组成及彭山站、夹江站和福禄镇站相应遭遇情况，以及 4 站实测年最大 1 日、年最大 3 日和年最大 7 日洪量排位统计及各年洪水组成情况，分析高场站的典型年。

根据高场站排位前 10 的年最大 1 日、年最大 3 日和年最大 7 日洪量及洪水地区组成及高场站不同历时洪量分布情形，重点分析洪量排序前 5 的大水年份，主要有 1961 年、1989 年、1959 年、1966 年、1981 年、1960 年、1991 年 7 个年份，各年份年最大 1 日、年最大 7 日和年最大 15 日洪量及洪水地区组成情况见表 2.13。

综上分析可以看出，高场站各大洪水年份主要是由干青遭遇、三江遭遇及干支流与区间大洪水组合形成，干大遭遇、一江来水较大和青大遭遇几乎不会导致高场站大洪水的情形。

表 2.13　高场站大水年份洪量及地区组成汇总

序号	年份	项目	高场站 洪量/亿m³	高场站 发生时间	排位	彭山站 洪量/亿m³	彭山站 占比/%	夹江站 洪量/亿m³	夹江站 占比/%	福禄镇站 洪量/亿m³	福禄镇站 占比/%	未控区间 洪量/亿m³	未控区间 占比/%	备注
1	1961	年最大1日	27.2	6月29日	1	6.3	23.2	4.9	18.0	2.6	9.5	13.4	49.3	干青遭遇
		年最大3日	58.7	6月28日~6月30日	1	16.6	28.3	11.5	19.6	8.0	13.6	22.6	38.5	干青遭遇
		年最大7日	87.7	6月26日~7月2日	4	24.1	27.5	18.6	21.2	17.7	20.2	27.3	31.1	干青遭遇
2	1989	年最大1日	22.3	7月27日	2	2.0	9.0	5.7	25.5	2.6	11.7	12.0	53.8	
		年最大3日	41.9	7月26日~7月28日	6	6.3	15.1	12.2	29.0	8.7	20.8	14.7	35.1	
		年最大7日	67.2	7月24日~7月30日	14	12.4	18.4	19.0	28.3	19.0	28.3	16.8	25.0	
3	1959	年最大1日	22.2	8月13日	3	5.6	25.2	7.3	33.0	2.5	11.2	6.8	30.6	
		年最大3日	53.5	8月11日~8月13日	2	16.0	29.9	10.7	20.0	6.5	12.1	20.3	38.0	干青遭遇
		年最大7日	89.2	8月10日~8月16日	3	25.4	28.5	17.1	19.2	16.3	18.2	30.4	34.1	干青遭遇
4	1966	年最大1日	20.8	9月1日	4	4.7	22.6	7.6	36.5	2.8	13.5	5.7	27.4	
		年最大3日	53.0	8月31日~9月2日	3	12.8	24.2	16.6	31.3	7.9	14.9	15.7	29.6	
		年最大7日	96.6	8月30日~9月5日	1	23.3	24.1	25.6	26.5	19.9	20.6	27.8	28.8	三江遭遇
5	1981	年最大1日	20.0	7月14日	5	6.4	32.0	3.2	16.0	3.6	18.0	6.8	34.0	
		年最大3日	43.3	7月13日~7月15日	5	13.8	31.8	8.3	19.3	11.6	26.8	9.6	22.1	干青遭遇
		年最大7日	78.2	7月10日~7月16日	6	21.3	27.2	15.4	19.7	24.7	31.6	16.8	21.5	干青遭遇
6	1960	年最大1日	16.7	8月1日	11	5.3	31.7	4.2	25.2	2.9	17.4	4.3	25.7	
		年最大3日	46.0	8月1日~8月3日	4	15.8	34.3	10.4	22.6	9.2	20.0	10.6	23.1	干青遭遇
		年最大7日	96.0	7月31日~8月6日	2	24.6	25.6	25.2	26.3	22.8	23.7	23.4	24.4	干青遭遇
7	1991	年最大1日	19.3	8月10日	6	1.7	8.8	5.4	28.0	3.6	18.7	8.6	44.5	干大遭遇
		年最大3日	38.5	8月9日~8月11日	10	4.3	11.2	9.4	24.4	9.8	25.5	15.0	38.9	三江遭遇
		年最大7日	82.5	8月9日~8月15日	5	9.9	12.0	19.0	23.0	22.9	27.8	30.7	37.2	三江遭遇
多年平均		年最大1日	13.5	—	—	2.9	21.5	3.9	28.9	2.5	18.5	4.2	31.1	
		年最大3日	31.3	—	—	7.2	23.0	7.8	24.9	7.8	24.9	8.5	27.2	
		年最大7日	58.3	—	—	12.1	20.8	13.2	22.6	18.4	31.6	14.6	25.0	

岷江高场站选取的洪水典型年份有 1961 年、1959 年、1966 年、1981 年 4 个年份。高场站以上整体设计洪水采用典型年法。根据高场站各典型年洪水过程分别统计出 Q_m、W_{1d}、W_{3d} 和 W_{7d}，计算不同时段各典型年放大倍比系数，高场站各典型年放大倍比系数及采用情形见表 2.14。

表 2.14　高场站各典型年放大倍比系数及采用情形

年份	项目	P=0.5%	P=1%	P=2%	P=3.33%	P=5%	P=10%	P=20%	备注
1961	Q_m	1.62	1.45	1.28	1.16	1.06	0.89	0.73	
	W_{1d}	1.53	1.37	1.22	1.10	1.01	0.86	0.70	
	W_{3d}	1.63	1.47	1.30	1.18	1.08	0.91	0.75	采用
	W_{7d}	2.02	1.81	1.61	1.46	1.34	1.13	0.92	
1959	Q_m	2.00	1.79	1.58	1.43	1.31	1.10	0.90	
	W_{1d}	1.84	1.66	1.47	1.33	1.22	1.03	0.84	
	W_{3d}	1.78	1.60	1.42	1.29	1.18	1.00	0.82	采用
	W_{7d}	1.99	1.79	1.59	1.44	1.32	1.11	0.91	
1966	Q_m	2.11	1.89	1.67	1.51	1.38	1.16	0.95	
	W_{1d}	1.95	1.76	1.55	1.41	1.29	1.09	0.89	
	W_{3d}	1.78	1.60	1.42	1.29	1.18	1.00	0.82	采用
	W_{7d}	1.85	1.66	1.47	1.34	1.23	1.04	0.85	
1981	Q_m	2.13	1.91	1.69	1.53	1.40	1.18	0.96	
	W_{1d}	2.06	1.85	1.64	1.49	1.36	1.15	0.94	采用
	W_{3d}	2.21	1.99	1.76	1.60	1.46	1.24	1.01	
	W_{7d}	2.28	2.04	1.82	1.65	1.51	1.28	1.04	

岷江 1961 年型整体设计洪水过程线（$P=2\%$）见图 2.20。

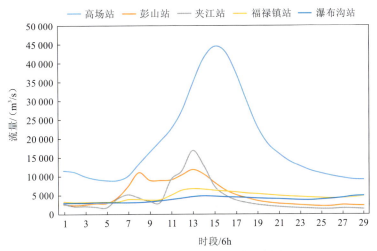

图 2.20　岷江 1961 年型整体设计洪水过程线图（$P=2\%$）

3. 嘉陵江

以嘉陵江干流北碚站作为骨干控制站，涪江小河坝站、渠江罗渡溪站、嘉陵江武胜站作为支汊控制站，碧口、宝珠寺、亭子口、草街等作为主要水库节点。嘉陵江流域主要水系及站点分布图见图 2.21。

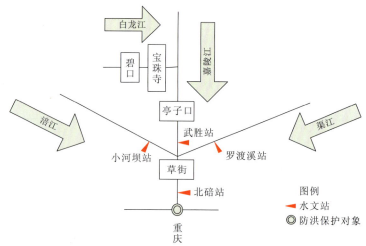

图 2.21　嘉陵江流域主要水系及站点分布图

根据北碚站 1940～2016 年实测资料，选取 Q_m、W_{3d}、W_{7d}、W_{15d} 和 W_{30d} 排序前 3 的年份。这些大水年的年最大洪水过程如图 2.22 所示。可以看出，北碚站年最大洪水过程一般历时 5～15 天，因此北碚站洪水控制时段选择为 15 天。

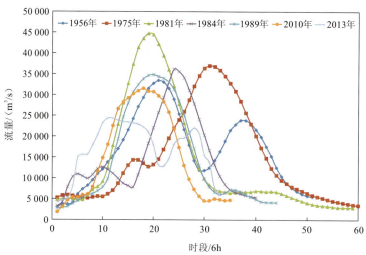

图 2.22　北碚站大水年份的典型洪水过程图

1）洪水发生时间分布特征

根据 1940～2016 年北碚站实测资料分析北碚站的洪水发生时间分布特征。从年最大洪峰流量散点图（图 2.23）可见，7～9 月为年最大洪峰出现的集中时段，8 月上中旬出现洪峰较少的空档期，以后洪峰又增多。当西太平洋副热带高压提前西移时，嘉陵江流域汛期即会提前，这种情况下嘉陵江 6 月底到 7 月上旬即可出现较大洪水，至 8 月长江锋面移入华北时，嘉陵江流域降雨减少，往往出现洪峰的低潮，至 9 月上中旬，极锋南旋，常发生秋季洪水，甚至年最大洪水也会发生在该期内。

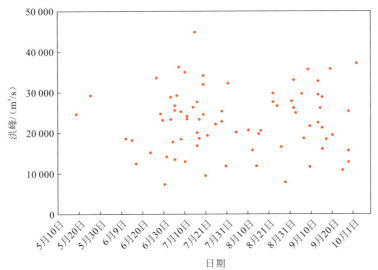

图 2.23　嘉陵江北碚站年最大洪峰流量散点分布

表 2.15 为北碚站年最大洪峰逐旬出现时间表。北碚站年最大洪峰流量出现在 5 月中旬~10 月上旬，最早为 5 月 19 日（1967 年），最晚为 10 月 3 日（1975 年）。最大洪峰主要集中在 7~9 月（87.0%），以 7 月中旬出现的次数最多，占总数的 18.2%，7 月上旬次之。由于受秋汛影响，年最大洪水 9 月比 8 月出现的次数多。

表 2.15　北碚站年最大洪峰逐旬分布

时间		0~ <10 000 m³/s	10 000~ <15 000 m³/s	15 000~ <20 000 m³/s	20 000~ <25 000 m³/s	25 000~ <30 000 m³/s	30 000~ <40 000 m³/s	≥40 000 m³/s	合计
5 月	中旬	—	—	—	1	—	—	—	1
	下旬	—	—	—	—	1	—	—	1
	小计	—	—	—	1	1	—	—	2
6 月	中旬	—	1	2	—	—	—	—	3
	下旬	—	—	1	2	—	1	—	4
	小计	—	1	3	2	—	1	—	7
7 月	上旬	1	2	2	—	5	1	—	12
	中旬	—	1	2	5	2	3	1	14
	下旬	1	1	1	2	1	—	—	6
	小计	2	4	5	8	8	4	1	32

时间		0～ <10 000 m³/s	10 000～ <15 000 m³/s	15 000～ <20 000 m³/s	20 000～ <25 000 m³/s	25 000～ <30 000 m³/s	30 000～ <40 000 m³/s	≥40 000 m³/s	合计
8月	上旬	—	—	—	1	—	1	—	2
	中旬	—	1	2	2	—	—	—	5
	下旬	1	—	1	—	3	—	—	5
	小计	1	1	3	3	3	1	—	12
9月	上旬	—	1	1	2	3	2	—	9
	中旬	—	—	2	2	3	2	—	9
	下旬	—	2	2	—	1	—	—	5
	小计	—	3	5	4	7	4	—	23
10月	上旬	—	—	—	—	—	1	—	1
合计		3	9	16	18	19	11	1	77

注：表中数值为次数。

从北碚站的年最大洪峰流量量级分布可以看出：北碚站年最大洪峰流量量级一般在 10 000～<40 000 m³/s，0～<10 000 m³/s 有 3 次；≥40 000 m³/s 仅有 1 次，出现在 1981 年 7 月；年最大洪峰流量在 20 000 m³/s 以上的占 63.6%，在 30 000 m³/s 以上的占 15.6%。

从北碚站年最大 3 日、年最大 7 日和年最大 15 日洪量散点分布可以看出，同年最大洪峰散布图类似，6～9 月为年最大洪量出现的集中时段，8 月上中旬出现洪量较少的空档期，以后洪量又增多。嘉陵江由于受秋汛影响，有较明显的前后期洪水。

2）洪水地区分布特征

北碚站是嘉陵江流域控制站，洪水由渠江、涪江与嘉陵江干流汇流而成。根据嘉陵江干流武胜站、涪江小河坝站、渠江罗渡溪站 1954～2016 年同步洪水资料分析了嘉陵江洪水地区分布特征，见表 2.16。

表 2.16　嘉陵江北碚站以上洪水地区组成多年平均统计表

河名	站名	集水面积		3 日洪量		7 日洪量		15 日洪量	
		面积/km²	占比/%	体积/亿 m³	占比/%	体积/亿 m³	占比/%	体积/亿 m³	占比/%
嘉陵江	武胜站	79 714	51.0	15.6	31.8	26.7	32.6	43.2	34.4
涪江	小河坝站	29 488	18.9	4.7	9.6	11.2	13.7	21.6	17.2
渠江	罗渡溪站	38 071	24.4	22.4	45.6	35.0	42.7	48.5	38.7
未控区间		8 869	5.7	6.4	13.0	9.0	11.0	12.2	9.7
嘉陵江	北碚站	156 142	100.0	49.1	100.0	81.9	100.0	125.5	100.0

可以看出：短时段 3 日、7 日洪量 3 站中以处于大巴山暴雨区的罗渡溪站为最大，均占北碚站的 40% 以上，均大于其面积占比；武胜站次之，3 日、7 日洪量占北碚站的 32% 左右，小于面积占比；小河坝站以上集水面积最小，洪量占比也小于其面积占比。15 日洪量组成中，武胜站与小河坝站占比有所增加，武胜站与罗渡溪站占北碚站洪量的比重相当。

3）洪水遭遇规律

嘉陵江流域位于川东的大巴山、秦岭及龙门山之南，受地形及气候因素影响，流域内暴雨区分东西两处。东部位于大巴山南麓，渠江流域的南江、万源一带；西部位于龙门山南麓的涪江上游安县、江油，嘉陵江的剑阁、广元一带。由于暴雨中心位置不同，洪水的组成遭遇也不同，涪江与嘉陵江干流常为同一雨区，洪水有明显的同步性，洪水的遭遇概率较大；涪江与渠江两流域，东西相隔，暴雨发生的时间各不相同，洪水遭遇机会较少；嘉陵江干流与渠江虽相邻，但雨区往往不一致。

涪江小河坝站、嘉陵江武胜站和渠江罗渡溪站距离北碚站较近，本次在分析其洪水遭遇特征规律时不考虑各站洪水传播至北碚站的时间差异。嘉陵江干支流年最大洪峰遭遇情况见表 2.17。

表 2.17　北碚站干支流洪水遭遇频次、概率统计

遭遇情景	最大洪峰	年最大 3 日	年最大 7 日	年最大 15 日
干流与涪江遭遇	—	11（17.5%）	23（36.5%）	21（33.3%）
干流与渠江遭遇	3（4.76%）	12（19.0%）	10（15.9%）	11（17.5%）
涪江与渠江遭遇	—	—	1（1.59%）	8（12.7%）
三江遭遇	1（1.59%）	1（1.59%）	4（6.35%）	9（14.3%）
合计	4	24	38	49

北碚站 1954～2016 年系列中：上游干支流年最大洪峰共遭遇 4 次，其中干流与渠江遭遇（以下简称干渠遭遇）3 次，三江遭遇 1 次；年最大 3 日洪水有 24 年发生遭遇，其中干流与涪江遭遇（以下简称干涪遭遇）概率和干渠遭遇概率相当，分别为 17.5% 和 19.0%，三江遭遇概率较低，仅有 1 年发生遭遇，概率为 1.59%；年最大 7 日洪水有 38 年发生遭遇，其中干涪遭遇概率较高，为 36.5%，干渠遭遇概率为 15.9%，涪江与渠江遭遇（以下简称涪渠遭遇）概率较低，三江遭遇概率为 6.35%；年最大 15 日洪水有 49 年发生遭遇，其中干涪遭遇概率较高，为 33.3%，干渠遭遇概率为 17.5%，三江遭遇概率为 14.3%。

根据 1954～2016 年 63 年北碚站洪水地区分布特征及小河坝站、罗渡溪站及武胜站洪水遭遇情况，以及 4 站实测年最大 3 日、年最大 7 日和年最大 15 日洪量排位统计及各年洪水组成情况，综合分析北碚站的大洪水特征。根据北碚站不同历时洪量分布情形，重点分析年最大 3 日和年最大 7 日洪量排序前 6、年最大 15 日洪量排序前 5 的大水年份，主要有 1981 年、1975 年、1989 年、1956 年、2011 年、1984 年、2012 年、1958 年和 2010 年 9 个年份，各年份年最大 3 日、年最大 7 日和年最大 15 日洪量及洪水地区组成情况见表 2.18。

表 2.18　北碚站大水年份洪量洪水地区组成汇总

序号	年份	洪量	北碚站			武胜站		小河坝站		罗渡溪站		备注
			洪量/亿m³	排位	发生时间	洪量/亿m³	占比/%	洪量/亿m³	占比/%	洪量/亿m³	占比/%	
1	1981	年最大3日	97.1	1	7月15日~7月17日	49.1	50.6	6.44	6.6	21.0	21.6	干溪遭遇
		年最大7日	138.7	3	7月13日~7月19日	66.0	47.6	41.1	29.6	27.4	19.8	
		年最大15日	220.5	2	8月17日~8月31日	120.4	54.6	40.2	18.2	40.8	18.5	涪渠遭遇
2	1975	年最大3日	85.0	2	10月2日~10月4日	23.0	27.1	3.59	4.2	47.5	55.9	干渠遭遇
		年最大7日	145.7	2	9月29日~10月5日	46.2	31.7	13.4	9.2	76.9	52.8	干渠遭遇
		年最大15日	189.9	5	9月25日~10月9日	63.2	33.3	19.1	10.1	96.2	50.7	涪渠遭遇
3	1989	年最大3日	80.8	3	7月10日~7月12日	16.2	20.0	3.48	4.3	41.5	51.4	
		年最大7日	122.9	4	7月9日~7月15日	27.4	22.3	7.8	6.3	56.8	46.2	
		年最大15日	160.2	13	7月8日~7月22日	44.5	27.8	14.0	8.7	68.0	42.4	
4	1956	年最大3日	77.2	4	6月25日~6月27日	49.0	63.5	20.1	26.0	7.88	10.2	干溪遭遇
		年最大7日	146.8	1	6月25日~7月1日	70.8	48.2	27.5	18.7	32.4	22.1	干溪遭遇
		年最大15日	233.8	1	6月25日~7月9日	101.3	43.3	40.7	17.4	63.7	27.2	三江遭遇
5	2011	年最大3日	75.4	5	9月19日~9月21日	21.9	29.0	2.67	3.5	51.2	67.9	干渠遭遇
		年最大7日	108.4	11	9月15日~9月21日	31.8	29.3	6.7	6.2	67.0	61.8	干渠遭遇
		年最大15日	155.1	17	9月9日~9月23日	48.4	31.2	11.0	7.1	87.5	56.4	干渠遭遇

续表

序号	年份	洪量	北碚站			武胜站		小河坝站		罗渡溪站		备注
			洪量/亿 m³	排位	发生时间	洪量/亿 m³	占比/%	洪量/亿 m³	占比/%	洪量/亿 m³	占比/%	
6	1984	年最大 3 日	74.0	6	7 月 7 日～7 月 9 日	24.8	33.5	7.21	9.7	31.3	42.3	干渠遭遇
		年最大 7 日	112.7	8	7 月 4 日～7 月 10 日	36.0	31.9	14.3	12.7	46.2	41.0	干渠遭遇
		年最大 15 日	173.0	7	7 月 3 日～7 月 17 日	66.2	38.3	32.8	19.0	57.1	33.0	干涪遭遇
7	2010	年最大 3 日	71.9	7	7 月 19 日～7 月 21 日	8.23	11.4	1.79	2.5	49.3	68.6	干涪遭遇
		年最大 7 日	109.0	10	7 月 16 日～7 月 22 日	22.7	20.8	8.0	7.3	69.5	63.8	干涪遭遇
		年最大 15 日	207.1	3	7 月 16 日～7 月 30 日	81.2	39.2	26.8	12.9	86.2	41.6	干渠遭遇
8	1958	年最大 3 日	68.9	9	8 月 22 日～8 月 24 日	36.3	52.7	5.9	8.6	9.67	14.0	
		年最大 7 日	119.8	6	7 月 2 日～7 月 8 日	40.0	33.4	8.0	6.7	59.4	49.6	
		年最大 15 日	166.7	10	8 月 14 日～8 月 28 日	87.6	52.5	48.0	28.8	18.6	11.2	干涪遭遇
9	2012	年最大 3 日	56.8	20	7 月 9 日～7 月 11 日	21.5	37.9	5.7	10.0	29.3	51.6	干渠遭遇
		年最大 7 日	120.3	5	7 月 5 日～7 月 11 日	37.2	30.9	14.6	12.1	59.5	49.5	三江遭遇
		年最大 15 日	193.3	4	7 月 1 日～7 月 15 日	57.1	29.5	25.1	13.0	91.6	47.4	三江遭遇
多年平均		年最大 3 日	49.0	—	—	15.6	31.8	4.7	9.6	22.4	45.6	
		年最大 7 日	81.9	—	—	26.7	32.6	11.2	13.7	35.0	42.7	
		年最大 15 日	125.4	—	—	43.2	34.4	21.6	17.2	48.5	38.7	

注：表中排位为 1954～2016 年 63 年中年最大 3 日、年最大 7 日、年最大 15 日洪量的顺序。

从北碚站洪水地区组成中可以看出,1981 年 7 月北碚站洪水洪峰实测系列中排位第 1,1981 年 8 月北碚站洪水年最大 15 日洪量实测系列中排位第 2,因此,将 1981 年北碚站的两场洪水分别进行分析。

综上分析,北碚站大洪水主要由干涪遭遇、干渠遭遇及三江遭遇形成,涪渠遭遇和三江不发生遭遇不会造成北碚站大洪水。

北碚站选取的洪水典型年份有 1981 年、1956 年、1958 年、1975 年、1989 年 5 个典型。北碚站以上整体设计洪水采用典型年法。整体设计洪水放大采用同倍比法,以保持典型样本的原过程。根据北碚站各典型年洪水过程分别统计出 Q_m、W_{1d}、W_{3d} 和 W_{7d},计算不同时段各典型年放大倍比系数,在选用放大倍比时,充分考虑控制站洪水过程的峰型、上游主要站放大后洪水量级的合理性等因素选定。北碚站各典型年放大倍比系数及采用情形见表 2.19。

表 2.19　北碚站各典型年放大倍比系数及采用情形

年份	项目	$P=0.5\%$	$P=1\%$	$P=2\%$	$P=3.33\%$	$P=5\%$	$P=10\%$	$P=20\%$	备注
1981	Q_m	1.22	1.13	1.04	0.97	0.92	0.81	0.70	
	W_{1d}	1.18	1.09	1.01	0.94	0.89	0.78	0.68	采用
	W_{3d}	1.17	1.09	1.00	0.93	0.88	0.78	0.67	
	W_{7d}	1.32	1.26	1.13	1.08	1.02	0.90	0.79	
1956	Q_m	1.63	1.52	1.39	1.30	1.23	1.09	0.94	
	W_{1d}	1.57	1.46	1.34	1.25	1.18	1.05	0.90	采用
	W_{3d}	1.54	1.43	1.32	1.23	1.16	1.03	0.89	
	W_{7d}	1.34	1.28	1.14	1.09	1.03	0.91	0.79	
1958	Q_m	1.84	1.71	1.57	1.47	1.38	1.23	1.06	
	W_{1d}	1.78	1.65	1.52	1.42	1.34	1.19	1.02	采用
	W_{3d}	1.72	1.60	1.47	1.38	1.29	1.15	0.99	
	W_{7d}	1.74	1.66	1.49	1.41	1.34	1.19	1.04	
1975	Q_m	1.48	1.37	1.26	1.18	1.11	0.99	0.85	
	W_{1d}	1.42	1.31	1.21	1.13	1.06	0.94	0.81	采用
	W_{3d}	1.33	1.23	1.14	1.06	1.00	0.89	0.76	
	W_{7d}	1.26	1.20	1.08	1.02	0.97	0.86	0.75	
1989	Q_m	1.57	1.46	1.34	1.25	1.18	1.05	0.90	
	W_{1d}	1.49	1.39	1.27	1.19	1.12	0.99	0.86	
	W_{3d}	1.37	1.27	1.17	1.10	1.03	0.92	0.79	
	W_{7d}	1.50	1.43	1.28	1.21	1.15	1.02	0.89	采用

草街水库控制流域面积与北碚站相近,且草街水库坝址洪水设计依据站为北碚站,因此,采用北碚站洪水过程作为草街水库的入库过程。限于篇幅,以北碚站为控制站的"1981.7"型嘉陵江整体设计洪水过程线($P=2\%$)见图 2.24。

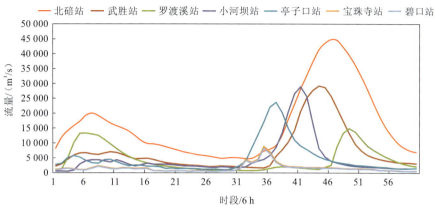

图 2.24　以北碚站为控制站的"1981.7"型嘉陵江整体设计洪水过程图（$P=2\%$）

2.3　三峡、葛洲坝水库出库流量率定

2.3.1　出入库不平衡问题研究进展

水库入库流量主要依据入库控制站、区间产汇流和考虑洪水传播引起的动库容变化综合确定（或预报），已有许多成果可以借鉴；水库出库流量则主要通过查算设计阶段提供的枢纽主要泄水建筑物泄流曲线来确定，实际运用中对各泄流曲线的误差检验成果较少，仅有的成果也存在一定的局限性。

一般情况下工程设计阶段枢纽泄流建筑物的泄流曲线主要由理论公式推导并结合水工模型试验、类似工程经验系数综合确定，在运用过程中往往会与实际存在一定偏差，也会随枢纽运行环境或边界条件的改变发生一定变化。因此，枢纽建成运用后都会对主要泄水建筑物的泄流曲线进行检验，以保证出库流量计算和枢纽调度的准确性。主要检验的方法有：分析枢纽上下游河道水文特性，合理选用验证的参照断面和研究河段，进行实测水文资料分析、水量平衡分析、洪水传播分析、误差统计分析、精度检验等。

三峡、葛洲坝水库主要泄水建筑物泄流曲线的检验，在葛洲坝水库蓄水运用和三峡水库围堰发电初期（2005 年之前）水利部长江水利委员会三峡水文水资源勘测局做过一些工作，初步分析认为三峡、葛洲坝水库的泄流曲线与实际情况确实存在一定偏差，其误差受泄流的流量级、水头、联合调度等综合影响，且影响因素较复杂。对三峡水利枢纽而言，由于受枢纽运行阶段限制，已有原型观测资料对应的坝前水位都集中在 140 m 以下，而目前三峡水库实际运行水位基本都在 145～175 m，所以之前的工作和试验研究结论有局限性，其成果是否适用于目前条件也有待进一步检验。

三峡工程蓄水后，针对三峡水库出库和葛洲坝水库入库不平衡问题，三峡水利枢纽梯级调度通信中心也做了相关统计分析工作，针对不同流量级、不同的运行水头等因素建立了相应的误差修正关系；同时对三峡、葛洲坝水库入库流量采用不同方式（断面流量法、体积法等）进行了对比分析，认为影响因素较为复杂，且始终未能完全解决三峡至葛洲坝区段流量计算不平衡的问题。

2.3.2　出库流量率定方法

主要采用水文学、水力学方法，通过历史资料分析、原型观测试验、数学模型计算研究等手段，计算分析了研究河段的水文测验精度、水文站点与枢纽出库流量的关系，分析了三峡水库出库与葛洲坝水库入库不平衡的原因，研究了三峡及葛洲坝枢纽各典型调度工况下洪水的传播特性及规律。主要研究方法包括以下 3 个方面。

（1）原型观测试验。在庙河至宜昌河段加密布置相应的水文监测断面，针对不同量级洪水及不同枢纽运行调度方式开展连续性的水文观测试验，为有关问题分析提供基础数据。

（2）观测资料分析。依据原型观测试验和区段水量平衡计算结果，定量计算阐明三峡、葛洲坝水库主要泄水建筑物泄流曲线计算精度误差范围及其随枢纽运行方式和洪水量级的变化情况。

（3）模型计算研究。开展三峡—葛洲坝两坝间河段非恒定流计算研究，设定不同洪水量级和枢纽调度工况进行计算，阐明两坝间非恒定流传播特性、沿程主要区段瞬时附加流量变化演进规律及其对水文测站报汛精度的影响。

2.3.3　出库流量率定结果及出入库不平衡原因

根据历史资料，依据分流量级分析了枢纽与站点的流量相关关系，并据此初步验证枢纽泄水建筑物的泄流曲线。主要结果分析如下。

（1）三峡水库出库流量与庙河站关系。三峡水库出库流量与庙河站流量整体相关性良好，在 20 000～30 000 m³/s 流量级时，三峡水库出库流量受枢纽电站机组发电调峰影响明显，瞬时流量变化较大，故相关性较差。

（2）三峡水库出库流量与黄陵庙站流量关系。三峡水库机组、泄洪设施泄流曲线计算的出库流量较黄陵庙站流量以偏小为主；三峡水库调度和葛洲坝水库反调节方式的不同，黄陵庙站受两坝间非恒定流传播影响与三峡水库出库流量差异存在一定变化，基本偏差范围在±10% 以内，大部分集中在±5% 以内；三峡水库出库流量与黄陵庙流量整体相关性良好，流量较小时黄陵庙站受两坝间调蓄影响明显，瞬时流量变化较大，故与三峡水库出库流量相关性较差。

（3）葛洲坝水库出库流量与宜昌站流量关系。当葛洲坝电站调峰时，葛洲坝机组泄流曲线计算的出库流量较宜昌站流量以偏小为主；当葛洲坝电站满发运行且不弃水时，无明显的相关关系；在葛洲坝水库不同的泄水建筑物泄洪时，葛洲坝水库出库流量与宜昌站流量有较好的相关性，且以宜昌站流量偏小为主；葛洲坝出库流量与宜昌站流量的偏差范围基本在±10% 以内，集中在±5% 以内，整体来说，不同流量级下葛洲坝水库出库流量与宜昌站流量相关性均较好。

（4）葛洲坝水库入库流量与黄陵庙站流量关系。葛洲坝水库入库流量与黄陵庙站流量有较好的正相关关系，但当葛洲坝水库在不同的坝前水位运行时，两者的相关程度不一，除在 64～65 m 运行时葛洲坝水库入库流量较黄陵庙站以偏小为主外，其他坝前水位运行时段均以葛洲坝水库入库流量偏大为主。

通过二维数学模型，分河段、分流量级研究分析了两坝间非恒定流稳定的时间。根据三峡至枝城段 2016 年实测地形及 2013～2017 年水文数据，分别建立了两坝间及葛洲坝至枝城段平面二维非恒定流模型，并以 2015 年 6 月及 2017 年汛期典型实测过程为例，对全河段内的洪水过程进行了模拟重现。在此基础上，研究了三峡及葛洲坝枢纽各典型调度工况下洪水的传播特性及规律。主要结果分析如下。

（1）在电站调度运行时，两坝间三峡水库坝下将产生顺流而下的顺涨（落）波，葛洲坝水库上游生成逆流而上的逆落（涨）波，此类非恒定波动在两坝间的传播时间一般稳定在 27～33 min。

（2）与两坝间河段相比，葛洲坝水库下游河段内流量振荡不明显，葛洲坝电站调峰时坝下河段形成的顺涨（落）波以近似断波波速向下游传播，波动自葛洲坝传至宜昌历时 5～10 min。

（3）电站调节所引起的瞬时附加流量波动在各区段均表现为自上游向下游逐渐增强，且其波动剧烈程度与调节幅度、基流、调节历时等多种因素相关，整体来说，调节幅度越大，历时越短，基流越小，该工况下水流波幅越大，河段恢复稳定所需时间越长。

（4）两坝间河段恢复稳定的最大历时整体上随基流增大而减少，其中退水过程比涨水过程耗时更长。整体看来，退水时基流在 30 000 m³/s 以下的区段及涨水时基流在 20 000 m³/s 以下的区段，稳定时间随基流增大而减少的趋势最为明显，同一基流下涨、退水过程恢复稳定的最大历时之差则随基流增大而减小。

（5）在三峡水库单独调节作用下：基流为 10 000 m³/s 时，两坝间沿程各站瞬时附加流量变化最为剧烈，其中三峡水库出库在 1 h 内退至 6 000 m³/s 时，黄陵庙站变化范围高达 -32.9%～20.6%，南津关站变化范围高达 -46.9%～28.6%；基流为 6 000 m³/s 时流量波动有所减弱，黄陵庙站变化范围为 -5.5%～10.0%，南津关站变化范围为 -7.5%～14.9%；基流在 10 000 m³/s 以上时波动程度随流量增大而逐渐减小，其中基流为 20 000 m³/s 时，黄陵庙站变化范围为 -11.7%～5.4%，南津关站变化范围为 -17.9%～7.0%；基流为 30 000 m³/s 时，黄陵庙站变化范围为 -5.3%～1.5%，南津关站变化范围为 -7.5%～2.1%；基流为 45 000 m³/s 时，两坝间沿程各站瞬时附加流量变化范围均在 3% 以下；基流为 56 700 m³/s 时，两坝间沿程各站瞬时附加流量变化范围均在 0.5% 以下，非恒定流波动在河段的调蓄作用下迅速坦化。

（6）在葛洲坝水库反调节作用下，两坝间沿程各站瞬时附加流量变化程度自上游向下游呈线性增加趋势，当三峡水库出流恒为 30 000 m³/s 时，葛洲坝水库坝前水位变幅 0.7 m/h，黄陵庙站最大瞬时附加流量变化范围在 ±5% 以内，当水位达最大变幅 ±1 m/h 时，黄陵庙站变化范围可达 -7.3%～6.4%。

（7）坝下河段瞬时附加流量波动也表现为自上而下逐渐增强，其中基流越小，流量变幅越大时，流量波动越剧烈，恢复稳定所需时间也越长。当最大出流为 35 000 m³/s 时，宜昌站瞬时附加流量变化范围均在 ±6% 以内，恢复稳定历时 100～170 min，当最大出流为 25 000 m³/s 时，沿程波动较强烈，宜昌站瞬时附加流量变化范围可达 -3.5%～14%，恢复稳定历时 140～180 min。

　　根据三峡、葛洲坝水库出入库流量计算方法，分析了三峡水库出库与葛洲坝水库入库流量不平衡的原因。

　　对 2014～2017 年葛洲坝水库入库日平均流量、三峡水库出库日平均流量进行统计分析，得到两者的差值情况：2014～2017 年葛洲坝水库日均入库流量基本大于三峡水库日均出库流量，且偏大的时间主要在汛期的 5～9 月，偏大值为 200～1 200 m³/s；在枯水期 1～4 月及 10～12 月偏大值较小，基本在 200 m³/s 以内。

　　从对 2014～2017 年葛洲坝水库入库时段（时段间隔为 2 h）流量、三峡水库出库时段（时段间隔为 2 h）流量的统计结果可知：从量级上看，葛洲坝水库流量小于 11 000 m³/s 时，差值基本集中在-800～800 m³/s，随着葛洲坝水库流量增加，差值集中程度逐步降低且向正值方向增大，葛洲坝水库流量大于 22 000 m³/s 时，差值基本为正，且在 500～2 000 m³/s 较为集中；从时间上看，1～4 月上旬、9～12 月差值基本在±1 000 m³/s 范围内波动，4 月中旬～8 月有明显的上涨和下降过程，且分布较为分散。

　　对 2016 年葛洲坝水库入库与三峡水库出库时段数据差值进行统计，从日内分布上看，差值为正的时段明显集中在夜间，即 22 时至次日 6 时，最高在 0 时，占 80%，白天明显偏少，最低在 10 时，仅占 3%。

　　根据统计结果，结合本数学模型计算结果，分析三峡水库出库与葛洲坝水库入库流量不平衡的原因主要有以下几点。

　　（1）传播时间。三峡水库出库至葛洲坝水库入库需 0.5 h 传播时间，时间较短，影响较小。

　　（2）区间来水。三峡水库距下游葛洲坝水库约 38 km，区间有支流黄柏河汇入。区间支流来水及降雨产流将加大下游入库与上游出库之间的差值。

　　（3）库水位波动。葛洲坝水库入库流量是通过自身出库反算得到的坝址流量，实则为静库容入库流量，受瞬时库水位波动影响极大。入库流量等于出库流量加调节流量，蓄放流量是根据计算开始时间、结束时间的瞬时坝上水位查"水位-库容曲线"得到库容差折算成的流量。电站大幅调峰、泄水建筑物启闭等造成库水位瞬时发生较大波动，将导致流量不平衡现象的出现。

　　（4）库容曲线计算误差。葛洲坝水库入库流量等于出库流量加调节流量，而调节流量的计算是依据葛洲坝水库 5#站的水位查算两坝间库容曲线折算的流量。而两坝间的库容曲线计算则是以两坝间河段作为一个整体进行的计算，而两坝间的水位波动较大，单独以葛洲坝水库 5#站水位来进行两坝间库容查算并以此折算成流量可能存在一定的误差。

　　（5）泄流曲线误差。出库流量是依据机组、泄水建筑物过流曲线或公式进行查算所得，存在一定的误差。三个影响因素在枯水期月平均流量计算中基本被平衡，可忽略不计，无明显取水情况下，下游电站月入库水量小于上游电站月出库水量，主要受曲线误差影响。

第 3 章

上游水库群运行后洪水特性及规律

　　随着以三峡水库为核心的长江上中游水库群陆续建成投产，流域呈现多阻断特征，在一定程度上影响流域自然水文循环过程，三峡水库上下游洪水特性发生变化，具体表现为受水库群径流和洪水调节作用影响，库区和坝下河道的洪水传播机理及洪水遭遇发生改变：针对前者，主要体现在库区洪水传播时间、场次洪水峰型、传统静库容调洪适用性的变化；针对后者，则主要体现在洪水传播时间、洪峰要素演进规律、水位–流量关系的变化。而准确掌握流域洪水特性，是提升水文预报精度、科学调度水库群的必要条件。

　　本章针对梯级水库群条件下的河道组成进行单元划分和定义，提出河库系统这一新概念，并对河库水系的洪水特性变化机理开展深入分析；此外，从长江暴雨洪水特性、长江上游洪水分期、洞庭四水分期、宜昌与洞庭四水遭遇的特性这四个方面，对长江上游洪水分期开展深入研究。主要研究成果如下：从传播机理来看，三峡水库建成后，上荆江河段洪水传播已基本符合断波（急变洪水波）特性，传播时间有不同程度缩减，断波流量越大或维持时间越长，以断波特性向下传播的距离越远；从洪水分期来看，长江上中游干支流主汛期稍晚于长江中下游洞庭四水，遭遇概率不大。

3.1 梯级水库群条件下洪水传播特性

3.1.1 水库运行对洪水传播影响研究现状

众多学者针对水库（群）的建设运行对天然河道的影响开展了大量研究并取得了丰硕成果：陈力和段唯鑫（2014）针对三峡水库蓄水后库区洪水波传播规律进行了深入分析，初步揭示了三峡库区不同库段在各种来水条件下的洪水波特性及变化规律；程海云和陈力（2017）通过水力学模型对比分析了不同类型洪水波的水力要素，并模拟分析了三峡水库不同泄流条件对上荆江河段洪水波传播特性的影响规律；王冬等（2016）通过类比分析，明确了三峡水库对洞庭湖入出湖水文要素的影响，揭示了三峡水库作用下江湖关系的新变化；陈进和黄薇（2005）基于实测资料分析了已建大型水库群对长江泥沙输移规律的影响方式和程度，提出了减小梯级水库对长江生态环境影响的对策和建议；李保国和崔振华（2018）针对黄河小北干流河段的洪水演进规律进行了分析研究，揭示了三门峡水库建成前后河段洪水传播时间及削峰率发生变化的直接原因；张康等（2013）通过长序列实测场次洪水资料分析，揭示了红水河梯级水电站对西江流域不同量级洪水传播时间的影响规律。

但是，现有研究成果大多基于实测资料开展统计分析，论述了水库（群）影响下天然河道不同水力指标变化的表观现象，鲜有全面系统地论证水库（群）对洪水传播特性变化机理的分析成果。本节首先针对梯级水库群条件下天然河道的特征变化，提出河库系统的概念；其次基于河库系统单元，开展了河库水系洪水特性机理分析，从库区洪水和坝下河道洪水两个层面论述了水库（群）对洪水传播特性的影响和作用；最后利用水力学模型进行了库区和坝下河道的洪水传播模拟分析。

3.1.2 河库系统定义及特性

1. 河库系统定义

水库（群）的建设运行，改变了天然河流的连通属性，形成了长距离、大水深、多阻断的复杂河流配置系统。本书将其中河道与水库组合配置而成的三要素河流基本单元称为"河库系统"，即河道（水库）-水库（河道）-河道（水库），如图3.1所示。根据上述定义，河库系统可以视为一段以水库（群）为间隔、上下游逐渐过渡延伸至天然河道的开放式人工河道，因此，具有河库系统的河流，通常具有覆盖广、阻断多、关联或响应关系复杂等特点，原因在于水库（群）形成后，上级水库的出流直接或经河道演进成为本级水库的入流。一方面，水库的闸门或机组的操作，可破坏水流的连续性，使天然河道缓变的连续流变为急变的不连续流；另一方面，水库的调度运行，人为改变了出库过程，对本级水库大坝的上下游水流产生双向影响。

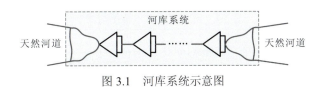

图 3.1 河库系统示意图

2. 水力特性

河库系统的形成极大影响和改变着流域天然河道水力特性，对于单一水库而言，主要体现在以下 4 个方面：①径流的时空分布及量级；②库区的产汇流特性；③天然洪水的连续性；④泥沙分布及河道冲淤形势。这些变化作用在洪水传播过程中的具体表现则可以按照发生位置分为两类：对于水库库区，主要体现在库区洪水传播时间、场次洪水峰型、传统静库容调洪适用性的变化；对于坝下河道的变化，则主要体现在洪水传播时间、洪峰要素演进规律、水位-流量关系的变化。对于梯级水库而言，则是上述变化的沿程累积和非线性叠加。

河库系统所造成的影响和变化明显增加了洪水预报的不确定性，进而增加了水库（群）的调度风险。因此，以河库系统为研究单元，深入剖析河库水系洪水特性机理，对于掌握和适应天然河道变化、实现洪水精细预报及科学调度、确保流域防洪安全具有重要意义。

3. 传播特性变化现象

本小节以三峡库区-三峡大坝-荆江河段所构成的河库系统为例，介绍上述水力特性的变化情况。三峡水库修建前，寸滩至三斗坪（三峡坝址）河段地处"三峡"，全河段长达 600 余千米，洪水传播时间为 60 h 左右。三峡水库建成蓄水后，原天然河道变为水库回水区，库区的水文水力学特性及坝下河段的洪水传播特性均发生了较大改变。

1）洪水传播时间

（1）库区洪水传播时间。三峡水库 175 m 试验性蓄水前，寸滩至三斗坪（三峡坝址）洪水平均传播时间约为 60 h，且一般表现为上游来水越大传播时间越短。三峡水库 175 m 试验性蓄水后，根据经验，在区间来水较小时，洪水波实际传播时间可采用寸滩站、武隆站合成洪峰峰现时间与三峡水库坝前入库洪峰峰现时间之差来表示。经实测资料分析：当坝前库水位在 155 m 以下时，平均传播时间为 34 h 左右；当坝前库水位在 155～165 m 时，平均传播时间为 30 h 左右；当坝前库水位在 165 m 以上时，平均传播时间为 24 h 左右，洪峰传播时间随库水位抬高而缩短。由此可见，三峡水库试验性蓄水后，库区洪水传播时间大大缩短。

（2）水库下游河道洪水传播时间。分别采用 1992～2008 年资料代表三峡水库建库前、2010～2017 年的资料代表三峡水库建库后，分析三峡水库建库前后荆江河段主要站洪水传播时间，见表 3.1。

表 3.1　荆江河段洪水传播时间

河段	河道距离/km	流量级/（m³/s）	传播时间/h	
			1992～2008 年	2010～2017 年
宜昌至枝城河段	58	<30 000	6.4	1.7
		≥30 000	2.8	1.5
		平均	4.6	1.7
枝城至沙市河段	88	<30 000	11.3	4.7
		≥30 000	8.0	4.3
		平均	9.9	4.6
沙市至监利河段	206	<30 000	14.4	10.1
		≥30 000	12.2	8.0
		平均	13.6	9.5

三峡水库蓄水投入运用后，宜昌至枝城河段洪水传播时间平均缩短约 3 h，枝城至沙市河段平均缩短约 5 h，沙市至监利河段平均缩短约 4 h，监利以下河段传播时间未发生明显变化。

2）水位-流量关系

采用 2002～2017 年荆江河段主要控制站大断面及实测水位-流量资料进行分析，主要结论为：三峡水库蓄水以后，受清水下泄影响，枝城站和沙市站低水（<15 000 m³/s）断面平均水深逐步增加，断面面积扩大，但自 2014 年开始，枝城站变化幅度逐年减小，沙市站没有显著变化趋势；监利站受上游及洞庭湖来水的双重影响，断面中泓摆动剧烈但低水平均水深及断面面积变化不大。受断面下切影响，枝城站和沙市站低水水位-流量关系线下移，同流量级下水位下降明显；而高水（≥30 000 m³/s）水位-流量关系无明显变化趋势，同量级洪峰流量对应洪峰水位既有升高也有降低，在涨退水过程中水位-流量关系绳套范围增加，如图 3.2 和图 3.3 所示。由于三峡水库蓄水运用以来，最大泄量仅 45 000 m³/s 左右，上述结论尚缺乏高水资料进行验证。

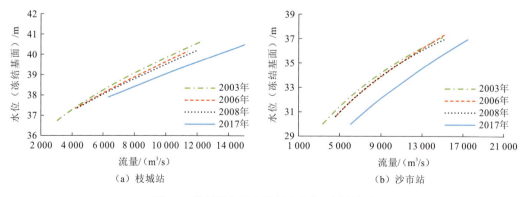

（a）枝城站　　　　　　　　　　　（b）沙市站

图 3.2　枝城站和沙市站低水水位-流量关系

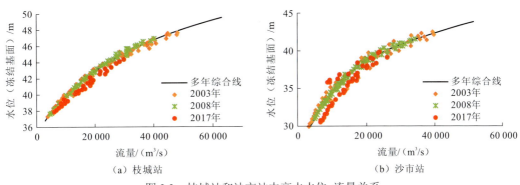

图 3.3　枝城站和沙市站中高水水位-流量关系

3.1.3　河库水系洪水传播机理

1. 库区洪水传播特性机理

1）洪水波分类及判别

对于不同类型的河流、渠道或水库，由于处于主导地位的作用力不同，可把洪水波分为运动波、扩散波、惯性波和动力波四类。

当水深较大时，动力波波速是运动波波速的数倍。将洪水波中的各水力要素看作恒定流部分与波动部分的叠加，运动波与动力波判别条件如下。

运动波：

$$h_0 \ll \lambda i$$

动力波：

$$h_0 \gg \lambda i$$

式中：h_0 为恒定流水深；λ 为半波长；i 为底坡。

2）库区分段及库水位对洪水波分布的影响

对于宽度和深度远大于河道的水库而言，附加比降和惯性不可忽略，其成为控制水库洪水波运动的主要因素；对于河道型水库而言，附加比降作用更为明显，水库洪水波总体更接近于惯性波或动力波。

库区洪水波具有运动波和动力波双重波动性，但以何为主支配洪水波的运动，则由边界条件和动力因素而定。由于水深是影响洪水波形态的重要因素，所以可依据水深不同将水库中的洪水动态分为三段来描述。上游为河流区，紧靠坝址一段为水库蓄水区（平水区），中间一段为过渡区（库河区）。在河流区内洪水波以运动波为主，在蓄水区洪水波以动力波特性传播，而在过渡区内接近河流区时洪水波接近运动波，但因水深加大，流速较河流区减小，而后段则是呈现动力波特性。水库蓄水后洪水传播时间缩短的主要原因即库区相当一段距离内洪水由运动波变为动力波传播。

比较不同库水位时库区洪水波分布特征，如图 3.4 所示。由图 3.4 可知，库区各段洪水波特征随库水位深度动态变化，当坝址库水位由 h_1 涨至 h_2 时，由于水深（过水断面面积）

增加，断面平均流速（运动波波速）更小、动力波波速更大，在坝址前更长的库段满足动力波条件，主要以运动波传播的库尾河流区范围越短。

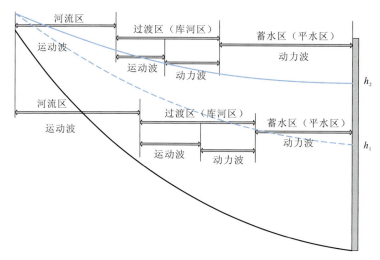

图 3.4　河道型水库库区洪水波分布

3）洪峰流量对洪水波分布的影响

当库水位一定时，洪峰流量的大小主要影响波的长短，进而影响洪水波以不同形态在库区内传播的距离。洪峰流量越大，断面平均流速越大，半波长越长，在入库段更长的库段满足运动波条件，随着波向坝址传播，水深不断增加，逐渐转为以动力波传播。

当库水位一定、入库水量不变、峰型出现尖瘦和矮胖两种形态时，峰型越尖瘦，半波长越短，依据运动波判别条件，入库段更短距离以运动波传播，以动力波传播距离越长，即传播时间越短；峰型越矮胖则相反。

2. 坝下河道洪水传播特性机理

1）水库泄水波分类

坝下河道的洪水传播特性与水库泄水波有关。根据水库调度运行方式，水库下泄方式可分为恒定出流、准天然洪水出流（出入库平衡）和断波洪水，其中以断波形态下泄的洪水对坝下游河道洪水特性影响较大，本小节主要分析断波。

水库在调度时存在闸门陡开陡关或机组突然增减的情形，造成下游流量变化剧烈，这种由于水电站运行或受闸坝启闭等外力因素作用，河道流量在较短时间内发生较大变化，水面形成阶梯式前缘（涌涨或消落），且在波动距离内可保持这一状态的现象，是典型的断波。李素霞等（2001）对河道断波要素计算进行了分析，程海云和陈力（2017）应用断波理论对三峡水库这种泄水波进行了深入研究，分析了水工程影响下断波存在的可能性。

2）洪水传播时间变化机理

断波是一种急变洪水波，形成断波流量急剧增加时，为涨水波；形成断波流量急剧减小时，为落水波。断波向下传播称为顺波，向上传播称为逆波。断波波峰的运动速度称为波速，断波到达某一断面引起的流量变化量称为波额流量，或称为断波流量。假设在断波到达前水流为恒定流，对于梯形明渠，$\Delta A = \zeta B'$，$B' = \frac{1}{2}(B + B_0)$，断波的传播速度计算公式如下。

$$c_{断} = u_0 \pm \sqrt{g\left(\frac{A_0}{B'} + \frac{3}{2}\zeta + \frac{B'\zeta^2}{2A_0}\right)}$$

断波到达前，过水断面面积为 A_0，水面宽度为 B_0，平均流速为 u_0；断波到达后，水面宽度为 B，平均水面宽度为 B'，波高为 ζ，断波引起的过水断面变化面积 ΔA，波速为 $c_{断}$。

　　由上式可知，断波波速大小与波高密切相关，当断波向下传播且断波流量较大时，断波波速远大于断面平均流速（或运动波波速）。由于天然河道并不是棱柱体，断波特性洪水在向前传播过程中因河槽调蓄影响，波额会发生变形，并且随传播距离变长，水面比降沿程变缓，逐渐失去断波的形态而演变为一般的非恒定流，如图 3.5 所示。

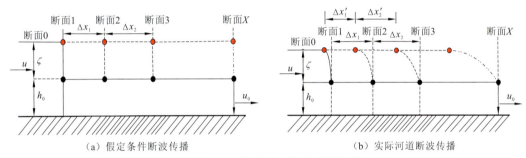

（a）假定条件断波传播　　　　　　　　　　（b）实际河道断波传播

图 3.5　不同条件下断波传播过程

Δx_1、Δx_2 为两断面间的距离；$\Delta x_1'$、$\Delta x_2'$ 为实际河道中断波在两断面间的传播距离；
u 为断波在断面 0 处的波速，h_0 为恒定流水深

　　因此，坝下河段洪水传播时间的变化多寡可认为由以断波形态传播的河段距离长短决定。断波的形成，可理解为在相隔无限短的时段内，由起始断面持续发生许多元波，它们叠加起来的结果形成断波。对于涨水顺波，流量刚开始变化，即产生第一个元波；由于水面不断高涨，后续元波波速均将大于前者，追及前者后使波峰逐渐变陡，直到流量变化过程逐渐完毕，最后一个元波最终追及最初的元波，形成明显的阶梯式的波峰向下游运动。元波在向下游演进时，能量不断消耗，断波流量越大时元波能量也越大，因此能追及更远的初始元波，即以断波特性传播的距离越长；另外，断波流量持续时间越长，初始元波之后的元波总能量也越大，断波传播也越远。

3）下游水位、流量变化机理

　　上游来水呈断波形态时，下游实际河道的洪峰时间近似符合假定条件的断波落水前缘传播时间，即 $\frac{\Delta x_1'}{c_{断}} \approx \frac{\Delta x_1}{c_{断}}$，$\frac{\Delta x_2'}{c_{断}} \approx \frac{\Delta x_2}{c_{断}}$。实际河道传播时，断波流量过程在向下游演进过程中，由于河道摩擦及重力等因素影响，洪水波能量被不断消耗，断波落水前缘逐渐衰减坦化，流量的不连续性影响越来越小直至演变为连续过程。当同一断波流量持续时间越短时，洪水波能量越小，以断波传播距离越短，演进时对下游河道引起的水位涨幅也越小；随持续时间的增加，洪水波能量越大，以断波传播距离越长，下游河道水位涨幅越大，水位逐

渐接近河道达到以该断波流量为恒定流状态下的水位。假定下游断面流量、水位达到恒定流状态，则其所需上游恒定入流的维持时间视下游断面的距离不同而不同，越是下游的断面达到恒定流所需维持的时间越长。

因此，对于断波型洪水，入流断波流量持续时间越长时，下游断面洪峰水位越接近或更可能达到相应流量为恒定流时的水位，但无论是渐变、还是急变非恒定流，在上下游水力边界相同时，其洪峰水位都不会超过相应流量为恒定流时的水位。

4）下游水位流量关系变化机理

断波型洪水在涨洪过程中较"准天然"型洪水流量变幅大，因此河段特别是在涨洪过程中，上游断面水位上涨较快，造成上下游断面之间更大的水面比降，增加了断面平均流速。断波流量较扩散波水位-流量关系偏右，即流量相同时断波特性水位偏低；而在落洪过程中，断波型洪水上游断面水位下降也较快，上下游断面间水位落差减小，进而减小了断面平均流速，因此断波流量较扩散波水位-流量关系偏左，即流量相同时断波特性水位偏高。

3.1.4　河库水系实例

1. 模型构建

本小节仍以三峡库区-三峡大坝-荆江河段所构成的河库系统为例，基于机理分析，分别针对库区及坝下河道开展模型构建及洪水传播特性变化分析。

三峡库区水力学模型范围为寸滩至三峡水库坝址，包括区间各支流来水。根据三峡区间的水系分布和水文测站的控制情况，将整个区间分为 13 个分区分别建立集总式降雨径流模型（nedbor afstromnings model，NAM），建立三峡区间水文水力学相结合的一维水动力学模型。

三峡水库坝下河道水力学模型构建范围为长江中游干流宜昌至螺山河段，河网概化考虑支流清江、洞庭四水[①]来水，兼顾荆江三口分流至洞庭湖的连通关系，根据干支流特性、湖区产流、流量资料情况和地形数据划分了 14 个区间且分别建立 NAM，建立坝下河道水力学模型。

2. 三峡库区洪水传播特性

1）洪水波辨识

三峡库区狭长，不同库区水力特性不一，将三峡库区分为寸滩—清溪场、清溪场—万州区、万州区—三峡水库坝址三段分析。利用三峡库区水力学模型，对分段库区分别模拟寸滩站洪峰流量 35 000 m³/s、55 000 m³/s、75 000 m³/s 的洪水在不同库水位下的传播时间，并与运动波、动力波波速的传播时间进行对比，分析库区各段的洪水波特性，综合结果见表 3.2。以寸滩站洪峰流量 55 000 m³/s 为例，不同库水位下寸滩—万州区库段各库区传播速度对比如图 3.6 所示。

---

① 洞庭四水是指湘江、资江、沅江、澧水。

表 3.2　不同寸滩站洪峰流量下库区各段洪水波特性分类

洪峰流量/（m³/s）	库水位/m	寸滩—清溪场库段	清溪场—万州区库段	万州区—三峡水库坝址库段
35 000	170～175	过渡区	动力波	动力波
	165			
	160			
	145～155	运动波	过渡区	
55 000	170～175	过渡区	动力波	动力波
	165			
	160	运动波	过渡区	
	145～155			
75 000	170～175	过渡区	动力波	动力波
	165	运动波	过渡区	
	160			
	145～155			

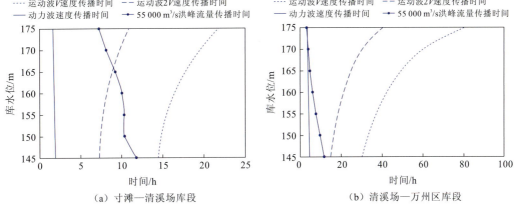

图 3.6　不同库水位下寸滩—万州区库段各库区传播速度对比（以寸滩站洪峰流量 55 000 m³/s 为例）

由表 3.2 可知：对于寸滩—清溪场库段，当库水位为 145～155 m 时，均为运动波传播；随着库水位增加，洪水波特性由运动波向部分以运动波传播、部分以动力波传播转变；同一库水位时，随寸滩站洪峰流量的增加，库水位越高，以运动波特性传播的距离越长。对于清溪场—万州区库段，当库水位为 145～155 m 时，均处于过渡区，部分以运动波传播、部分以动力波传播；随库水位增加，洪水波特性逐渐转变为以动力波为主传播；寸滩站洪峰流量越大，以动力波特性传播的距离越短。在万州区—三峡水库坝址库段，由于水深较大，均以动力波特性传播。

2）洪水传播时间特性分析

基于模型计算分析不同洪峰流量、不同库水位条件下，寸滩至三峡水库坝址的传播时间，结果如图 3.7 所示。由图 3.7 可知：当洪峰流量相同时，库水位越高，在坝址前更长的库段满足动力波条件，库区总传播时间越短；当库水位相同时，洪峰流量越大，在入库段更长的库段满足运动波条件，库区总传播时间越长。

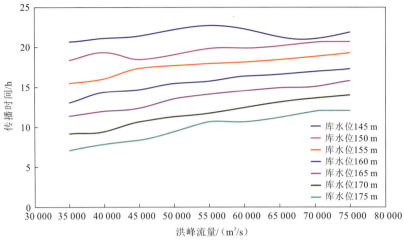

图 3.7　不同洪峰流量、不同库水位条件下的三峡库区传播时间对比

3. 上荆江河段洪水传播特性

1）断波临界条件分析

由实况分析已知上荆江河段宜昌至石首河段在三峡水库建成后传播时间有不同程度缩短，上游来水是影响其洪水传播特性的主因，本小节主要分析宜昌至石首河段发生断波的临界条件，初步成果见表 3.3。

表 3.3　宜昌至石首河段断波临界条件初步成果

断波流量/（m³/s）	断波需维持时间		
	宜昌至枝城河段	枝城至沙市河段	沙市至石首河段
10 000	≥3 天	≥4 天	—
20 000	≥3 天	≥4 天	≥5 天
30 000	≥1 天	≥3 天	≥4 天
40 000	≥1 天	≥3 天	≥4 天
50 000	≥1 天	≥2 天	≥3 天

假定宜昌起涨流量 20 000 m³/s，设定不同断波流量、不同维持时间的三峡水库出库场景，分析计算宜昌至石首河段各主要断面传播速度接近断波时的三峡水库出库大小及维持时间，见表 3.3。由表 3.3 可知：对于下游各河段，断波流量越大，以断波特性传播时所需的维持时间越短；随河道距离增加，达到断波特性传播所需断波流量的维持时间越长。对于宜昌至枝城河段，当断波流量为 30 000 m³/s（即出库流量 50 000 m³/s）以上时，维持 1 天时该河段已基本以断波特性传播，当断波流量为 10 000～20 000 m³/s 时，则需维持 3 天左右；对于枝城至沙市河段，当断波流量为 10 000 m³/s 时，则需维持 4 天及以上河段才接近断波特性，当断波流量为 50 000 m³/s 时，仅需维持 2 天；对于沙市至石首河段，不同断

波流量下达到断波特性所需维持时间更长,当断波流量为 20 000 m³/s 时,则需维持时间为 5 天以上,当断波流量为 50 000 m³/s 时,维持时间仍需要 3 天以上。

综合分析:当上游来水呈明显断波形态时,断波流量维持时间越长或断波流量越大,河段越接近断波传播,传播时间越短;河道断面距上游来水断面越近,较短的持续时间或较小的断波流量可使河道洪水传播特性达到断波运动状态。

2) 断波对沙市站水位-流量关系的影响

依据模型模拟结果,以沙市站为例,分析同一断波流量下持续时间不同的来水对该站水位-流量关系的影响。由图 3.8 可见,与准天然洪水相比,断波洪水水位-流量关系绳套范围更大。不同持续时间的断波流量过程,沙市站绳套范围及最高水位不尽相同;在一定范围内,断波流量持续时间越长,最高水位(最大流量)越高(越大),水位-流量关系绳套幅度越大,且中轴线越左偏。断波流量持续 1 天时,沙市站最高水位及最大流量均小于准天然洪水;断波流量持续 2 天左右时,沙市站最高水位及最大流量略大于准天然洪水;断波流量持续 3 天以上时,沙市站最高水位及水位-流量关系绳套基本不再变化。

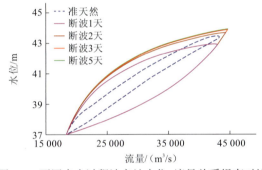

图 3.8　不同来水过程沙市站水位-流量关系绳套对比

同样以沙市站为例,分析各类型断波洪水条件下沙市站洪峰水位-流量的相关关系,结果如图 3.9 所示。由图 3.9 可知,恒定流的水位-流量关系线,是各种类型洪水洪峰水位-流量关系的上包线。断波流量持续时间越长,洪峰流量相同时洪峰水位越高,水位-流量关系越偏左,持续时间 2 天以下的断波过程,其水位-流量关系线较天然洪水略右偏;2 天以上的断波过程,其水位-流量关系较天然洪水略左偏,且持续时间越长,越接近恒定流时的洪峰水位-流量关系线。

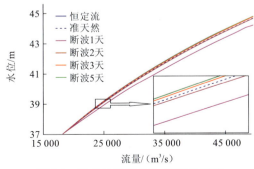

图 3.9　沙市站洪峰水位-流量关系线

3.2　长江上游洪水分期

3.2.1　洪水分期方法

洪水分期的常用方法主要包括成因分析法、数理统计法、模糊分析法、变点分析法、分形分析法等。

成因分析法主要根据暴雨产生天气系统特点，确定暴雨是否具有分期的特征。通常根据实测的气象数据，分析洪水产生的气象成因，一般产生暴雨的天气尺度系统主要有热带风暴、锋面、切变低涡、西风槽、热带东风波扰动及中尺度热带云团等。

数理统计法主要根据历史调查和实测年最大洪峰散布图，分析研究对象的洪水量级、发生时间特性，由此确定研究流域洪水是否具有分期的特征。

模糊分析法是一种通过描述汛期的模糊性，即非汛期与汛期之间的中介过渡性来进行汛期分期的方法。它是利用主汛期隶属函数来刻画时间对主汛期的隶属程度，以实现时间序列的聚类划分。通常的做法是：在给定进入汛期的指标（降雨量、流量等）阈值之后，即可依据多年实测资料，统计出时间隶属于汛期的隶属度，其随时间的变化过程用经验隶属函数来表示，就可利用参数法对隶属函数进行拟合，最后，对拟合后的隶属函数取一定的阈值，则可将超过阈值的部分作为主汛期，之前作为前汛期，之后作为后汛期。

变点分析法是一种基于统计理论，用于检测时间序列突变，同时可以进行假设检验划分时间序列的方法，通常分为单个变点和多变点应用两类。在单个变点的研究应用中：覃爱基等（1993）将跳跃分析应用于宜昌站的年径流时间序列分析中；Kiely 等（1998）通过非参数变点分析，得出了爱尔兰西海岸降雨发生改变的结论；Bárdossy（1998）用同样的方法分析天气环流模式的年际变化；Perreault 等（2000）讨论了正态变点模型的贝叶斯估计方法，并利用贝叶斯因子，分析数据属于各种模型的概率；熊立华等（2003）采用贝叶斯变点分析了宜昌站径流特征值的变化规律。在多变点理论的应用上：李丽娟和郑红星（2000）在潮白河年径流研究中利用变点理论分析了演变的阶段性变化；刘攀等（2005）利用变点理论，以宜昌站多年的汛期实测日流量资料为基础，研究三峡水库的汛期分期方式。

分形分析法分形论是由美国科学家曼德布罗特（Mandelbrot）于 20 世纪 70 年代创立的。它是指整体与部分之间以某种方式具有的相似形体，具有自相似性和标度不变形等特征。经过 30 多年的发展，分形理论已显示出其强大的应用潜力。目前已在哲学、数学、化学、物理学、经济学、地质学、地震学、地理学，甚至音乐、美术等领域都有不同程度的应用。水文过程跟其他自然现象一样具有自相似性和非线性的分形特征，故可以利用分形理论来研究汛期洪水的分期。侯玉等（1999）提出了用分形理论划分洪水分期的方法，并以雅砻江小得石站洪水分期研究为研究对象，结果显示用分形分析法划分的洪水分期和传统的经验方法划分的洪水分期基本一致。于兴杰等（2009）分别采用了模糊统计法与分形分析法的洪水分期方法对安康水库洪水进行分期，结果表明这两种方法均可用于汛期分期计算中，同模糊统计法相比，分形分析法具有定量和客观、分期准确细致等优点。

3.2.2 洪水分期研究思路

1. 洪水遭遇分析

主要针对长江上游干支流两两遭遇、洞庭四水两两遭遇、三水遭遇、四水遭遇，以及长江干流与洞庭四水的洪水遭遇开展分析。基于各流域出口控制站的实测数据，统计各站历年最大洪峰流量、最大 7 日和最大 15 日洪量；在定义洪水过程遭遇概念的基础上，采用年最大洪水遭遇概率统计和基于 Copula 函数构建洪水特征量联合分布的方法，分析各支流洪水不同遭遇组合的发生概率。

逐年统计各代表站年最大洪水（洪量）发生时间和量级，然后在考虑洪水传播时间的基础上，分析两站之间洪水是否发生遭遇：若两江洪水过程的洪峰（Q_m，用最大日流量代替）同日出现，即为洪峰遭遇；若最大 7 日过程（W_{7d}）或最大 15 日过程（W_{15d}）超过 1/2 时间重叠，即为洪水过程遭遇。

对两江遭遇概率高、低做如下定义：遭遇概率在 10% 以上为洪水遭遇概率高，即 10 年内有超过一年的年最大洪水发生遭遇；遭遇概率在 10% 以下为洪水遭遇概率低。

洪水遭遇问题实质上是多变量的频率组合问题，因此可采用多变量分析方法进行研究。Copula 函数是定义在[0, 1]上，将多个变量的边缘分布联系起来的多维联合分布函数，其构造方式灵活且不受边缘分布限制，能够较容易地描述多个变量之间的相关性，在水利学科领域的多变量相关问题中得到很好的推广应用，并已经被证明有着广泛的推广应用价值。具体分析步骤如下。

1）边缘分布的选取

构建洪水特征量联合分布之前需要确定单个特征量的边缘分布函数，《水利水电工程设计洪水计算规范》（SL44—2006）采用 P-III 型分布计算设计洪水，即年最大洪水（洪峰或洪量）随机变量服从 P-III 型分布，因此本次采用 P-III 型分布拟合年最大洪峰、年最大洪量系列。洪水发生时间可看作具有周期性变化的矢量，冯·米塞斯（von Mises）分布是描述具有周期性或季节性变化变量的常用分布，同时由于洪水发生时间（时间间隔）的概率密度函数可能呈现单峰状，也可能呈现多峰状，所以采用混合 von Mises 分布拟合年最大洪水发生时间系列。

2）Copula 函数的选取

Copula 函数是一种将多变量边缘分布连接起来以构建其多元联合分布的函数，其中边缘分布用来描述单变量的随机分布规律，Copula 函数可以刻画多个变量之间的相关性结构，这种方法已经广泛应用于水利科学领域的多变量相关问题中。

优选合适的 Copula 函数，用来描述随机变量的相关性。Copula 函数的类型一般分为 Archimedean Copula 函数和椭圆 Copula 函数。研究表明：Archimedean Copula 函数对双变量问题模拟良好，常用的 Archimedean Copula 函数包括 Frank Copula 函数、Clayton Copula 函数和 Gumbel Copula 函数等形式。椭圆 Copula 函数包括 Normal Copula 函数和 t-Copula 函数，经常用于建立多变量相关性模型，可以通过相关矩阵来模拟变量之间的任意相关性。

Archimedean Copula 函数又可以分为对称 Archimedean Copula 函数和不对称 Archimedean Copula 函数，对称 Archimedean Copula 函数只有一个参数，这使得不同的变量存在相同的相关性结构，而不对称的 Archimedean Copula 函数也只能计算 $n-1$ 维相关关系，且只能模拟正相关，然而在具有相关性的多变量水文分析中，两两变量的相关性结构并不一定相同，还可能出现负的相关性。因此，本次采用 Archimedean Copula 函数进行二维洪水遭遇分析，通过椭圆 Copula 函数构建洪水特征量联合分布。具体 Copula 函数形式的选择，通过函数检验和评价选定。

3）参数估计方法

采用线性矩法估计 P-III 型分布的参数；采用带有约束的极大似然法估计混合 von Mises 分布的参数；采用肯德尔（Kendall）秩相关系数估计 Archimedean Copula 函数的参数；采用极大似然法估计椭圆 Copula 函数的参数。

4）分布函数的检验与评价

检验和评价分布模型是否能够拟合变量的实际分布，采用目前水文应用中常用的柯尔莫戈罗夫-期米尔诺夫（Kolmogorov-Smirnov，K-S）检验用于函数检验，拟合结果选用均方根误差（root mean square error，RMSE）进行评价。

5）洪水遭遇规律分析

建立考虑洪水发生时间遭遇、发生量级遭遇、发生时间-量级遭遇等不同情况下长江上游干支流多源洪水遭遇模型，利用构建的洪水遭遇模型对长江上游干支流洪水的多维时空遭遇规律进行分析，定量估计洪水遭遇的可能性。

2. 洪水分期分析

为了合理划分汛期，应对设计流域洪水季节性变化规律进行深入的探讨。由于暴雨洪水的季节性变化规律十分复杂，应从多种途径分析研究洪水的季节性变化规律，并综合比较各途径分析的结果，科学合理划分汛期。

《水利水电工程设计洪水计算规范》（SL44—2006）对汛期分期设计洪水方法进行了论述，要求汛期分期的划分，应有较明显的洪水成因变化规律，各分期洪水量级应有明显差别，以划分 2～3 个分期为宜。洪水分期方法主要有两大类：天气成因分析和数理统计法。以往的数理统计法一般多采用洪水年最大值统计分析等方法。本小节在传统的洪水年最大值统计分析方法的基础上，采用多样本洪水统计分析、径流统计分析、矢量统计分析、模糊理论分析、变点分析、投影寻踪分析等多种数理统计法，结合天气成因分析，确定洪水分期。各分期方法采用的研究样本见表 3.4。

表 3.4　不同洪水分期方法对比

分期分析方法	计算样本及主要方法
天气成因分析	逐旬降雨数据，分析形成降雨的天气情况
洪水年最大值统计分析	年最大洪峰数据、年最大 7 日洪量数据，分析特征值变化
多样本洪水统计分析	选取历年汛期日流量中场次洪水的洪峰流量值，分析特征值变化
径流统计分析	历年汛期日流量数据，分析特征值变化

续表

分期分析方法	计算样本及主要方法
矢量统计分析	将 N 年的年最大洪峰、年最大 7 日洪量换算成矢量，同时考虑洪峰、洪量量级，点绘于极坐标中
模糊理论分析	统计历年汛期日流量在某一阈值以内的隶属度
变点分析	对历年汛期日流量进行日最大值取样，再用最小二乘法计算得到汛期变点位置
投影寻踪分析	给定汛期各旬四种不同指标，将其投影到一维空间上进行各旬的划分

洪水年最大值统计分析、多样本洪水统计分析及径流统计分析这三种方法主要根据水文特征值的年内分布变化进行分析，其他几种方法均能通过计算得到确定的分期节点。

1）矢量统计分析

洪水的季节特征以年为周期，因此可以用极坐标来表征洪水的季节性：将一年（或者汛期）总天数用 360° 来表示，洪水发生在哪一天则可表示成一个矢量，方向代表发生的事件，长度代表发生的密集程度。根据矢量统计法原理，将计算的高峰期作为主汛期，划分汛期区间。

2）模糊理论分析

汛期属于模糊概念，中介过渡性是汛期模糊及分析的成因基础。在过渡阶段，水库所处的阶段具有亦此亦彼的特性，即一定隶属度可以属于汛期，又可以不属于汛期，这是汛期模糊分析的科学依据，因此确定汛期隶属函数，必须分析洪水的物理成因，确定控制汛期的主要物理成因指标与主汛期的大致范围，这是确定汛期隶属函数的基础。根据流域水文气象条件的实际情况，给定汛期物理成因指标的几个区间值，当入汛（或出汛）指标小于区间下限，汛期隶属度为 0，指标值大于区间上限，汛期隶属度为 1。主汛期的隶属度一般为 0.98，根据主汛期隶属度即可确定主汛期的起始时间。

3）变点分析

变点分析是一种基于统计理论，用于检测时间序列突变，同时可以进行假设检验划分时间序列的方法。均值变点是分割时间序列，使得分割前后序列的均值发生明显变化的一些点，因此可以应用到水库汛期的分期计算中。均值变点的分析方法有最小二乘方法、局部比较法、极大似然法等。变点分析的最小二乘法有点类似于动态规划中的逐次优化算法（progressive optimization algorithm，POA）。实践表明，与逐次优化算法一样，最小二乘法的最后估计结果与初步估计的变点位置有关系。因此，随机生成很多初始变点位置，以使得最小变点来作为最后的估计结果。

在进行变点分析前，需对汛期的时间序列进行日最大值取样，选取某一日里各年中最大洪峰而构造时间序列，具体步骤为：①分别选出 N 年流量资料中的洪峰值（这里以两侧连续两个流量小于该流量的值为洪峰）；②若在这 N 年资料中，某日出现洪峰多次，则取它们中的最大值作为新序列该日的值，若没有出现洪峰，则取这 N 年中该日流量的最大值，但需要保证在新序列中该值与相邻值取自不同的年份。通过日最大值取样，可使得新序列满足：①避免整段地截取实测流量序列，减少冗余信息；②减小时间序列的自相关性，使数据易于满足独立假定。

4）投影寻踪分析

投影寻踪分析是一种直接由样本数据驱动的探索性数据分析方法。用投影寻踪模型进行洪水分类的基本思想是把高维数据通过某种组合投影到低维子空间上，对于投影得到的构形，采用投影指标函数来描述投影暴露分类排序结构的可能性大小，寻找出使投影指标函数达到最优的投影值，达到研究分析高维数据的目的。运用投影寻踪的理论，使用基于实数编码的加速遗传算法（real coding based accelerating genetic algorithm，RAGA），考虑多指标对洪水进行分期。

3.2.3 洪水分期应用

1．长江上游及洞庭四水洪水遭遇

1）长江上游干支流洪水遭遇规律

根据历年实测数据统计，长江上游干支流洪水遭遇次数及遭遇频率分别见表3.5和表3.6。可以看出：长江上游干支流洪水年最大洪峰遭遇均不显著；年最大7日洪水遭遇次数相对较多（频率>10%）的是金沙江与岷江、岷江与嘉陵江；除嘉陵江与乌江外，年最大15日洪水遭遇频率大于10%。长江上游干支流主要以年最大7日洪水遭遇、年最大15日洪水遭遇为主。

表3.5　长江上游干支流统计特征值遭遇次数

遭遇	洪峰遭遇	年最大7日洪水遭遇	年最大15日洪水遭遇	系列
金沙江与岷江	1	9	19	1951～2018年
金沙江与嘉陵江	1	4	13	1951～2018年
金沙江与乌江	1	3	10	1951～2018年
岷江与嘉陵江	0	12	17	1951～2018年
岷江与乌江	0	2	8	1951～2018年
嘉陵江与乌江	1	1	1	1951～2018年

表3.6　长江上游干支流年最大15日洪水遭遇频率　　　　（单位：%）

遭遇	实测统计法	Copula函数模型法			相差
		总和	超前	滞后	
金沙江与岷江	27.9	24.0	9.0	15.0	-3.9
金沙江与嘉陵江	19.1	20.0	10.0	10.0	0.9
金沙江与乌江	14.7	12.3	5.6	6.7	-2.4
岷江与嘉陵江	25.0	22.0	11.0	11.0	-3.0
岷江与乌江	11.8	10.0	5.0	5.0	-1.8
嘉陵江与乌江	1.5	0.5	0.2	0.3	-1.0

基于Copula函数的洪水遭遇模型分析的干支流洪水遭遇的频率与实测统计法成果基

本一致，根据各干支流年最大 15 日洪水遭遇的发生时间统计，两江洪水发生时间的先、后概率均基本相当，各支流遭遇洪水无显著超前或滞后发生的特征。

金沙江与岷江洪水易在 7 月下旬～10 月下旬遭遇；金沙江与嘉陵江洪水易在 7 月下旬～11 月上旬遭遇且遭遇概率曲线呈明显双峰状；金沙江与乌江洪水易在 7 月中旬～10 月下旬遭遇；岷江与嘉陵江洪水易在 7 月下旬～10 月下旬遭遇；岷江与乌江洪水易在 7 月中旬～10 月上旬遭遇且遭遇概率曲线呈明显双峰状；嘉陵江与乌江洪水易在 7 月上旬～10 月下旬遭遇且遭遇概率曲线呈双峰状。相较于传统的实测统计分析方法，构建 Copula 函数模型能够更好地反映稀遇频率情况下长江上游干支流洪水遭遇的特征。

2）洞庭四水洪水遭遇规律

洞庭四水各支流控制站年最大洪峰各月出现次数见表 3.7。可以看出，洞庭四水各支流控制站年最大洪峰在 5～7 月出现频次最多，8 月以后明显减少。

表 3.7　洞庭四水各支流控制站年最大洪峰各月出现次数

站名	3 月	4 月	5 月	6 月	7 月	8 月	9 月	10 月	11 月	合计	序列
湘潭站	1	3	21	24	10	6	1	1	1	68	1951～2018 年
桃江站	—	2	17	22	19	5	2	1	—	68	1951～2018 年
桃源站	—	3	12	23	23	4	2	1	—	68	1951～2018 年
石门站	1	1	8	27	20	4	6	1	—	68	1951～2018 年

洞庭四水遭遇次数及遭遇频率分别见表 3.8 和表 3.9。可以看出，洞庭四水两两遭遇主要以年最大 7 日洪水遭遇、年最大 15 日洪水遭遇为主，洪峰遭遇次数较少，湘江与澧水、资江与澧水遭遇频次较少。三江遭遇主要以年最大 15 日洪水遭遇为主，其中湘江、资江、沅江年最大 15 日洪水遭遇频率为 29%，明显高于其他三江遭遇频率。洞庭四水同时发生过 2 次年最大 15 日洪水遭遇（1958 年和 1966 年），其中 1958 年桃江站年最大 15 日洪量重现期为 5 年一遇，其他各江年最大 15 日洪量重现期均小于 5 年一遇。

表 3.8　洞庭四水洪水统计特征值遭遇次数

遭遇	洪峰遭遇	年最大 7 日洪水遭遇	年最大 15 日洪水遭遇
湘江与资江	5	18	38
湘江与沅江	2	14	28
湘江与澧水	1	2	9
资江与沅江	4	26	31
资江与澧水	0	4	8
沅江与澧水	4	20	31
湘江、资江、沅江	0	4	20
湘江、资江、澧水	0	0	2
湘江、沅江、澧水	0	0	5
资江、沅江、澧水	0	3	7
洞庭四水	0	0	2

注：统计时间为 1951～2018 年。

表 3.9　洞庭四水年最大 15 日洪水遭遇频率　　　　　　　（单位：%）

项目	实测统计法	Copula 函数模型法	相差
湘江与资江	55.9	57	1.1
湘江与沅江	41.2	40	−1.2
湘江与澧水	13.2	11	−2.2
资江与沅江	45.6	48	2.4
资江与澧水	11.8	15	3.2
沅江与澧水	45.6	48	2.4
湘江、资江、沅江	29.4	33	3.6
湘江、资江、澧水	2.9	9	6.1
湘江、沅江、澧水	7.4	9	1.6
资江、沅江、澧水	10.3	10	−0.3

　　基于 Copula 函数的洪水遭遇模型分析的各支流洪水遭遇的频率与根据实测资料分析的成果基本一致，成果最大相差 6.1%，可以说明，本次构建的 Copula 函数洪水遭遇模型能够较好地反映洞庭四水各支流遭遇的特征。

　　湘江与资江洪水易在 4 月上旬～8 月下旬遭遇；湘江与沅江洪水易在 4 月上旬～8 月下旬遭遇；湘江与澧水洪水易在 4 月中旬～8 月中旬遭遇；资江与沅江洪水易在 4 月上旬～8 月下旬遭遇；资江与澧水洪水易在 5 月上旬～8 月下旬遭遇；沅江与澧水洪水易在 5 月上旬～8 月下旬遭遇，洞庭四水遭遇概率曲线呈明显单峰状。

3）长江上游与洞庭四水洪水遭遇规律

　　在宜昌与洞庭四水合成 1951～2018 年实测系列中：年最大洪峰有 3 年发生了遭遇，占 4.4%；年最大 7 日洪水有 1 年发生了遭遇，占 1.5%；年最大 15 日洪水有 5 年发生了遭遇，占 7.4%；年最大 30 日洪水有 9 年发生了遭遇，占 13.2%。除 1999 年宜昌年最大 30 日洪量和 1996 年洞庭四水合成的年最大 30 日洪量较大以外，其余年份遭遇的洪水量级均不大，洪峰、时段洪量重现期均小于 5 年一遇。

　　8 月 20 日以后洞庭四水合成流量大于 25 000 m³/s 仅有 3 个年份，分别是 1952 年、1988 年及 2002 年，各年宜昌和洞庭四水来水均不大。

　　基于螺山站总入流计算的候平均流量过程峰值主要集中在 6 月第 4 候至 7 月第 5 候，自 8 月开始，候平均流量逐步减少。8 月 20 日以后，洞庭四水来水量明显减少，螺山站总入流以宜昌站来水为主。多年平均情况下，洞庭四水年最大 30 日洪量占螺山站总入流的比例为 13.5%，较汛期的 23.6% 有明显减少。

2. 长江上游及洞庭四水洪水分期

　　本小节详细列出宜昌站洪水分期各种方法的计算结果，金沙江、岷江、嘉陵江、乌江、湘江、资江、澧水、沅江的各种方法的洪水分期计算过程与宜昌站类似。

1）天气成因分析

长江宜昌以上（长江上游）流域面积约 100 万 km²，金沙江向家坝（屏山）至宜昌区间汇入的主要支流北岸有岷沱江、嘉陵江，南岸有乌江。由于上游地区地形差异悬殊，分属两个大的气候区，即西部高原气候区和高原东面的亚热带季风气候区。

受季风气候影响，长江上游各地雨季起讫和持续时间不一，一般 4～6 月由东南向西北先后开始，8～10 月又从西北向东南先后结束，东南部雨季比西北部雨季长。长江上游各地暴雨多出现在 4～10 月。乌江和长江上游干流下段区间 3 月就可出现暴雨，其余各地均在 4 月出现暴雨；各地暴雨大多于 10 月结束，嘉陵江流域少数站于 11 月结束。嘉陵江流域、长江上游干流三峡区间的一些站暴雨年内分布呈双峰型，前峰出现在 7 月，后峰出现在 9 月；乌江下游一些站暴雨年内分布也呈双峰型，但前峰出现在 6 月，后峰出现在 8 月。

长江上游地区降雨量的年内变化是与大气环流的季节变化相联系的。4 月以后西南季风已开始影响我国，长江上游乌江流域 5 月已受季风的影响，降雨明显增多，但上游北岸尚受西风带环流控制。6 月西太平洋副热带高压脊线北抬加强，西南季风稍有加强，长江中下游盛行西南气流，进入梅雨期，长江上游干流区间及乌江流域 6 月降雨比 5 月增多。7 月环流形势发生了明显的变化，西风环流经过青藏高原的南北分支现象消失，西太平洋副热带高压脊线第一次明显从 6 月的 20°N 北跳到了 25°N，印度低压完全建立，并发展强盛，华南地区盛行东南季风，其他大部分地区受强劲的西南季风所控制，雨带由长江中下游北推到长江上游，长江上游除乌江流域外，月雨量明显增加。乌江流域 7 月常受东南季风控制，在对流层中低层，易出现冷平流、减温减湿和正变高，暴雨过程显著减少，乌江流域 7 月降雨比 6 月少。8 月西太平洋副热带高压脊线发生第二次北跳，从 7 月的 25°N 北跳到 30°N 附近，且常常西伸控制乌江、嘉陵江东部及长江上游干流下段，降雨主要发生在金沙江、岷沱江及嘉陵江上游一带。9 月西风带环流势力加强，西太平洋副热带高压脊线明显南退至 25°N，印度低压势力大减，除嘉陵江中东部及汉江中上游处在南北气流汇合处且降雨量又增加外，上游大部分地区易受西风带偏北气流影响，降雨量普遍减少。10 月以后上游逐步为西风带环流所控制，西太平洋副热带高压脊线已南退至 20°N 以南，印度低压消失，雨季随之自西向东结束。

西太平洋副热带高压的活动直接影响上游地区降雨过程的强弱和地区分布。由于西太平洋副热带高压的位置不同，暴雨出现的地区差异较大。西太平洋副热带高压脊线位于 18°N～20°N 时，暴雨主要出现在乌江；西太平洋副热带高压脊线位于 20°N～24°N 时，暴雨主要出现在乌江、嘉陵江东部和三峡区间；西太平洋副热带高压脊线位于 25°N～30°N 时，暴雨主要出现在金沙江下段、岷沱江和嘉陵江上游的川西地区。

影响长江上游地区暴雨的天气系统有冷锋低槽、西南低涡、低涡切变等。金沙江下游以冷锋低槽、切变线为主；岷江、沱江、嘉陵江及三峡区间的暴雨天气系统以西南低涡为主；乌江流域以冷锋低槽、南北向切变和长江横切变为主。

台风系统对长江上游没有直接的影响，常常表现为台风倒槽的形式，且和西风低槽配合才有影响，但一般不会造成大暴雨。

长江上游汛期多年平均旬降雨量统计见表 3.10。长江上游汛期 5～10 月降雨量占全年降雨量的 83%，各旬降雨量基本呈现由少至多，然后由多至少的季节变化规律；降雨量以 7 月上旬最大，6 月下旬次之，8 月各旬降雨量相差不大。6 月中旬～8 月下旬降雨量均在 49 mm 以上，9 月下旬降雨量明显减小。

表 3.10　长江上游汛期各旬降雨量统计

项目	5 月			6 月			7 月			8 月			9 月			10 月		
	上旬	中旬	下旬	上旬	中旬	下旬	上旬	中旬	下旬	上旬	中旬	下旬	上旬	中旬	下旬	上旬	中旬	下旬
雨量/mm	32.8	36.0	44.3	44.3	49.5	62.3	63.0	56.7	55.6	49.1	49.8	51.5	46.7	43.5	34.2	30.2	22.1	20.4
占汛期/%	4.14	4.55	5.59	5.60	6.25	7.87	7.96	7.16	7.02	6.20	6.28	6.50	5.90	5.49	4.32	3.82	2.79	2.58

综上所述，长江上游降雨量主要集中在 7～9 月，以 7～8 月降雨量最多，从天气成因分析上看，可将 5～6 月作为前汛期，7～8 月为主汛期，9～10 月为后汛期。

2）数理统计法

数理统计法中包含洪水年最大值统计分析、多样本洪水统计分析、径流统计分析、矢量统计分析、模糊理论分析、变点分析、投影寻踪分析等方法，其计算结果见表 3.11。

表 3.11　宜昌站数理统计法汛期分期分析结果

数理统计分期方法		前汛期	主汛期	后汛期
①洪水年最大值统计分析	洪峰	5 月上旬～6 月中旬	6 月下旬～9 月上旬	9 月中旬～10 月下旬
	7 日洪量	5 月上旬～6 月中旬	6 月下旬～9 月上旬	9 月中旬～10 月下旬
②多样本洪水统计分析		5 月上旬～6 月中旬	6 月下旬～9 月上旬	9 月中旬～10 月下旬
③径流统计分析		5 月上旬～6 月中旬	6 月下旬～9 月上旬	9 月中旬～10 月下旬
④矢量统计分析	洪峰	5 月 1 日～7 月 7 日	7 月 8 日～8 月 26 日	8 月 27 日～10 月 31 日
	7 日洪量	5 月 1 日～7 月 3 日	7 月 4 日～8 月 22 日	8 月 23 日～10 月 31 日
⑤模糊理论分析		5 月 1 日～7 月 5 日	7 月 6 日～9 月 16 日	9 月 17 日～10 月 31 日
⑥变点分析	洪峰	5 月 1 日～6 月 21 日	6 月 22 日～9 月 11 日	9 月 12 日～10 月 31 日
	7 日洪量	5 月 1 日～6 月 19 日	6 月 20 日～9 月 9 日	9 月 10 日～10 月 31 日
⑦投影寻踪分析		5 月上旬～6 月下旬	7 月上旬～9 月上旬	9 月中旬～10 月下旬
推荐成果		5 月上旬～6 月中旬	6 月下旬～9 月上旬	9 月中旬～10 月下旬

三峡水库防洪主要考虑洪量控制，本次以年最大洪量统计分析成果为主，其他方法作为参考与验证，经综合分析，将宜昌站的汛期分为三期：5 月 1 日～6 月 20 日为前汛期；6 月 21 日～9 月 10 日为主汛期；9 月 11 日～10 月 31 日为后汛期。

宜昌、金沙江、岷江、嘉陵江、乌江、洞庭四水（湘江、资江、澧水、沅江）的洪水分期计算结果，见表 3.12。

表 3.12　各分区汛期分期分析结果

研究区域	前汛期	主汛期	后汛期
宜昌	5 月上旬～6 月中旬	6 月下旬～9 月上旬	9 月中旬～10 月下旬
金沙江	5 月上旬～6 月下旬	7 月上旬～9 月上旬	9 月中旬～10 月下旬
岷江	5 月上旬～6 月中旬	6 月下旬～9 月上旬	9 月中旬～10 月下旬
嘉陵江	5 月上旬～6 月中旬	6 月下旬～9 月下旬	10 月上旬～10 月下旬
乌江	4 月上旬～5 月下旬	6 月上旬～7 月下旬	8 月上旬～9 月下旬
洞庭四水	4 月上旬～4 月下旬	5 月上旬～7 月下旬	8 月上旬～9 月下旬
湘江	4 月上旬～4 月下旬	5 月上旬～7 月中旬	7 月下旬～9 月下旬
资江	4 月上旬～4 月下旬	5 月上旬～7 月下旬	8 月上旬～9 月下旬
澧水	4 月上旬～5 月下旬	6 月上旬～7 月下旬	8 月上旬～9 月下旬
沅江	4 月上旬～5 月中旬	5 月下旬～7 月下旬	8 月上旬～9 月下旬

3. 宜昌站及洞庭四水分期设计洪水

1）宜昌站设计洪水

根据宜昌站洪水分期成果，5 月 1 日～6 月 20 日为前汛期，9 月 11 日～10 月 31 日为后汛期。依据宜昌站实测洪水资料，采用独立最大值选样原则，统计得出 1877～2018 年前汛期和后汛期最大洪峰流量及时段洪量，组成连续系列，分析宜昌站前汛期设计洪水。经验频率采用数学期望公式，频率曲线的线型采用 P-III 型，矩法计算值为初估值，采用适线法进行频率曲线配线，前汛期、后汛期设计洪峰流量、时段洪量成果见表 3.13。

表 3.13　宜昌站前汛期及后汛期不同时段设计洪水成果

项目	统计时段	统计参数			设计值							
		均值	C_v	C_s/C_v	P=0.01%	P=0.1%	P=0.2%	P=0.5%	P=1%	P=2%	P=5%	P=10%
前汛期	日均流量 /（m³/s）	24 000	0.24	3.0	54 600	47 800	45 600	42 700	40 300	37 900	34 500	31 700
	3 日洪量 /亿 m³	58.9	0.24	3.0	134	117	112	105	99.0	93.1	84.7	77.8
	7 日洪量 /亿 m³	124	0.23	3.0	274	241	230	216	204	193	176	162
	15 日洪量 /亿 m³	231	0.22	2.0	469	420	405	383	365	347	320	298
后汛期	日均流量 /（m³/s）	34 300	0.28	2	81 900	71 700	68 500	64 000	60 500	56 800	51 500	47 000
	3 日洪量 /亿 m³	85.3	0.26	2	193	171	163	153	145	137	125	115
	7 日洪量 /亿 m³	183	0.26	2	415	366	350	329	312	293	268	246
	15 日洪量 /亿 m³	354	0.26	2	802	707	677	636	603	568	518	476
	30 日洪量 /亿 m³	631	0.25	2	13 90	1 230	1 180	1 110	1 050	996	911	840

注：C_v 表示变差系数；C_s 表示偏态系数。

2）宜昌站设计洪水过程线

前汛期洪水典型选择原则是：洪水发生时间为 6 月 20 日之前，洪水来源、峰型、洪量集中程度等方面具有较好的代表性，且为对三峡工程和中下游防洪不利的大洪水。分析了宜昌站 1877～2018 年 142 年系列中，前汛期（6 月 20 日前）发生的最大流量大于 40 000 m^3/s 的洪水仅有 1963 年一年。该年洪水除洪峰流量位居系列第一外，年最大 7 日洪量为 191.9 亿 m^3，位居第二。分析该次洪水地区组成，寸滩至宜昌区间面积仅占宜昌站的 5.6%，7 日洪量、15 日洪量却分别占到宜昌站的 27.2% 和 25.5%，比例超过四分之一，因距离近，为宜昌站洪水造峰起到了关键性的作用，对三峡工程防洪不利。1963 年洪水在洪水来源、峰型、洪量集中程度等方面具有较好的代表性，且对三峡工程和中下游防洪不利，选择 1963 年 5 月 23 日～6 月 10 日洪水作为典型洪水过程。采用洪峰流量、7 日洪量同频率控制放大。前汛期设计洪水过程线如图 3.10 所示。

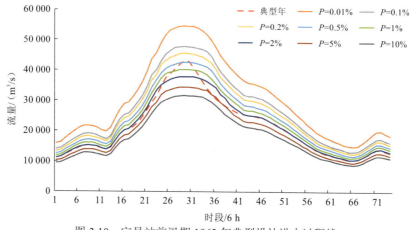

图 3.10　宜昌站前汛期 1963 年典型设计洪水过程线

后汛期洪水典型选择原则是：洪水发生时间为 9 月 10 日之后，洪水来源、峰型、洪量集中程度等方面具有较好的代表性，且为对三峡工程和中下游防洪不利的大洪水。分析了宜昌站 1877～2018 年后汛期洪峰、洪量系列中排序靠前的大洪水，其中 1952 年年最大日平均流量为 54 500 m^3/s，位居第二，年最大 7 日洪量为 293.2 亿 m^3，位居第一，洪水过程线形态较为尖瘦。该场洪水嘉陵江 7 日洪量、15 日洪量占宜昌站的比例分别达 35.6% 和 33.4%，其次是寸滩至宜昌区间，7 日洪量、15 日洪量分别占宜昌站的 15.2% 和 9.74%，均远远大于面积比，说明本年洪水主要来自嘉陵江和寸滩至宜昌区间。同时，还分析了 1964 年的洪水特征，宜昌站年最大 7 日洪量、年最大 15 日洪量分别为 292.6 亿 m^3、570.4 亿 m^3，在 1877～2018 年系列中排序第二位，与排位第一的洪量仅相差不到 1 亿 m^3，洪水过程线形态较为肥胖。该场洪水岷江 7 日洪量、15 日洪量占宜昌站的比例分别达 24.3% 和 22.2%，嘉陵江 7 日洪量、15 日洪量占宜昌站的比例分别达 30.2% 和 29.5%，两江 7 日洪量和 15 日洪量之和分别为 159.7 亿 m^3 和 294.0 亿 m^3，分别占到宜昌站的 54.5% 和 51.7%，说明本年洪水主要是由岷江和嘉陵江的秋汛造成的。通过分析，选取了洪水量级、来源、峰型、洪量集中程度等方面具有较好的代表性，对三峡工程和中下游防洪不利的 1952 年、1964 年后汛期洪水作为典型洪水过程，如图 3.11、图 3.12 所示。

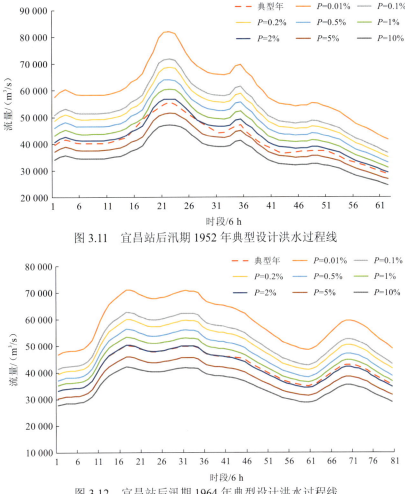

图 3.11　宜昌站后汛期 1952 年典型设计洪水过程线

图 3.12　宜昌站后汛期 1964 年典型设计洪水过程线

3）洞庭四水合成设计洪水

根据洞庭四水洪水分期成果，4 月 1 日～4 月 30 日为前汛期，8 月 1 日～9 月 30 日为后汛期。依据洞庭四水合成 1951～2018 年实测洪水资料，采用前述方法计算前汛期、后汛期设计洪峰流量、时段洪量，见表 3.14。

表 3.14　洞庭四水合成前汛期及后汛期不同时段设计洪水成果

项目	统计时段	统计参数			设计值							
		均值	C_v	C_s/C_v	P=0.01%	P=0.1%	P=0.2%	P=0.5%	P=1%	P=2%	P=5%	P=10%
前汛期	最大 3 日洪量 /亿 m³	37.3	0.43	3.0	117.0	108.0	97.2	88.7	80.0	68.2	58.8	37.3
	最大 7 日洪量 /亿 m³	74.7	0.41	3.0	224.0	208.0	188.0	172.0	156.0	133.0	116.0	74.7
	最大 15 日洪量 /亿 m³	130.9	0.41	3.0	392.0	365.0	329.0	301.0	273.0	234.0	203.0	130.9

项目	统计时段	统计参数			设计值							
		均值	C_v	C_s/C_v	P=0.01%	P=0.1%	P=0.2%	P=0.5%	P=1%	P=2%	P=5%	P=10%
后汛期	最大 3 日洪量 /亿 m³	31.0	0.60	3.0	136.0	124.0	108.0	96.1	84.0	67.8	55.5	31.0
	最大 7 日洪量 /亿 m³	59.0	0.59	3.0	254.0	232.0	203.0	180.0	158.0	128.0	105.0	59.0
	最大 15 日洪量 /亿 m³	99.5	0.59	3.0	428.0	391.0	342.0	304.0	266.0	216.0	177.0	99.5

4）洞庭四水合成设计洪水过程线

前汛期洪水典型选择原则是：洪水发生时间为 4 月 30 日以前，洪水来源、峰型、洪量集中程度等方面具有较好的代表性，且为对洞庭湖防洪不利的大洪水。洞庭四水合成的 68 年系列中，前汛期合成最大流量大于 20 000 m³/s 的有 1951 年、1961 年、1964 年、1968 年、1970 年、1973 年、1974 年、1975 年、1980 年、1981 年、1992 年、1998 年及 2010 年共 13 个年份，洪峰流量大于 30 000 m³/s 的有 1961 年、1964 年共 2 个年份。其中，1964 年 4 月 30 日以前洞庭四水合成最大洪峰流量为 34 500 m³/s，重现期约为 5 年一遇，在 68 年序列中排位第一，年最大 3 日洪量为 84.3 亿 m³，在 68 年序列中排位为第一，年最大 7 日洪量为 165 亿 m³，在 68 年序列中排位为第二。1964 年洪水洪峰、洪量均较为突出，在洪水来源、峰型等方面具有一定代表性，选取 1964 年洪水作为典型年。根据 1964 年典型洪水特点，1964 年 4 月 30 日以前洪水典型按最大 3 日洪量、最大 7 日洪量同频率控制放大。各频率设计洪水过程线成果如图 3.13 所示。

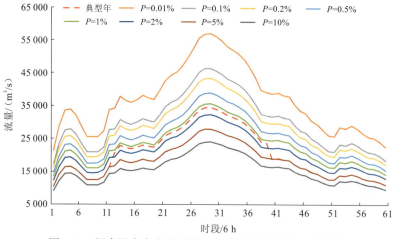

图 3.13　洞庭四水合成后汛期 1964 年典型设计洪水过程线

后汛期洪水典型选择原则是：洪水发生时间为 8 月 1 日以后，洪水来源、峰型、洪量集中程度等方面具有较好的代表性，且为对洞庭湖防洪不利的大洪水。洞庭四水合成的 68 年系列中，统计 8 月 1 日后合成最大流量大于 20 000 m³/s 的有 1952 年、1954 年、1955 年、1957 年、1969 年、1973 年、1980 年、1982 年、1988 年、1994 年、2002 年及 2008 年共

12 个年份，洪峰流量大于 30 000 m³/s 的有 1952 年、1954 年及 2002 年共 3 个年份。在 12 个年份中，全年最大洪峰流量出现在 8 月 1 日以后的有 1957 年、1980 年、1988 年、2002 年共 4 个年份，其中 1988 年年最大 3 日洪量为 83 亿 m³，年最大 7 日洪量为 151.6 亿 m³，年最大 15 日洪量为 271 亿 m³，在以上 12 个年份排位第一，洪水过程呈现多峰型，具有一定代表性，选取 1988 年洪水作为典型年。根据典型洪水特点，1988 年洪水为多峰过程，洪水典型按后汛期最大 3 日洪量、最大 7 日洪量同频率控制放大。各频率设计洪水过程线成果如图 3.14 所示。

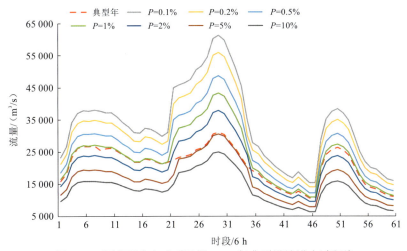

图 3.14　洞庭四水合成后汛期 1988 年典型设计洪水过程线

第4章

水文气象预报模型方法

大规模水库群的建设运行极大改变了上游地区的下垫面条件和天然洪水演进特性，加之气候变化带来的降雨不确定性，单一数值形式的确定性水文气象预报成果已难以满足日益提高的流域综合管理和精细化调度需求。因此，如何应对气候变化带来的不确定性及多阻断条件下洪水演进特性改变等一系列难点，开展精细化分布式水文模型的研究，提升水文气象预报技术的可靠性，是当前研究的新形势和新挑战。

本章系统分析多种水文、气象预报模型及其适用性，构建河段洪水演进模型，实现长江上游旱涝长期预测技术应用，为以三峡水库为核心的长江流域水库群实时预报调度提供基础技术支撑。主要结论如下：分布式新安江模型和 DDRM 在赤水河及渠江流域具有较好的适用性，其中渠江流域洪水过程模拟较为出色，同时，网格分辨率对两模型水文过程模拟精度的影响均不大；多模式集成降雨预报较单一数值模式降雨预报的可靠性高；基于水文水力学耦合的溪洛渡、向家坝、三峡水库库区洪水演进模型可较好地模拟洪水演进过程，其参数满足精度要求，基本合理；采用概念性物理模型、聚类分析方法和奇异值分解（singular value decomposition，SVD）分析方法可有效地预测长江上游旱涝长期变化趋势。

4.1　典型流域分布式水文模型预报技术

4.1.1　分布式水文模型研究进展

分布式流域水文模型的概念最早始于 1969 年弗里兹（Freeze ）和哈兰（Harlan）发表的一篇论文《基于物理的数字模拟水文响应模型蓝图》"Blueprint for a physically-based digitally simulated hydrological response model"，文中对分布式流域水文模型的宏伟前景进行了详细的描述。1980 年以后，丹麦、法国、荷兰及英国的水文学者联合研制出了一个真正意义上的具有物理基础的分布式水文模型——SHE（system hydrological European）模型。该模型的主要水文物理过程均用质量、能量和动量守恒的偏微分方程的差分形式来描述。之后，一系列分布式水文模型相继诞生，如美国陆军工程兵团研制的 FSSI-CAS2D 模型、美国农业部农业研究局开发的 SWAT（soil and water assessment tool）模型，以及华盛顿大学、加利福尼亚大学伯克利分校和普林斯顿大学共同研制的 VIC（variable infiltration capacity）大尺度水文模型。

我国分布式水文模型的研究起步较晚。沈晓东等（1995）研究了降雨时空分布和下垫面自然地理参数空间分布不均匀性对降雨径流过程的影响，并在此基础上以栅格为水文一致性单元，提出了一种动态分布式降雨径流模型，在实验区获得了较好的模拟效果。郭生练等（2000）提出的基于数字高程模型的分布式流域水文物理模型，能够对植被截留、总蒸发（又称蒸散发）、融雪、下渗、地表地下径流和洪水演进等水文物理过程进行模拟。李兰（2007）提出了基于遥感、全球定位系统和地理信息系统的有水文物理机理的 LILAN（简称 LL）分布式水文模型。俞鑫颖和刘新仁（2002）针对冰雪融水雨水混合补给为主的流域，建立了分布式冰雪融水雨水混合水文模型，该模型以数字高程模型和地理信息系统为基础，考虑了不同网格水量和热量平衡，在乌鲁木齐河山区流域上得到应用并取得较好效果。贾仰文等（2005）以"子流域内等高带"为计算单元，采用"马赛克"方法考虑计算单元内土地覆被的多样性，吸收分布式水文模型和陆面模式各自优点，构建了黄河流域分布式水文模型，验证结果表明模型具有较高精度，可用于黄河流域二元水循环过程模拟和水资源演变规律分析。

与传统的概念性集总式水文模型相比，分布式水文模型能够反映水文水资源要素在空间上的变化，能够进行下垫面变换条件下的计算，特别是它具有更多的模拟功能，即能把单一水量变化的模拟扩大到广泛的水文水资源与生态环境问题模拟，并且可通过尺度转换与大气环流模式耦合来预测全球变化对水文水资源的影响。

4.1.2　分布式水文模型适用性

从分析典型流域的产汇流机制入手，通过充分调研分析，在掌握分布式水文模型的结构原理等基础上，采用分布式新安江模型和 DDRM，研究分布式水文模型的参数特性；对长江上游典型流域进行标准化离散，并对离散化后的分区进行模型参数率定。长江上游典型流域分布式水文模型预报技术研究路线见图 4.1。

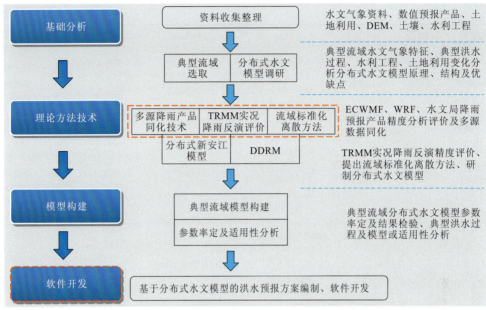

图 4.1　长江上游典型流域分布式水文模型预报技术研究路线

ECWMF（European Centre for Medium-Range Weather Forecasts）为欧洲中期天气预报中心；WRF（weather research and forecasting）为气象研究与预报；TRMM（tropical rainfall measuring mission）为热带降雨测量任务

　　流域水文模型是模拟流域水文过程所建立的数学结构。目前国内外开发研制的水文模型众多，结构各异，分类方法也有所不同。按对流域水文过程描述的离散程度分类，流域水文模型可分为集总式水文模型、分布式水文模型和半分布式水文模型。详细调查了当前较为流行的集总式水文模型、分布式水文模型、半分布式水文模型，分析了各模型的理论基础、结构特点，总结了各模型的资料需求、优点、缺点、适用流域及适用范围，见表 4.1。

表 4.1　典型分布式水文模型分析对比

模型名称	模型分类	资料要求	优点	缺点	适用流域	适用范围
MIKE SHE	分布式	土壤、地形、河道、气象、水文等大量详细资料	物理意义明确，精度高	需要大量精确的参数和数据支撑，应用受限，参数率定耗时	均适用，但在洪水预报领域应用较少	与地表水、地下水有关的生态问题、水资源规划、湿地管理与修复、地下水管理
Topmodel	半分布式	地形信息，水文资料	结构简单、参数较少，有明确物理意义，可用于无资料地区模拟	未考虑降雨蒸发的空间分布，二水源划分有限制	湿润、半湿润地区，在我国钱塘江等流域成功应用	水文预报、缺资料地区径流模拟
VIC	分布式	土壤、气象、水文资料	考虑了能量平衡和水量平衡，下垫面因素的空间分布不均匀性	资料要求高，气象可能需要天气发生器模拟，模型可视化程度低，现行汇流方案不适用于次洪模拟	湿润、干旱地区大尺度流域	流域径流模拟、气候变化对水资源的影响，陆气耦合、流域土壤含水量模拟、干旱评价

续表

模型名称	模型分类	资料要求	优点	缺点	适用流域	适用范围
SWAT	分布式	土壤、土地利用、气象、水文资料	输入资料易获得，模块化易于扩展，可进行长时间连续演算	时间尺度较大，不能进行次洪模拟	具有不同土壤类型、不同土地利用方式的复杂大流域	污染物迁移、水土流失、土地利用变化的径流影响模拟
分布式新安江	分布式	土壤、气象、地形、水文资料	三水源划分符合中国南方实际产汇流特点，参数较少，物理意义明确，考虑了下垫面分布不均	汇流处理略显简单	湿润、半湿润地区各种尺度流域	水文预报、水土流失、气候变化下的降雨径流变化
DDRM	分布式	气象、地形、水文资料	蓄满产流符合南方河流的产流特点，参数少，物理意义明确，考虑了下垫面分布不均	需要设置网格汇流计算路径	湿润、半湿润地区各种尺度流域	水文预报，降雨径流模拟、土壤水分模拟

考虑长江流域大部分地区属于湿润地区，站网布设合理，水文气象资料完整，有较为丰富的洪水过程资料，符合蓄满产流机制和三水源划分。流域河网具体信息和地形数据如DEM 等较易获得，均可基于 ArcGIS 平台进行流域网格离散化处理。由于 MIKE SHE 模型对资料要求非常高，并且可能出现过参数化的缺点，以及 Topmodel 模型二水源的限制和 SWAT 模型无法模拟次洪的遗憾，所以采用 DDRM 和分布式新安江模型开展研究。

新安江模型在我国广大的湿润和半湿润的地区试用获得很大的成功，这些地区大致包括：长江、淮河及其以南的地区，太行山、燕山及其东南地区等也基本符合。水文学者们对新安江模型的分布式处理进行了大量研究，得到了较为满意的模拟精度。DDRM 在英国的斯拉普顿伍德（Slapton Wood）流域和汉江上游旬河流域的模拟效果令人满意，大量的应用实例已检验和证明了该模型模拟流量过程及土壤蓄水量空间分布的能力。基于地理信息系统（geographic information system，GIS）开发的 DDRM 在 2008 年已用于广东省飞来峡流域水文预报调度系统，运行效果较好。分布式新安江模型及 DDRM 原理清晰，易于软件化、模块化。模型的模块化也易于嵌入各个预报系统中，操作便捷。鉴于此，以分布式新安江模型和 DDRM 开展长江上游典型流域分布式水文模型预报技术研究。

4.1.3　分布式水文模型应用

1. 研究区概况

渠江是嘉陵江支流，发源于川陕交界处米仓山系铁船山，流向由东北向西南，流域面积 39 220 km^2，约占嘉陵江面积的 24.5%，河长 671 km，天然落差约 1 487 m（蒋大成和牟伦武，2022）。渠江流域内中下游地区气候温和，雨量充沛，属中亚热带湿润气候，而北部米仓山、大巴山区气温较低，并多暴雨，属北亚热带湿润气候。流域年降雨量 1 014～

1 253 mm，雨季一般从 4 月开始，10 月结束，主要集中在 7～9 月。渠江洪水较多，干流罗渡溪站年最大流量超过 23 500 m^3/s 的洪水年份分别是 2011 年 9 月、2010 年 7 月、2007 年 7 月、1975 年 10 月、2004 年 9 月，实测最大流量为 28 300 m^3/s（2011 年 9 月 20日）。流域内已建规模较大的水库有舵石鼓、凉滩、双滩、风滩、南洋滩、江口等。

赤水河是长江上游右岸的一级支流，发源于云南省昭通市镇雄县赤水源镇银厂村，平均海拔 1 077 m（陈红莲 等，2023），流域处在云南、贵州、四川三省的接壤地带，流域集水面积约 20 440 km^2，河长 440 余千米（阳帆 等，2023），天然落差 1 588 m（狄斐 等，2023），平均坡降约 3‰。赤水河流域气候地域差异较大，上段三岔以上为暖温带高原气候，气温稍低；中下游为四川盆地丘陵地带，则具有盆地亚热带湿润气候的特点，河谷内气温较高。流域内年降雨量一般为 700～1 100 mm，主要集中于 6～9 月（约占全年的 70%）。中、下段暴雨强度及发生次数都超过上段。暴雨中心日降雨量常可超过 100 mm。实测的 24 h 大暴雨记录有：1972 年习水县官店站 242.5 mm，相邻的桐梓县楚米站 183.5 mm。暴雨后径流汇集较快，洪水陡涨陡落，一般暴雨持续时间不长，在赤水站多数形成复式峰，如遇持续暴雨，上、下段洪峰遭遇，则发生大洪水。如 1953 年 9 月 3 日～9 月 6 日毕节县大河口站 1 日降雨量 94.6 mm，3 日降雨量 140.3 mm，仁怀市连续 3 日降雨量 129.9 mm，下段赤水市等地降雨量也在 50 mm 以上，造成自茅台以下干流的历年实测最大洪水，9 月 6 日赤水站洪峰水位 236.99 m，相应洪峰流量 9 890 m^3/s。据调查历史最大洪水发生在 1918 年，水位 237.68 m，推算流量 10 700 m^3/s。截至目前，赤水河干流未建水电站，部分支流建有中小型水电站。

2. 分布式新安江模型应用研究

1）传统新安江模型结构与原理

新安江模型是 20 世纪 60～70 年代由赵人俊教授领衔的科研团队创建的，80 年代新安江模型逐渐趋于成熟，形成了完整的三水源新安江模型的基本理论体系和模型结构，具有自主知识产权，是中国水文学科领域最具原创性的成果。多年来，新安江模型已获得了国内外的普遍认可，被世界气象组织纳入了水文业务计划，并广泛应用于亚洲、欧洲、美洲等地区。

（1）模型结构。新安江模型总体结构可分成三个部分：产流计算、分水源和汇流。三者基本上是相互独立的，由降雨、蒸发和土壤含水量计算出径流量，采用自由水蓄水量模拟的方法，将径流量分成地表水、壤中流和地下水三种水源。由于三种水源汇流过程中所通过的介质不同，具有不同的汇流特性，汇流过程可分为三个阶段，即单元面积内坡面汇流、单元面积内河网汇流、单元面积出口至流域出口断面的河道汇流。

（2）模型原理。新安江（三水源）模型中的蒸散发计算采用三层蒸发模式，它的输入是蒸发皿实测水面蒸发，经折算系数 K 折算成流域蒸散发能力。采用张力水蓄水容量（WM）的变化过程来描述蒸散发过程，蓄水容量分上、下、深三层，即 WUM、WLM、WDM。蒸散发按照先上层后下层的次序进行计算。

新安江模型产流量计算采用了蓄满产流概念，即当包气带的含水量达到田间持水量后开始产流。未达到田间持水量时不产生径流，所有的降雨都被土壤吸收，成为张力水。上述产流机制是针对流域上某一点而言的。一般来说，流域内各点的蓄水容量的空间分布是不均匀的。因此，新安江模型将其概化为一条抛物曲线。

新安江（三水源）模型采用自由水蓄水库进行水源划分，自由水蓄水库设置两个出口，其各有一个出流系数。产流量进入自由水蓄水库内，通过两个出流系数以溢流的方式将径流分成地表径流、壤中流和地下径流。

新安江模型坡地汇流采用线性水库进行演算，河网汇流采用滞后演算法，河道汇流根据河道地形和资料情况可选用马斯京根法或水力学法。

（3）传统新安江模型的不足。①蒸散发采用三层蒸发模式，以实测蒸发皿蒸发作为输入，通过蒸散发折算系数 K 折算成流域蒸散发能力（潜在蒸散发）。然而，流域内蒸散发站数量较少，加之下垫面条件各异，使得蒸散发能力输入代表性不足。实时洪水预报中，蒸散发能力通常按多年均值或多年同期均值处理，缺乏对未来情景的预报能力，尤其是当未来一段时间为无雨期时，蒸散发能力差异对产流量的影响较大。②流域平均张力水蓄水容量是指流域平均缺水状态。传统新安江模型以单元面积为基本单元，计算产流量，将单元面积内的 WM 看作均一值来处理。而 WM 受土壤特性、地形等多种因素影响，理论上应该是具有空间异质性的一个参数。③滞后演算。滞后演算参数 LAG 和 CS 分别代表洪水波的平移和坦化，该参数为新安江模型的敏感参数，实际应用中多为人工率定获得，在无资料地区具有一定局限性。

2）分布式新安江模型理论依据

（1）流域平均张力水蓄水容量。流域平均张力水蓄水容量反映流域平均的最大可能缺水量，代表流域蓄满的标准。所谓蓄满，是指包气带的土壤含水量达到田间持水量。根据定义，其传统求解公式可表示为

$$\text{WM} = (\theta_f - \theta_r) \times L$$

式中：WM 为张力水蓄水容量，mm；θ_f 为田间持水量，%；θ_r 为凋萎含水量，%；L 为包气带厚度，mm。由上式可知土壤中的田间持水量、凋萎含水量和包气带厚度将直接影响着张力水蓄水容量的大小。从土壤层面上说，田间持水量是指土壤中毛管悬着水达到最大时的土壤含水量，而毛管水的含量和移动速度取决于土壤质地、结构、土体构造等能影响土壤孔隙状况的因素和地下水的深度等。

（2）蒸散发能力（潜在蒸散发）。使用气象数据求解蒸散发能力有两大基本方法：地表能量平衡方程和空气动力学方法。每个方程使用的方法不同，并且当使用典型的气象数据如太阳辐射、气温、水汽压和风速求解时很困难。彭曼根据水面蒸散发的形成机理，同时考虑热量平衡和水汽扩散，将这两种方法合二为一，得出只用标准气象数据就能求解水面蒸散发量的彭曼公式（Allen et al.，1998）。

彭曼公式作为最常见的蒸散发能力计算公式，其输入包括太阳辐射、气温、相对湿度和风速，公式如下：

$$E_0 = \frac{\Delta}{\Delta + \gamma} R_n + \frac{\gamma}{\Delta + \gamma} E_a$$

式中：Δ 为饱和水汽压-气温曲线的斜率；R_n 为地表的净辐射通量，MJ/（m²·d）；γ 为干湿表常数，当温度以摄氏度（℃）、水汽压以千帕（kPa）为单位时，$\gamma = 0.066$；E_a 为水面附近的空气干燥力，MJ/（m²·d）。从上式可以看出，彭曼公式由两部分加权所得，其中，第一部分为水体吸收净辐射热量引起的蒸发，第二部分为风速和饱和差引起的蒸发。

（3）河网汇流。滞后演算参数 LAG 和 CS 取决于河网的地貌条件，与河道比降、河长和河道断面等因素有关，因此可通过与单元面积平均坡度、平均汇流长度建立相关关系来推求。

（4）分布式新安江模型结构。以传统新安江模型理论为基础，保留传统新安江模型中蓄满产流、分水源、分阶段汇流的经典方法，以流域内 DEM 栅格作为计算单元进行产汇流计算。提取流域信息（如平均坡度、河长等），构建网格间拓扑关系，根据流域平均蓄水容量理论公式和彭曼蒸散发原理获得网格内张力水蓄水容量和蒸散发能力，以时空插值后的网格降雨作为输入，进行产汇流计算。模型采用网格-单元面积-产汇流分区相互嵌套的产汇流计算框架，既保证了水量平衡，又充分利用了基于栅格的水文气象和下垫面数据，能够更加真实地模拟水文过程。分布式新安江模型结构如图 4.2 所示。

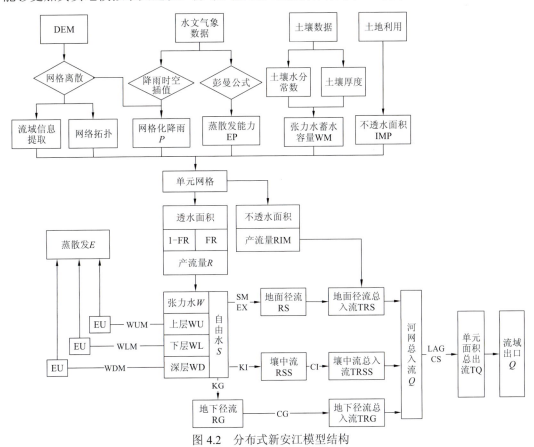

图 4.2　分布式新安江模型结构

FR 为不透水面积比例；SM 为自由水容量；EX 为流域自由水容量分布曲线指数；KI 为壤中流出流系数；

CI 为壤中流消退系数；KG 为地下水出流系数；CG 为地下水消退系数

3）分布式新安江模型构建

（1）数据源。分布式新安江模型构建所需数据主要有土壤厚度、土壤属性、土地利用、DEM、水文气象等。

（2）下垫面信息提取。基于 DEM 提取了渠江流域、赤水河流域的数字流域信息，并在此基础上构建了分布式新安江模型，主要过程包括 DEM 预处理、网格剖分、单元格流向确定、集水面积计算、数字河网提取、子流域划分、WM 计算等。

（3）模型参数率定与验证。渠江流域以罗渡溪站作为出口控制站，赤水河流域以赤水站作为出口控制站，进行模型参数率定。

4）精度评定

由于渠江流域大部分雨量站报汛时间为汛期（4～10 月），且报汛站网逐年更新，特别是随着中小河流治理、山洪灾害防治等项目的开展，近年来站网数量有较大程度的提高，但报汛质量参差不齐，经汛前对渠江流域雨量报汛站网的梳理，最终确定了模型计算所采用的站网，通过空间插值等方法得到了渠江流域各网格的降雨量。同时，渠江流域部分水文站报汛资料较差，如凤滩站、巴中站等站有缺报或报汛流量为零的情况，且持续时段较长，罗江站、静边站等站在小流量级时流量日波动较大，草街水库对罗渡溪站有一定的顶托作用，这些都给模型率定带来了较大难度。下面以渠江流域出口控制站罗渡溪站的模拟情况为例进行说明。

罗渡溪站为渠江流域出口控制站，2010～2016 年分布式新安江模型模拟精度评价结果见表 4.2。由表 4.2 中结果可见，除 2015 年和 2016 年模拟效果较差外，其余各年对水量和过程的模拟均较为出色，相对误差在 ±15% 以内，纳什效率系数在 0.8 以上。2015 年和2016 年模拟效果较差，主要原因为 2015 年和 2016 年来水量级较小，而模型率定时偏大水考虑，导致 2015 年和 2016 年模拟的洪峰较为尖瘦。

表 4.2　罗渡溪站模拟精度评定

年份	实测平均流量/（m³/s）	模拟平均流量/（m³/s）	相对误差/%	纳什效率系数
2010	2 390	2 110	−12	0.87
2011	2 310	2 150	−7	0.82
2012	2 360	2 000	−15	0.84
2013	1 390	1 480	6	0.89
2014	1 810	1 870	3	0.82
2015	767	817	7	0.70
2016	559	721	29	0.60

根据赤水站实测径流资料的有效性，选取 2010～2013 年作为模型参数率定期，取2014～2016 年作为模型参数验证期。赤水站为赤水河流域出口控制站，2010～2016 年分布式新安江模型模拟精度评价结果见表 4.3。由表 4.3 中结果可见，除 2011 年模拟效果较差外，其余各年对水量和过程的模拟精度尚可，相对误差在 ±20% 以内，纳什效率系数在 0.60 以上。

表 4.3　赤水站模拟精度评定

年份	实测平均流量/（m³/s）	模拟平均流量/（m³/s）	相对误差/%	纳什效率系数
2010	288	254	−12	0.90
2011	89.9	99	10	0.66
2012	442	366	−17	0.79
2013	158	163	3	0.66
2014	533	446	−16	0.91
2015	339	286	−16	0.69
2016	300	330	10	0.72

　　此外，本小节还对比分析了不同网格大小对分布式新安江模型水文过程模拟的影响，结果表明这种影响并不十分明显，在此不再赘述。

　　2010 年和 2011 年罗渡溪站模拟过程见图 4.3、图 4.4，2014 年和 2016 年赤水站模拟过程见图 4.5、图 4.6。

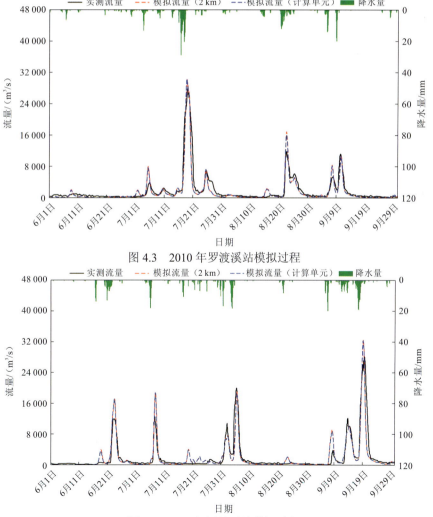

图 4.3　2010 年罗渡溪站模拟过程

图 4.4　2011 年罗渡溪站模拟过程

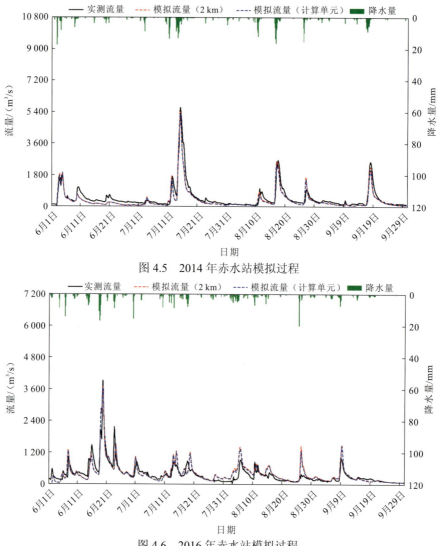

图 4.5　2014 年赤水站模拟过程

图 4.6　2016 年赤水站模拟过程

3. DDRM 应用

1）模型结构与原理

DDRM 的主体结构可分为两部分：栅格产汇流模块和河网汇流模块，具体结构如图 4.7 所示。模型的产流机制为蓄满产流，以 GIS 为支撑平台，通过 DEM 提取河网水系、划分子流域、计算地形指数等，并采用土壤蓄水能力作为模型参数来反映流域土壤特征。模型假设各栅格的土壤蓄水能力和对应的地形指数有关，即通过地形指数值来反映栅格的蓄水能力的空间异质性。

（1）水文物理过程概化。DDRM 假定每个栅格是具有物理意义的单元流域，各个单元流域有自己的物理特性数据，包括高程、坡度、地形指数等数据和降雨量。在 DEM 的每个栅格上，假设有三种不同的蓄水单元：地下土壤、地表和河道。

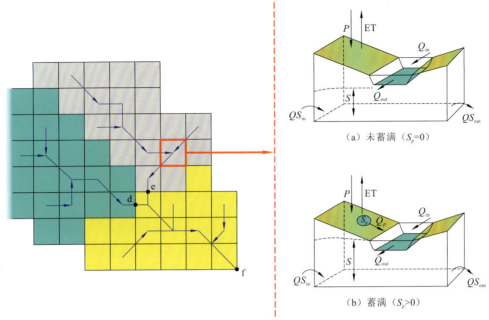

（a）未蓄满（$S_p=0$）

（b）蓄满（$S_p>0$）

图 4.7　DDRM 物理过程

　　模型假定流域产流机制为蓄满产流，降雨 P 落在地表后会直接进入地下土壤，土壤水通过某种机制流出当前栅格，在地形坡度的作用下沿着坡向流向其他栅格。对于任一栅格 i，其地下土壤的蓄水能力用 $S_{mc,i}$ 来表示，而实际蓄水量用 S_i 表示。流域各个栅格的土壤的蓄水能力可能是均匀的，也可能是非均匀的。为了充分考虑到不同的情况，假设各点的土壤蓄水能力 $S_{mc,i}$ 和对应的湿度指数 $\ln(\alpha/\tan\beta)_i$ 有关，采用如下的非线性关系式来表示：

$$S_{mc,i} = S_0 + \left[\frac{\ln(\alpha/\tan\beta)_i - \min\{\ln(\alpha/\tan\beta)_{j/j\in N}\}}{\max\{\ln(\alpha/\tan\beta)_{j/j\in N}\} - \min\{\ln(\alpha/\tan\beta)_{j/j\in N}\}}\right]^n \cdot \mathrm{SM}$$

式中：i 表示栅格空间位置；S_0 表示全流域最小蓄水能力，可取一常数；SM 表示全流域蓄水能力变化幅度；n 为经验指数，需优选，当 $n=0$ 时，$S_{mc,i}$ 就与湿度指数无关，变成全流域均匀分布；N 表示所有栅格空间位置。

　　对某些低洼处的栅格 i 而言，在某一时刻汇入土壤的水量会超过其缺水量。在这种情况下，假设来水量在使得土壤蓄满后，剩余部分就会冒出地面形成地表水，浅层地表水体积记为 $S_{p,i}$，如图 4.7（b）所示（$S_p>0$）。浅层地表水在重力作用下会产生坡面流，记其流量为 $Q_{p,i}$，假设栅格的坡面流全部从两侧汇入栅格内微河道。土壤水没有蓄满时的栅格示意图如图 4.7（a）所示（$S_p=0$）。此时只产生地下水出流，不产生浅层地表径流。

　　栅格单元上的每段河道，其水文属性可以用上下游断面处的流量来描述，分别记为 Q_{in} 和 Q_{out}。通常采用 D8 算法来确定栅格水流方向，因此栅格上游流量 Q_{in} 实际上是相邻上游栅格 j 流向当前栅格 i 的河道出流量之和，即

$$Q_{in,i} = \sum_{j\to i} Q_{out,i}$$

　　栅格河道的水流通过河道洪水演进，直到流域出口，由此形成流域出口的径流过程系列。

（2）栅格单元产汇流。栅格内的蒸散发、地下水出流、土壤水量平衡方程、坡面流计算，以及栅格河道流量演算如下所述。

一是蒸散发。蒸散发是水由于吸热由液态或固态转化成水汽从而向空中扩散的过程，包括水面蒸发、土壤蒸发和植物蒸腾。栅格单元的实际蒸散发量为栅格的蒸散发能力值乘以一个比例系数，该比例系数为栅格土壤的蓄水量与其蓄水能力的比值。

二是地下水出流。与土壤蓄水量有关的物理量还有地下水入流 QS_{in} 及地下水出流 QS_{out} 。其中， QS_{in} 是比当前栅格高程更高的各个相邻栅格的地下水出流之和。 QS_{out} 的计算公式如下：

$$QS_{out,i} = \frac{\max\left\{(S_i - ST_i), 0\right\}}{T_s} \times [\tan(\overline{b_i})]^b$$

式中：ST_i 为地下水出流门限值；T_s 为时间常数，反映地下水水流特性，需要优选；$\tan(\overline{b_i})$ 为栅格平均坡度；b 是一个经验指数，反映地形坡度对土壤水出流的作用，需要优选。

三是土壤水量平衡方程。对于某一个栅格下的地下土壤来说，其输入有降雨 P 和地下水入流 QS_{in}，而输出包括蒸散发 ET 和地下水出流 QS_{out} 。不考虑河道水流的影响，土壤水量平衡方程可以写作：

$$S_i(t) = S_i(t - \Delta t) + [P_i(t) - ET_i(t)] \times \Delta A \times \Delta t + [QS_{in,i}(t) - QS_{out,i}(t)] \times \Delta t$$

式中：$P_i(t)$ 为当前时段的降雨量，mm；$ET_i(t)$ 为当前时段的蒸散发量，mm；$QS_{in,i}(t)$ 为当前时段栅格土壤地下水入流量，mm；$QS_{out,i}(t)$ 为当前时段栅格土壤地下水出流量，mm；$S_i(t - \Delta t)$、$S_i(t)$ 分别为上一时段和当前时段的地表水量，mm；ΔA 为栅格单元的面积；Δt 为计算时段长。

若计算出来的土壤蓄水量 $S_i(t)$ 大于该点的土壤蓄水能力 $S_{mc,i}$，则可以认为超出地表的地下水会冒出地面变成浅层地表水，浅层地表水体积就会增加，计算公式为

$$S_{p,i}(t) = S_{p,i}(t - \Delta t) + \max\{[S_i(t) - S_{mc,i}], 0\}$$

式中：$S_{p,i}(t - \Delta t)$、$S_{p,i}(t)$ 分别为上一时段和当前时段的浅层地表水体积。

四是坡面流计算。浅层地表水在重力的作用下会产生坡面流，从两侧逐渐汇入河道。采用线性水库方法来计算坡面流流量：

$$Q_{p,i} = S_{p,i} / T_p$$

式中：T_p 为一时间常数，反映浅层地表水流特性，需优选。

五是栅格河道流量演算。栅格上的每段河道的流量演算均采用马斯京根法，即

$$Q_{out,i}(t) = c_1 Q_{in,i}(t) + c_2 Q_{in,i}(t - \Delta t) + (1 - c_1 - c_2) Q_{out,i}(t - \Delta t)$$

式中：c_1 和 c_2 为马斯京根汇流参数，取值都在 0 到 1 之间。在坡面流 $Q_{p,i}$ 存在的情况下，上面的公式可变为

$$Q_{out,i}(t) = c_1 [Q_{in,i}(t) + Q_{p,i}(t)] + c_2 [Q_{in,i}(t - \Delta t) + Q_{p,i}(t - \Delta t)] + (1 - c_1 - c_2) Q_{out,i}(t - \Delta t)$$

（3）水文网络模型是地理信息系统对流域实际河网水系的一种规范化描述，它采用拓扑关系来确定流域水流的空间聚合和分散，有助于准确地模拟流域上水流的时间和空间分布。在分布式流域水文模型的实际应用中，如果流域面积较大，一般将流域划分为若干个

子流域，在每个子流域上分别进行栅格产汇流计算得到子流域出口流量，然后根据所建立的流域水文网络模型进行流域河网汇流演算。

河网汇流演算是由各个河段的汇流演算所组成的。对于每个河段而言，可以采用马斯京根法将河段上游节点的入流过程 $I(t)$ 演算至下游节点的出流过程 $Q(t)$，计算公式为

$$Q(t) = hc_0 Q(t-1) + hc_1 I(t) + hc_2 I(t-1)$$

式中：hc_0、hc_1 和 hc_2 为河网马斯京根汇流参数，取值都在 0 到 1 之间。

2）模型参数

DDRM 参数可以分为两大类：产流参数和汇流参数。产流参数包括 S_0、SM、T_s、T_p、α、b 和 n，汇流参数包括栅格间汇流参数 c_i ($i = 0,1,2$) 和河道汇流参数 hc_i ($i = 0,1,2$)，其物理意义及取值范围如表 4.4 所示。

表 4.4　DDRM 参数

参数	范围	单位	描述
S_0	5~50	mm	全流域栅格土壤最小蓄水能力
SM	5~500	mm	全流域栅格土壤蓄水能力变化幅度
T_s	2~200	h	时间常数，反映地下水出流特性
T_p	2~200	h	时间常数，反映浅层地下水坡面流特性
α	0~1	—	经验参数，反映地下水出流特性
b	0~1	—	经验参数，反映坡度对地下水出流的影响
n	0~1	—	经验参数，反映土壤蓄水能力 S_{mc} 与对应湿度指数 $\ln(\alpha/\tan\beta)$ 之间的非线性关系
hc_i ($i = 0, 1, 2$)	0~1	—	子流域之间河道汇流马斯京根参数，$hc_0 + hc_1 + hc_2 = 1$

3）模型构建

数据源同分布式新安江模型，基于 DEM 提取了渠江流域、赤水河流域的数字流域信息，并在此基础上构建了 DDRM。主要过程包括 DEM 预处理、单元格流向确定、集水面积计算、数字河网提取、子流域划分、地形指数计算等。

4）参数率定与验证

渠江流域以罗渡溪站作为出口控制站，赤水河流域以赤水站作为出口控制站，进行模型参数率定。渠江流域选取 1981~2009 年 35 场次洪水进行模型率定，选取 2010~2016 年 17 场次洪水进行模型验证。赤水河流域选取 2010~2013 年 9 场次洪水进行模型率定，选取 2014~2016 年 9 场次洪水进行模型验证。

5）模型精度评定

2010~2015 年罗渡溪站 DDRM 模拟精度评价结果见表 4.5。由表中结果可见，与分布式新安江模型类似，罗渡溪站 DDRM 除 2015 年和 2016 年模拟效果较差外，其余各年对水量和过程的模拟均较好，相对误差在 ±20% 以内，纳什效率系数均在 0.80 以上。2015 年和 2016 年罗渡溪站模拟效果较差，主要原因为 2015 年和 2016 年来水量级较小，而模型率定时偏大水考虑，导致 2015 年和 2016 年罗渡溪站模拟的洪峰较为尖瘦。

表 4.5　罗渡溪站模拟精度评定（网格大小 2 km）

年份	实测平均流量/（m³/s）	模拟平均流量/（m³/s）	相对误差/%	纳什效率系数
2010	2 390	2 030	−15	0.88
2011	2 310	1 970	−15	0.80
2012	2 360	2 060	−13	0.81
2013	1 390	1 240	−11	0.88
2014	1 810	1 670	−8	0.86
2015	767	840	10	0.66
2016	559	620	11	0.63

注：各年统计时段均为 7 月 1 日～10 月 1 日。

赤水站 DDRM 模拟精度评定成果见表 4.6。与分布式新安江模型类似，模型效果一般，相对误差在±20%以内（2010 年除外），纳什效率系数均在 0.60 以上。

表 4.6　赤水站模拟精度评定（网格大小 2 km）

年份	实测平均流量/（m³/s）	模拟平均流量/（m³/s）	相对误差/%	纳什效率系数
2010	288	221	−23	0.85
2011	89.9	103	15	0.63
2012	442	402	−9	0.68
2013	158	148	−6	0.69
2014	533	461	−14	0.85
2015	339	327	−4	0.60
2016	300	321	7	0.67

2010 年和 2011 年罗渡溪站 DDRM 模拟过程见图 4.8、图 4.9。

2014 年和 2016 年赤水站 DDRM 模拟过程见图 4.10、图 4.11。

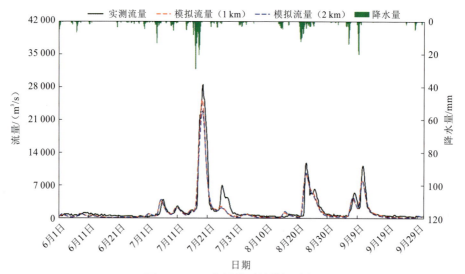

图 4.8　2010 年罗渡溪站模拟过程

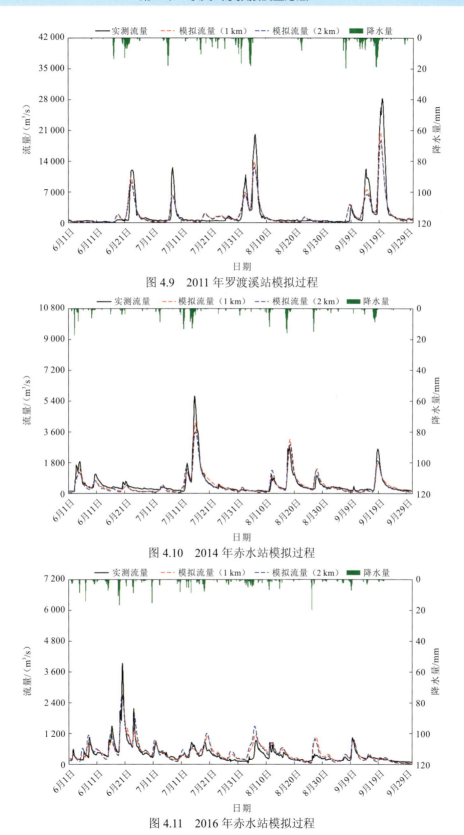

图 4.9　2011 年罗渡溪站模拟过程

图 4.10　2014 年赤水站模拟过程

图 4.11　2016 年赤水站模拟过程

4.2　定量降雨集合预报应用技术

4.2.1　定量降雨集合预报研究进展

定量降雨集合预报及旱涝长期预测都属于多尺度气象预报技术范畴。随着大气科学专业和气象业务现代化的迅速发展，数值天气预报技术也得到极大的提升，不同特性的数值模式预报产品也不断增多，预见期和预报精度取得显著的提高，数值天气预报技术已经成为日常降雨预报业务的主要应用依据。

在定量降雨集合预报中面对众多的数值模式预报最大的挑战是在有限的时间内如何提高对模式资料的使用效率，从而提高预报准确率。但由于数值模式受初值、物理过程、地形等多因素影响，数值预报产品存在一定的预报误差。对于预报业务而言，全面了解数值模式的性能是十分重要的，开展数值预报产品检验有利于加深对数值模式的认识，对不同数值预报产品的解释应用、适当选取合适的预报产品进行集成优化是提高数值预报产品使用效率和提高预报效果的关键技术之一。

数值预报产品的相关研究较多：肖红茹等（2013）对比了 T639、ECMWF 2 种模式预报产品性能的优劣；屠妮妮等（2009）对国家气象中心 T213、T639 全球模式，成都区域中心实时运行的 AREM、GRAPES 和 MM5 中尺度数值模式预报结果，通过对比分析了我国 9 个重要站点日降雨量的预报效果，发现各模式对我国西部城市降雨预报能力偏弱；付伟等（2010）对比了 JMA、T213、GRAPES、MM5、T639 和德国 6 种数值模式产品对芜湖市地面气温及降雨的预报效果；张宁娜等（2012）通过对 T639、T213、德国及 ECMWF 等数值预报产品在东北地区降雨预报中的应用检验，发现德国模式对东北地区晴雨和一般性降雨的预报效果较好；肖明静等（2013）分析了山东区域 MM5、WRF-RUC（WRF 快速循环同化系统）和 T639 3 种模式 24 h、48 h 累计降雨预报产品；高松影等（2011）对日本数值模式暴雨预报性能和误差进行检验和分析。关于数值预报产品对站点降雨预报效果检验和对比分析的研究较多，而对面雨量预报的检验和分析较少。

考虑大气的混沌特性，采用蒙特卡罗统计试验法从大气运动的随机性角度首次建立了集合预报方法。相对于单一的确定性预报，集合预报考虑了初值及模式的不确定性，可以发挥多成员预报的优势，提供包含不确定性的概率预报，提高数值预报的可用性。作为一种较新的数值预报技术，其本质是将确定性天气预报向大气变量的完全概率预报转变，为降雨预报、径流预报提供一种新思路和方法。经过几十年的重大发展，集合预报已经进入实际业务应用的成熟阶段，并在当今的数值天气预报中占据了越来越重要的地位，成为国际上公认的、最具有发展前途的、解决"单一"确定性数值预报的"不确定性"问题的新一代随机动力理论和方法。

构建集合预报的初衷，最主要是解决天气预报中的不确定性，包括初值的不确定性及模式物理过程参数化的不确定性。在使用集合预报产品之前，对预报产品进行客观评估仍然是获取有效的判别指标和提高预报水平的重要因素。近几年来，ECMWF 集合预报产品在气象预报业务中受到了极大的欢迎，特别是降雨预报产品，客观上为用户提供了降雨发生可能性的振荡范围，解决了预报员在降雨量级可能变化幅度上的"拍脑袋"问题。长江流域地形、气候背景复杂，各支流降雨时空分布极不均匀，数值预报产品对长江流域预报能力的客观评估很重要。相比于确定性预报，集合预报检验需要全面阐明预报的离散度（与参照系统的比较）、精确性（与实况观测频率偏差的大小）及实用性（在风险评估等领域的应用）。中国是世界上较早开展集合预报系统研发的国家之一，在使用集合预报产品之前，对预报产品进行客观评估仍然是获取有效的判别指标和提高预报水平的重要因素。

1992 年，随着大规模并行计算的发展，美国国家环境预报中心（National Centers for Environmental Prediction，NCEP）和 ECMWF 先后把集合预报系统投入业务运行。相比之下，我国起步稍晚，于 1999 年建立了基于国产神威计算机的集合预报业务系统，2005 年底建立并运行在全球 T213L31 模式基础上的全球集合预报系统，2014 年 8 月升级为 T639 全球集合预报系统（制作全球模式 1～15 天集合预报），目前我国自主研发的 GRAPES 全球集合预报系统已正式投入业务运行。

将不同模式和不同成员的预报输出组成集合预报的方法已经被广泛应用于气象及其他领域，如取集合成员的算术平均。近 20 年来，与简单的算术平均相比，发展了许多复杂方法对集合成员构建不同权重或者偏差订正，如线性回归、贝叶斯平均、人工神经网络、非线性回归和时间变化权重偏差订正方法。目前集合预报技术在中国处于快速发展阶段，主要包括利用初值扰动和模式扰动技术来减小初值和模式本身带来的误差。基于集合概率方法预报中国天气的研究也颇多，例如：夏凡和陈静（2012）利用中国 T213 集合预报系统资料研究极端低温的预报方法，能提前 3～5 天预报出极端低温；刘琳等（2013）基于同样的集合预报系统，研究中国极端强降雨的预报方法，结果表明，该方法能提前 3～7 天发出极端强降雨的预警信号。同时，集合预报也可以通过集合成员，利用度量概率预报技巧的方法，给出我们所关心的事件发生的概率信息。因此，集合预报的发展在现代业务数值预报体系中蕴含着巨大潜力，对集合预报产品在长江流域的使用方法研究具有重要的研究意义和实际应用价值。

长期降雨预报方法主要是统计方法和动力气候模型，未来动力气候模型是研究发展的趋势。建立旱涝概念性物理模型是长期预测中常用的方法之一，也是最基础的统计。本章引进新的奇异值法广泛分析计算，尝试找寻对上游降雨有显著影响的气候因子及其模态分布，更重要的是第一次采用大数据分析的思想，将各种类型海量信息数据进行清洗、动态抽取和整理集成，提取出一定长度的历史序列数据实体，应用大数据分析技术中的关联、聚合、相关、相似等分析各对象属性与方法间的关联状态或相关关系，提取与长江上游降雨长期预测有一定应用价值的突出信号或高相关关系的气候因子特征。

在计算机性能不断提升、全球范围观测技术不断加强的背景下，气候数值模式有了极大的发展。目前所使用的大多数区域气候模式都是以美国国家大气研究中心（National Center for Atmospheric Research，NCAR）和宾夕法尼亚州立大学联合研制的中尺度模式 MM5 为基础，尤其是 RegCM 系列模式得到了广泛的发展和应用。RegCM 已经发展到 RegCM4.6，包括新的对流、微物理、辐射、边界层及地面过程等参数化方案，是我国目前应用最广的区域气候模式。另外，NCAR 研制的中尺度预报模式，即 WRF 模式，考虑到 WRF 模式动力框架和物理过程等新的设计及并行计算效率和新模块的便捷加入，Jiang 等

（2021）研发用于区域气候研究的新一代 CWRF 模式，CWRF 模式拥有 WRF 模式的所有功能，既可用于数值天气预报，又能用于气候模拟。

4.2.2　定量降雨集合预报方法

本小节根据长江流域地形、气候特点，选取典型流域进行定量降雨集合预报应用研究，分析集合预报产品在长江流域应用的可行性。另外，结合现有的多家数值模式产品（确定性预报），采用多数值模式预报产品综合集成订正和优化，改进和完善对长江流域数值预报产品的解释应用水平，研究技术路线如图 4.12 所示。

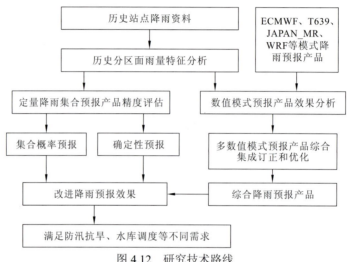

图 4.12　研究技术路线

（1）收集整理长江流域 1961 年以来的历史站点降雨资料，将长江流域按重要水库节点和水系进行分区，建立各分区历史月、季、年面雨量资料序列，利用统计学的方法找出长江流域各分区面雨量年内、年际变化特征，同时分析各分区汛期连阴雨日数、蓄水期少雨日数、全年大雨或暴雨日数等特征或变化趋势。

（2）收集近 2～3 年多种国内外数值预报产品，如 ECMWF、T639、JAPAN_MR、WRF等可获取的降雨预报产品，采用不同的评价指标，分析不同分辨率的数值预报产品对长江流域各分区降雨预报的效果，分析定量降雨集合预报的误差及特征，评估不同数值模式预报产品的可利用度。

（3）选择长江上游重要分区，基于现有多种数值模式确定性定量降雨集合预报产品的检验分析，根据定量降雨集合预报前期的评价得分对不同的模式预报结果给予动态权重系数，实现各分区短中期降雨预报的多模式预报产品动态集成，建立一套融合或集成多种数值预报产品的综合降雨预报结果应用方案，最终给出由多个模式结果集成的各分区确定性单一预报值。

（4）集合预报技术一般是采用同一个数值模式对不同的初始场进行多次不同扰动，积分得到同一预报时效内的多个预报结果；也可以是对同一模式中的物理过程参数方案进行不同的组合而得到；也有一些是采用多个不同的数值模式进行预报，从而得到针对同一预报对象的一组不同预报结果集合。集合预报成员的多样化使得可能实现对降雨预报不确定性的估计。利用中国气象局（China Meteorological Administration，CMA）、欧洲中期天气预报中心等单位或机构提供的定量降雨集合预报产品，通过数据处理、分析，对不同的定量降雨集合预报产品进行评估。首先对定量降雨集合预报产品进行分区概率预报，给出每个分区不同等级降雨的概率预报；其次将定量降雨集合概率预报通过一定的信度检验转变成确定性预报，将每个区间最大概率等级的预报作为该区的降雨等级预报或通过集成的方法把集合预报转化成单一值预报。研究定量降雨集合预报产品在长江流域的应用可行性，探索提高或改进降雨预报服务效果的新途径。

4.2.3　长江流域定量降雨集合预报构建

1. 历史降雨资料收集

1）历史雨量资料序列

雨量资料是防汛决策的重要依据，长期以来，气象与水文部门雨量监测数据处理存在不一致，给决策服务带来了极大不便，迫切需要气象与水文雨量数据实现统一。本小节通过收集长江流域 1961 年以来历史降雨资料，对其进行系统的质量控制和均一性检验；参考气象和水文部门的统计方法，统计长时间序列站点和区域（流域）降雨的多年平均值；分析不同站网密度的降雨数据空间代表性；得到长江流域统一的 39 个子分区、11 个子分区的具有代表性长期面雨量资料序列。

主要目标是完成历史降雨资料的收集、加工处理、质量控制，按照水文预报需求将长江流域分成 39 个子分区，计算流域及分区雨量的日、旬、月、季、年等多年值和均值，分析不同站网密度降雨数据的时空代表性，建立长江流域气象、水文历史降雨资料产品集，其中产品集分别为 1961～2017 年长江流域历史降雨资料及再加工产品，包括站点、分区面雨量值、多年平均值等。

2）资料具体情况

经统计，截至 2017 年，共收集长江流域气象、水文部门共 19 823 个降雨观测站点信息，气象站共 19 689 个（国家气象站 701 个、区域气象站 18 988 个），水文站共 134 个。所收集的资料按来源及应用方式分为国家气象站历史降雨资料、区域气象站历史降雨资料、水文站历史降雨资料。

通过收集长江流域气象站点信息，分析了长江流域内国家气象站建站的时间和范围，1951 年国家气象站仅有 58 个站，1961 年有 646 个站，1961 年后国家气象站数量趋于稳定。区域气象站大规模建设始于 2005 年，近年来逐步稳定。由于区域气象站为无人值守站，且部分区域气象站站点地处偏远，交通不便，维护较难，数据质量相较于国家气象站略偏低，所以区域气象站暂不纳入历史资料研究。但区域气象站站网密度较高，因此可利用区域气象站进行站网代表性研究。

长江流域水文站降雨日值资料最早始于 1880 年，20 世纪 50～60 年代后气象站站点数稳定在 60 个站左右，60～70 年代上升至 70 个站左右，70～90 年代稳定在 80 个站左右，

2004 年气象站站点数稳定在 100 个站以上。根据分析，最终选取 1961～2017 年 701 个国家气象站和 134 个水文站历史降雨资料作为基础数据。

根据支撑水旱灾害防御水情业务要求，基于河流水系及重要水库节点将长江流域划分为 39 个子分区，具体分为金沙江上游、金沙江中游、金沙江下游、雅砻江、岷江、沱江、嘉陵江、涪江、渠江、向寸区间①、乌江上游、乌江中游、乌江下游、寸万区间②、万宜区间③、清江、江汉平原、澧水、沅江、资江、湘江、洞庭湖区、陆水、石泉以上、石白区间④、白丹区间⑤、丹皇区间⑥、皇庄以下、鄂东北、武汉、修水、赣江、抚河、信江、饶河、鄱阳湖区、长下干⑦、滁河、青弋水阳江。

长江流域各子流域中面积最大的为金沙江上游流域，约为 216 366.80 km²，占长江流域面积的 12.08%，面积最小的为陆水，约为 3 331.28 km²，占长江流域面积的 0.19%（表4.7）。

表 4.7　长江流域各子流域面积一览表

序号	流域名称	面积/km²	占比/%	序号	流域名称	面积/km²	占比/%
1	金沙江上游	216 366.80	12.08	21	湘江	82 799.67	4.62
2	金沙江中游	43 724.50	2.44	22	洞庭湖区	46 572.34	2.60
3	金沙江下游	71 686.69	4.01	23	陆水	3 331.29	0.19
4	雅砻江	127 836.20	7.14	24	石泉以上	23 592.76	1.32
5	岷江	134 731.10	7.52	25	石白区间	33 662.47	1.88
6	沱江	19 825.39	1.11	26	白丹区间	37 220.60	2.08
7	嘉陵江	90 798.89	5.07	27	丹皇区间	44 919.68	2.51
8	涪江	28 880.39	1.61	28	皇庄以下	16 351.69	0.91
9	渠江	37 742.88	2.11	29	鄂东北	44 760.22	2.50
10	向寸区间	71 126.79	3.97	30	武汉	8 282.16	0.46
11	乌江上游	43 147.16	2.41	31	修水	13 418.29	0.75
12	乌江中游	25 420.01	1.42	32	赣江	81 071.21	4.53
13	乌江下游	15 147.35	0.85	33	抚河	15 706.81	0.88
14	寸万区间	23 535.78	1.31	34	信江	15 485.20	0.86
15	万宜区间	34 557.25	1.93	35	饶河	11 331.38	0.63
16	清江	15 649.64	0.87	36	鄱阳湖区	26 832.86	1.51
17	江汉平原	33 566.80	1.87	37	长下干	105 312.30	5.88
18	澧水	15 004.93	0.84	38	滁河	6 989.34	0.39
19	沅江	86 508.82	4.83	39	青弋水阳江	10 738.11	0.60
20	资江	26 831.45	1.51				

注：计算采用四舍五入，余同。

① "向寸区间" 即为向家坝至寸滩区间简称，余同；
② "寸万区间" 即为寸滩至万州区间简称，余同；
③ "万宜区间" 即为万州区至宜昌区间简称，余同；
④ "石白区间" 即为石泉至白河区间简称，余同；
⑤ "白丹区间" 即为白河至丹江口区间简称，余同；
⑥ "丹皇区间" 即为丹江口至皇庄区间简称，余同；
⑦ "长下干" 即为长江下游干流简称，余同。

2. 长江流域分区面雨量特征分析

1）不同分区面雨量年、季、月变化特征分析

（1）年面雨量。统计 1960～2017 年长江流域、长江上游和长江中下游的年面雨量，其中长江流域 30 年平均（1986～2015 年）面雨量值为 1 049.2 mm，长江上游为 829 mm，长江中下游为 1 322 mm。从年面雨量的年际变化来看（图 4.13），1960～2017 年长江流域年面雨量有弱的增加趋势（4.5 mm/10a），长江上游年面雨量有弱的减少趋势（-4.4 mm/10a），长江中下游年面雨量有较明显的增加趋势（15.5 mm/10a）。但从 2006 年以后三者的年面雨量均出现显著的增加趋势，平均每十年分别增加 191.3 mm、113.3 mm、287.5 mm，均通过 0.05 的信度检验。从振幅来看，1960～2017 年长江中下游年面雨量的年际振荡十分明显，而长江上游和长江流域年面雨量的年际振荡较小，这说明长江中下游更容易出现旱涝年的剧烈转换。

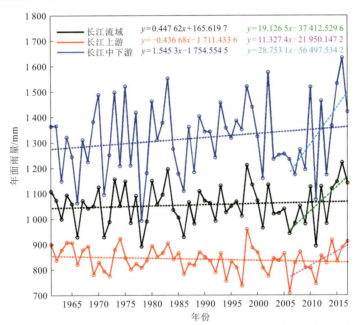

图 4.13　1960～2017 年长江流域、长江上游和长江中下游年面雨量变化

长江流域 39 个子分区中，长江上游、汉江上中游各子分区年面雨量基本在 1 000 mm 以下、长江中下游除汉江上中游外的其他子分区年面雨量大多在 1 000 mm 以上，长江中下游年面雨量明显高于长江上游。

1960～2017 年长江中下游各子分区的年面雨量主要呈增加趋势（表 4.8），长江上游各子分区的年面雨量则以减少趋势居多。具体而言，对于长江上游，除金沙江上游、雅砻江、渠江面雨量有弱的增加趋势外，其他子分区面雨量均呈减少趋势，其中沱江、涪江的面雨量有显著减少趋势，平均每十年分别减少 29.7 mm 和 27.0 mm。对于长江中下游，除清江、汉江上中游各子分区年面雨量有弱的减少趋势外，其他子分区面雨量均呈增加趋势，其中陆水、武汉、饶河、鄱阳湖区、长下干、滁河有显著增加趋势，平均每十年分别增加 40.7 mm、47.0 mm、50.2 mm、41.7 mm、36.4 mm、31.0 mm。

表 4.8　1960～2017 年长江流域 39 个子分区年面雨量变化特征

分区	年面雨量均值/mm	雨量变化趋势/（mm/10a）	显著性检验	分区	年面雨量均值/mm	雨量变化趋势/（mm/10a）	显著性检验
金沙江上游	574	4.6	0	湘江	1 460	16.9	0
金沙江中游	779	−6.1	0	洞庭湖区	1 444	23.9	0
金沙江下游	886	−6.0	0	陆水	1 607	40.7	90
雅砻江	766	6.0	0	石泉以上	840	−12.9	0
岷江	829	−6.2	0	石白区间	872	−1.8	0
沱江	867	−29.7	99	白丹区间	815	0.2	0
嘉陵江	773	−12.3	0	丹皇区间	833	−5.9	0
涪江	861	−27.0	99	皇庄以下	1 134	13.5	0
渠江	1 164	6.8	0	鄂东北	1 251	16.2	0
向寸区间	995	−8.3	0	武汉	1 294	47.0	90
乌江上游	1 073	−14.3	0	修水	1 636	34.4	0
乌江中游	1 169	−8.9	0	赣江	1 602	19.2	0
乌江下游	1 084	−12.1	0	抚河	1 804	34.1	0
寸万区间	1 125	−3.6	0	信江	1 898	45.6	0
万宜区间	1 110	−2.1	0	饶河	1 897	50.2	90
清江	1 339	−10.7	0	鄱阳湖区	1 654	41.7	90
江汉平原	1 210	13.0	0	长下干	1 260	36.4	95
澧水	1 413	1.8	0	滁河	1 061	31.0	90
沅江	1 317	3.7	0	青弋水阳江	1 553	34.6	0
资江	1 441	6.8	0				

注：年面雨量均值为 1986～2015 年面雨量均值，显著性检验中 0 表示没有通过显著性检验，90、95、99 分别表示通过 0.1、0.05、0.01 的信度检验，余同。

（2）季面雨量。按照长江流域的气候特征，将不同季节划分为汛期（4～10 月）、主汛期（6～8 月）和秋汛期（9～10 月）。

汛期和主汛期长江中下游的季面雨量明显高于长江上游，而秋汛期长江上游的季面雨量要高于长江中下游（表 4.9）。图 4.14 给出了 1960～2017 年长江流域、长江上游、长江中下游不同季节的变化特征：在汛期 4～10 月，长江中下游的季面雨量明显大于长江上游，从季面雨量的年际变化看，长江中下游有弱的增加趋势（5.9 mm/10a），长江上游有弱的减少趋势（−5.0 mm/10a），长江流域基本没有明显的年际变化趋势；在主汛期 6～8 月，长江中下游降雨同样明显高于长江上游，长江中下游的季面雨量有明显增加趋势（17.1 mm/10a），长江上游的季面雨量有弱的减少趋势（−3.1 mm/10a），长江流域的季面雨量则有弱的增加趋势（5.9 mm/10a）；在秋汛期 9～10 月，长江上游和长江中下游的季面雨量较为接近，从年际变化看，长江上游、长江中下游、长江流域的季面雨量均有减小的趋势，变化率分别为−2.3 mm/10a、−4.2 mm/10a、−3.1 mm/10a。

表 4.9　1986～2015 年长江流域、长江上游、长江中下游季面雨量均值统计（单位：mm）

季节	长江流域	长江上游	长江中下游
汛期	860	753	991
主汛期	480	443	525
秋汛期	164	170	156

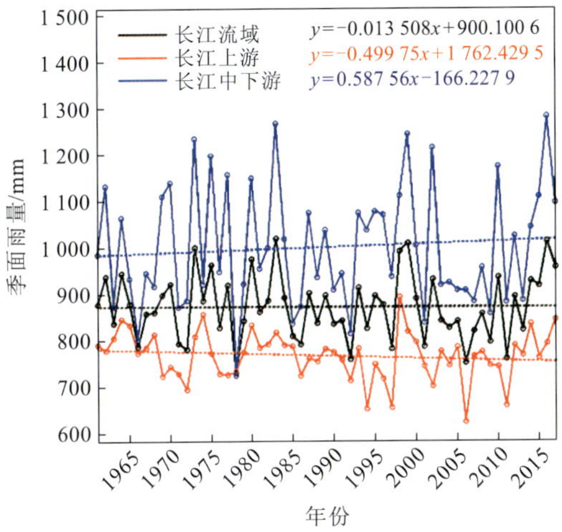

（a）汛期 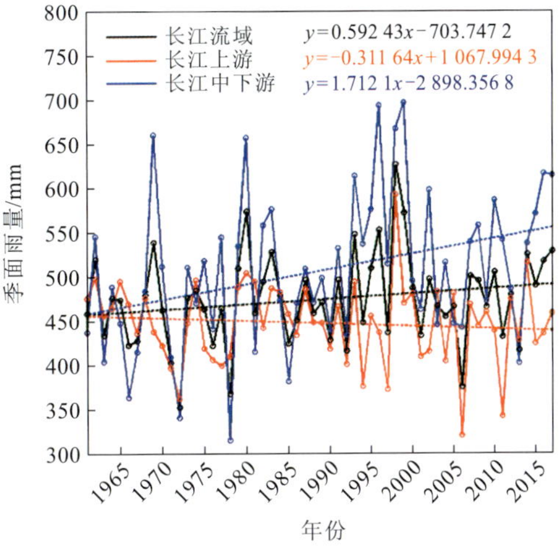　　　　　　　　　　（b）主汛期

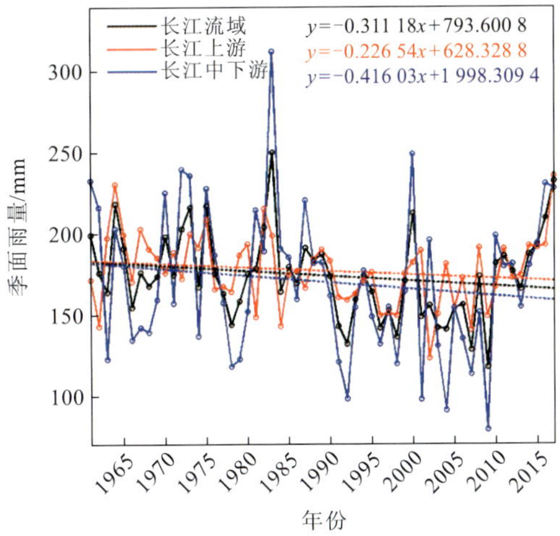

（c）秋汛期

图 4.14　1960～2017 年长江流域、长江上游、长江中下游季面雨量变化

　　流域内 39 个子分区汛期的季面雨量分布与年季面雨量分布特征较为类似。主汛期，长江上游各子分区季面雨量仍然以减少趋势为主，其中岷江、沱江、涪江有显著减少趋势，平均每十年分别减少 8.7 mm、18.4 mm、16.0 mm，而渠江则有显著增加趋势，平均每十年增加 18.9 mm。长江中下游各子分区季面雨量仍然以增加趋势为主，其中资江、洞庭湖区、武汉、修水、信江、饶河、鄱阳湖区、长下干、青弋水阳江有显著增加趋势，平均每十年分别增加 22.5 mm、21.7 mm、30.9 mm、27.3 mm、32.6 mm、41.4 mm、28.7 mm、31.3 mm、34.4 mm。秋汛期，长江上游和长江中下游各子分区季面雨量以减少趋势居多，其中长江

上游的沱江、涪江、乌江中游和乌江下游显著减少，平均每十年分别减少 8.8 mm、9.5 mm、7.6 mm 和 6.8 mm，长江中下游各子分区的季面雨量变化则不显著。

（3）月面雨量。图 4.15 从月尺度角度分析了长江流域各分区的面雨量变化。对于整个长江流域，多年平均和最小月面雨量极大值出现在 6 月，最大月面雨量极大值出现在 7 月。对于长江上游，多年平均和最小月面雨量极大值出现在 7 月，最大月面雨量极大值出现在 8 月。对于长江中下游，多年平均、最大、最小月面雨量极大值均出现在 6 月。此外，长江上游 9 月多年平均月面雨量依然维持在 120 mm 左右，而长江中下游均在 100 mm 以下，这说明长江上游容易出现秋汛。

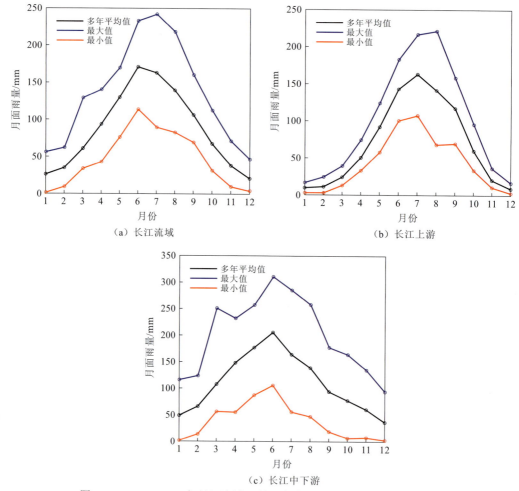

图 4.15　1960～2017 年长江流域、长江上游、长江中下游月面雨量变化

长江上游各子分区中，乌江、寸万区间的月面雨量极大值出现在 6 月，其余子分区月面雨量的极大值均出现在 7 月。长江中下游各子分区中，清江、汉江和滁河的月面雨量极大值出现在 7 月，其余大部分子分区月面雨量极大值出现在 6 月，湘江则出现在 5 月。这说明长江上游的雨季总体晚于长江中下游约一个月。

2）汛期连阴雨和蓄水期、枯水期无效降雨特征分析

（1）汛期（4～10月）连阴雨特征分析。连阴雨是指连续3日（3天，以下类同）及以上的阴雨天气现象（中间可以有短暂的日照时间）。连阴雨天气的日降雨量可以是小雨、中雨，也可以是大雨或暴雨。不同地区对连阴雨有不同的定义，一般要求雨量达到一定值才称为连阴雨。考虑到一定雨强的连阴雨过程才可能对流域径流产生影响，结合气象上对连阴雨天气的定义，本书中对长江流域的连阴雨定义为：长江上游各个分区连续5天及以上，日平均面雨量大于5 mm为一次连阴雨过程。

图4.16为长江上游15个子分区1960～2017年汛期的连阴雨过程统计图，从图中可以看出雅砻江流域的连阴雨过程次数最多达163次，金沙江下游及金沙江中游次之，分别为116次及114次，岷江、涪江、渠江、乌江上游及乌江中游均在70次以上，乌江下游为60次，嘉陵江、向寸区间、寸万区间及万宜区间均在50次以上，金沙江上游连阴雨过程次数最小，为30次，这说明金沙江中下游及雅砻江流域易发生连阴雨过程。根据长江上游15个子分区1960～2017年汛期且持续时间大于等于7天的连阴雨过程统计情况，雅砻江流域持续时间大于等于7天的连阴雨过程次数最多为71次，金沙江中游及金沙江下游次之，均为40次以上，涪江与渠江为20次以上，金沙江上游大于等于7天的连阴雨过程最少，仅为1次，说明金沙江上游不易发生持续时间较长的连阴雨过程，而雅砻江及金沙江中下游较易发生持续时间较长的连阴雨过程。雅砻江流域超过10天的连阴雨过程次数也达18次，且最长持续时间可达21天，说明雅砻江流域最易发生持续时间较长的连阴雨过程。

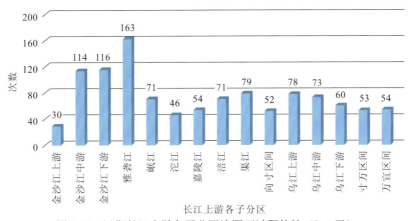

图4.16　汛期长江上游各子分区连阴雨过程统计（≥5天）

根据长江中下游24个子分区1960～2017年汛期的连阴雨过程统计情况，赣江的连阴雨过程次数最多（达209次），湘江、抚河次之（分别为139次和137次），沅江、资江、洞庭湖区、信江、饶河、鄱阳湖区的连阴雨过程在100～130次，清江、澧水、鄂东北、修水、长下干、青弋水阳江在70～100次，江汉平原、陆水、石泉以上、石白区间、白丹区间、皇庄以下、武汉在40～70次，丹皇区间和滁河连阴雨过程最少（分别为33次和31次）。图4.17给出了1960～2017年汛期长江中下游各子分区持续7天及以上的连阴雨过程统计情况，从图中可以看出，赣江持续7天及以上的连阴雨过程达58次，两湖水系其他子分区持续7天及以上的连阴雨过程也均在16次以上，汉江流域（石泉以上、石白区间、白丹区间、丹皇区间、皇庄以下）持续 7 天及以上的连阴雨过程较少，基本在 15 次以下，滁河持续 7 天及以上的连阴雨过程最少，仅为 3 次。根据各子分区持续 10 天以上的连阴雨过程统计情况，赣江超过 10 天的连阴雨过程次数达 17 次，饶河和抚河分别为 11 次和 10 次，而陆水、白丹区间、丹皇区间、滁河均为 0 次。以上统计结果说明，在长江中下游流域，赣江最易发生连阴雨过程且其连阴雨过程的持续时间长，两湖水系其他子流域同样是连阴雨过程的易发区，汉江流域是连阴雨过程的少发区，其中汉江丹皇区间和长江下游的滁河更是长江中下游流域连阴雨过程发生最少、持续时间最短的区域。

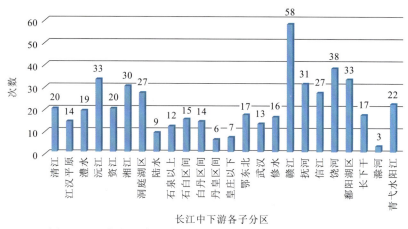

图 4.17　汛期长江中下游各子分区连阴雨过程统计（≥7 天）

（2）蓄水期（9～10 月）无有效降雨特征分析。无有效降雨是指连续 3 天及以上的无明显降雨天气，考虑到蓄水期需要一定量级的降雨才会对水库蓄水产生影响，结合气象上的定义，本书中对长江流域蓄水期的无有效降雨定义为：长江流域各子分区连续 5 天及以上，日平均面雨量小于 1 mm 为一次无有效降雨过程。

图 4.18 为长江上游 15 个子分区 1960～2017 年蓄水期（9～10 月，余同）的无有效降雨过程统计情况，从图中可以看出，万宜区间的连阴雨过程次数最多达 181 次，乌江中游和乌江下游次之，分别为 176 次和 161 次，渠江、寸万区间、乌江上游、沱江、金沙江上游、金沙江中游、金沙江下游、雅砻江、嘉陵江、涪江、向寸区间基本在 90～150 次，岷江最少，仅有 74 次。根据持续 7 天及以上的无有效降雨过程统计情况，与持续 5 天及以上的无有效降雨分布基本一致，万宜区间、乌江中游和乌江下游 7 天及以上的无有效降雨过程依然排在前三，分别为 104 次、96 次、87 次，岷江最少仅为 23 次。根据持续 10 天及以上的无有效降雨过程统计情况，金沙江中游、万宜区间、乌江中游的无有效降雨过程最多，分别为 40 次、39 次、36 次，岷江、向寸区间、嘉陵江的过程最少，分别为 6 次、7 次、8 次。以上分析说明，在长江上游流域，万宜区间、乌江中游最易发生无有效降雨，而金沙江中游则易发生持续时间较长的无有效降雨。

根据长江中下游各分区 1960～2017 年蓄水期持续 5 天及以上的无有效降雨过程统计情况，长江中下游各子分区蓄水期的无有效降雨过程分布较为均匀，基本都在 150～210 次，其中青弋水阳江、皇庄以下、饶河、武汉的无有效降雨过程分别为 208 次、207 次、204 次、201 次，排在长江中下游各子分区的前列，而石泉以上、石白区间、赣江的无有效降雨过程

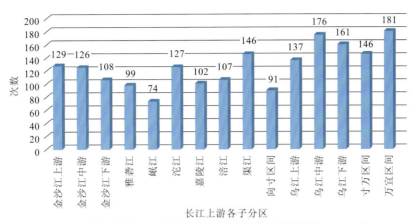

图 4.18　蓄水期长江上游各子分区无有效降雨过程统计（≥5 天）

在长江中下游流域发生最少。根据持续 7 天及以上的无有效降雨过程统计情况，此时长江中下游各子分区的无有效降雨过程出现较为明显的地域差异，其中皇庄以下最多达 154 次，两湖水系各子分区基本在 100 次以上，清江、沅江、汉江白河以上在 80~100 次。图 4.19 为持续 10 天及以上的无有效降雨过程，此时滁河、武汉、抚河、陆水、皇庄以下、鄱阳湖区的无有效降雨过程最多，均在 80~92 次，清江、沅江、石泉以上、石白区间、白丹区间最少，均在 50 次以下，其中石泉以上最少，仅有 32 次。以上分析说明，在长江中下游流域，各子区间的无有效降雨过程分布较为均匀，其中清江、沅江和汉江上游特别是石泉以上发生无有效降雨的次数相对最少，皇庄以下、滁河、陆水、武汉、抚河发生无有效降雨的次数较多。

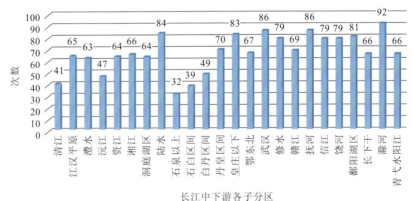

图 4.19　蓄水期长江中下游各子分区无有效降雨过程统计（≥10 天）

（3）枯水期（每年 11 月~次年 4 月）无有效降雨特征分析。长江流域的枯水期定义为每年 11 月~次年 4 月，枯水期的无有效降雨与蓄水期一样，仍然定义为长江流域各子分区连续 5 天及以上、日平均面雨量小于 1 mm 为一次无有效降雨过程，但由于枯水期降雨整体偏小，本小节将分析持续 10 天及以上和 20 天及以上的无有效降雨过程。

根据长江上游 15 个子分区 1960~2017 年枯水期持续 5 天及以上的无有效降雨过程的统计情况，枯水期长江上游沱江、嘉陵江、涪江、渠江、向寸区间、乌江（乌江上游、乌江中游、乌江下游）、三峡区间（寸万区间+万宜区间）的无有效降雨过程明显偏多，均在 500 次以上，其中寸万区间最多，达 580 次，而金沙江（金沙江上游、金沙江中游、金沙江下游）、雅砻江、岷江的无有效降雨过程明显偏少，基本在 450 次以下，其中雅砻江仅有 342 次。根据持续 10 天及以上的无有效降雨过程统计情况，沱江的过程最多，达 285 次，其次为金沙江下游，达 282 次，随后为涪江、金沙江上游和金沙江中游，分别为 267 次、257 次和 257 次，此时向寸区间、乌江、三峡区间的过程反而偏少。图 4.20 为持续 20 天及以上的无有效降雨过程统计情况，从图中可以看到，针对此种持续时间很长的无有效降雨过程，金沙江、雅砻江的过程反而偏多，乌江、三峡区间的过程反而偏少。

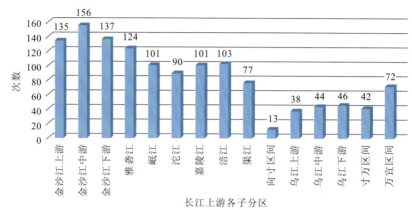

图 4.20　枯水期长江上游各子分区无有效降雨过程统计（≥20 天）

对比上述三种情况：枯水期长江上游金沙江、雅砻江的无有效降雨过程相对偏少，但持续时间较长，20 天及以上的无有效降雨过程占总的无有效降雨过程（≥5 天的无有效降雨过程，余同）的三分之一以上；沱江总的无有效降雨过程多，持续时间 20 天及以上的较长无有效降雨过程同样偏多；岷江的无有效降雨过程整体偏少，持续时间偏短；嘉陵江、渠江、涪江的无有效降雨过程整体偏多，持续时间中等；长江上游的乌江、三峡区间无有效降雨过程相对偏多，但持续时间相对偏短。

图 4.21 为长江中下游 24 个子分区 1960～2017 年枯水期持续 5 天及以上无有效降雨过程统计情况，从图中可以看出，枯水期长江中下游的两湖水系各分区的无有效降雨过程少，长江干流和汉江水系各分区的无有效降雨过程较多，滁河的过程最多，达 585 次。根据长江中下游各子分区持续时间 10 天及以上的无有效降雨过程统计情况，长江中下游较长时间的无有效降雨过程分布与总的无有效降雨过程分布基本一致，此时汉江上中游（石泉以上、石白区间、白丹区间、丹皇区间）和滁河的过程数最多。根据长江中下游持续时间在 20 天及以上的无有效降雨过程统计情况，对于长时间的无有效降雨过程，其整体分布与前述两种无有效降雨过程类似，但此时汉江上中游过程数明显多于其他子分区。

综合来看：在长江中下游流域，长江干流各分区总的无有效降雨过程偏多，但其持续时间不长；汉江流域无有效降雨过程多，持续时间长；两湖水系无有效降雨过程少，持续时间也短；此外，滁河总的无有效降雨过程多，且其持续时间也较长。

3）暴雨特征分析

按照我国气象行业规定，将 24 h 雨量在 50 mm 以上的降雨称为暴雨。采用暴雨日数和日最大暴雨量作为表征暴雨的特征量，其中暴雨日数可以有效反映暴雨的频次，日最大

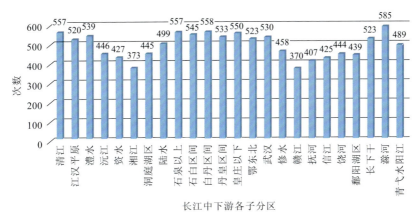

图 4.21　枯水期长江中下游各子分区无有效降雨过程统计（≥5 天）

暴雨量可以反映暴雨的强度。本小节中某区域的总暴雨日数指一段时间内该区域所有站点的暴雨日数之和，某区域的平均日最大暴雨量指一段时间内该区域所有暴雨站点的日最大暴雨量平均值。此外，计算单站多年平均的日最大暴雨量时，仅考虑该站有暴雨的年份。某站暴雨最早发生月份定义为多年平均情况下，第一场暴雨出现最多的月份。

（1）暴雨季节空间分布。图 4.22 为 1960～2017 年长江流域年暴雨日数和年日最大暴雨量空间分布情况。1960～2017 年长江流域年暴雨日数空间分布存在较大地域差异，总体呈现长江中下游偏多、长江上游偏少的分布形势。长江上游各子分区中，金沙江、雅砻江和岷江三者上游基本不发生暴雨。乌江流域和金沙江下游为暴雨少发区，年暴雨日数在 3 天以下。嘉岷流域是暴雨易发区，年暴雨日数达 3 天以上，其中大渡河下游可达 6 天以上；长江中下游各子分区中，汉江中上游是暴雨少发区，年暴雨日数在 2 天以下。鄱阳湖水系是暴雨高发区，年暴雨日数基本在 6 天以上；长江流域年暴雨日数的空间分布反映了地理位置和地形分布对降雨的影响，暴雨频发区主要位于长江中下游近海平原地区和长江上游山区。

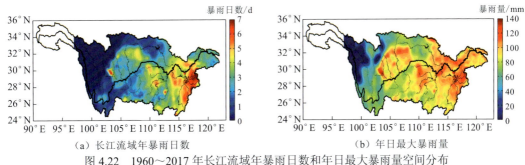

（a）长江流域年暴雨日数　　　　　　　（b）年日最大暴雨量
图 4.22　1960～2017 年长江流域年暴雨日数和年日最大暴雨量空间分布

长江流域年日最大暴雨量空间分布与年暴雨日数分布有一定相似，年暴雨日数明显偏多的地方通常对应年日最大暴雨量偏强。但年日最大暴雨量的高值分布范围明显大于年暴雨日数，这说明即使在一些暴雨非高发地区，也可能发生强暴雨。长江中下游干流、鄱阳湖水系、洞庭湖水系西北部、长江上游嘉岷流域均是强暴雨的发生区，其年日最大暴雨量基本在 100 mm 以上，局地可达 120 mm。

从多年平均的月暴雨日数分布来看：4 月长江流域暴雨主要发生在鄱阳湖水系，月均暴雨日数基本在 1 天以下；5～6 月暴雨区范围西扩且暴雨日数增加，鄱阳湖水系仍为暴雨主发区，其中 6 月鄱阳湖水系中北部月均暴雨日数可达 2 天以上，为长江流域之最；7 月暴雨区西移北抬，暴雨中心主要位于长江中下游干流附近和嘉岷流域，月均暴雨日数多在 1～1.5 天，其中大渡河下游月均暴雨日数达 2 天以上；8 月长江中下游暴雨日数明显减少，暴雨主要发生在长江上游嘉岷流域，月均暴雨日数以 0.5～1 天为主，其中大渡河下游仍达 2 天以上；9 月长江流域暴雨日数整体减少，暴雨主要发生在嘉陵江、渠江，月均暴雨日数在 0.5～1 天。此外，3 月以前及 10 月以后，长江流域内很少发生暴雨。

相应的各月日最大暴雨量空间分布表明：4 月长江流域大部地区平均日最大暴雨量偏小，主要在 70 mm 以下；5 月平均日最大暴雨量增加，长江中下游大部地区平均日最大暴雨量达 80 mm；6～7 月平均日最大暴雨量明显增加，长江中下游流域、长江上游嘉岷流域平均日最大暴雨量为 80～100 mm；8 月长江流域平均日最大暴雨量有所减弱，流域暴雨区的平均日最大暴雨量多在 70～90 mm；9 月长江中下游平均日最大暴雨量明显减弱，但嘉岷流域部分地区平均日最大暴雨量反而有所增加，可在 80～100 mm。

综合来看，长江流域暴雨日数总体呈现长江中下游偏多、长江上游偏少的分布，其中长江上游和长江中下游各存在 1 个暴雨区，长江上游暴雨区位于嘉岷流域，长江中下游暴雨区主要位于鄱阳湖水系，除大渡河下游以外，长江上游暴雨区暴雨日数明显小于长江中下游，但两者的最大暴雨强度相当。从时间来看：4～9 月长江流域暴雨区位置有明显的西移北抬现象，4～6 月暴雨主要发生在长江中下游流域，7 月暴雨发生在长江中下游干流和长江上游嘉岷流域，8～9 月暴雨主要发生在长江上游嘉岷流域。流域最大暴雨强度主要表现为先增强后减弱，6～7 月为长江流域暴雨强度最强时段，但值得注意的是，8～9 月长江上游嘉岷流域部分地区暴雨强度依然偏强。

（2）暴雨空间变化趋势分析。利用一元线性回归方法对长江流域暴雨空间年际变化趋势进行分析。由图 4.23 可知，长江中下游干流及两湖水系暴雨日数主要表现为增加趋势（中心达 0.6 d/10a 以上），长江上游岷沱江流域表现为减少趋势（中心达-0.5 d/10a），但各地暴雨变化趋势通过显著性检验的区域范围较小，呈零星分布。从日最大暴雨量看，沅江-洞庭湖区-长江下游干流一带日最大暴雨量呈显著增加趋势（中心达 10 mm/10a 以上），岷沱江流域（红框所示）、汉江中下游呈减少趋势（中心达-10 mm/10a），其余地区变化趋势有正有负，且变化幅度较小。

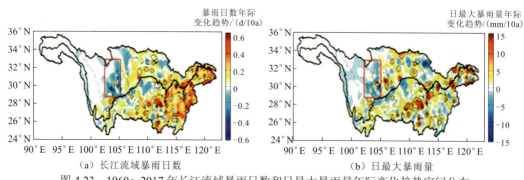

（a）长江流域暴雨日数　　　　　　　　（b）日最大暴雨量

图 4.23　1960～2017 年长江流域暴雨日数和日最大暴雨量年际变化趋势空间分布

等值线表示通过 95% 的显著性检验

（3）暴雨集中和开始时段空间分布。为进一步分析长江流域各地的暴雨集中时段和最早发生时间，图 4.24 给出了 1960～2017 年多年平均的长江流域暴雨集中时段和最早发生月份的空间分布情况。长江流域暴雨集中时段呈现自东南向西北逐渐增加的分布，除两湖水系南部个别站点外，长江下游干流和两湖水系的暴雨主要发生在 6 月，长江上中游干流、汉江流域、嘉陵江流域暴雨主要发生在 7 月，岷江下游、向寸区间部分地区暴雨主要发生在 8 月；从暴雨开始月份来看，长江流域暴雨开始时段主要表现为自东向西逐渐推进，鄱阳湖水系东部通常在 3 月开始发生暴雨，鄱阳湖水系西部、长江中游干流及洞庭湖水系主要在 4 月开始发生暴雨，长江下游干流、乌江、渠江主要在 5 月开始发生暴雨，岷沱江、金沙江下游主要在 6 月开始发生暴雨，汉江上中游主要在 6～7 月开始发生暴雨。

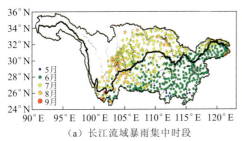
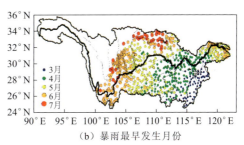

（a）长江流域暴雨集中时段　　　　　　　（b）暴雨最早发生月份

图 4.24　1960～2017 年长江流域暴雨集中时段和最早发生月份空间分布

（4）暴雨时间演变特征。统计 1960～2017 年长江流域一级水系的区域总暴雨日数和区域平均日最大暴雨量的季节和年际变化情况。金沙江水系暴雨主要发生在 6～8 月（峰值为7 月），其间平均暴雨强度为 60～70 mm；岷江水系的暴雨主要发生在 7～8 月，两个月的区域总暴雨日数大致相当，6 月的平均暴雨强度接近 90 mm，7 月的平均暴雨强度为 85 mm；嘉陵江水系暴雨主要发生在 7 月，其间平均暴雨强度为 85 mm；乌江水系的暴雨主要发生在 6～7 月（峰值为 6 月），其间平均暴雨强度为 75 mm；汉江水系的暴雨主要发生在 7 月，其间平均暴雨强度为 83 mm；长江干流水系的暴雨主要发生在 6～7 月，其间平均暴雨强度为 85 mm；洞庭湖水系暴雨主要发生在 5～7 月，峰值为 6 月，但其平均暴雨强度的峰值出现在 7 月，强度为 80 mm 左右；鄱阳湖水系的暴雨主要发生在 5～6 月（峰值为 6 月），其平均暴雨强度的峰值同样出现在 6 月，接近 90 mm。

综合来看，暴雨日数与强度在季节变化上基本呈同步变化，通常暴雨日数的峰值时段对应着暴雨强度最强的时段。长江上游各水系的暴雨峰值多出现在 7～8 月，而长江中下游流域各水系的暴雨峰值多在 6 月。6 月鄱阳湖水系的平均暴雨强度和 7 月岷江水系的平均暴雨强度均接近 90 mm，为流域内最强。

金沙江水系的年暴雨日数和平均暴雨强度均呈显著增加趋势（分别为 2.8 d·站/10a 和 1.2 mm/10a，通过 95%的显著性检验）；岷江水系的年暴雨日数和平均暴雨强度均呈显著减少趋势（分别为-3.7 d·站/10a 和-1.7 mm/10a，通过 90%的显著性检验）；嘉陵江水系的年暴雨日数没有明显的变化趋势，其平均暴雨强度呈不显著增加趋势（1.5 mm/10a）；乌江水系的年暴雨日数和平均暴雨强度均未通过显著性检验，无明显的变化趋势；汉江水系的年暴雨日数无明显变化，但其平均暴雨强度有不显著的减弱趋势（-1.2 mm/10a）；长江干流的年暴雨日数有显著增加的趋势（24.9 d·站/10a，通过 95%的显著性检验），平均暴雨强度为不显著增加的趋势（0.9 mm/10a）；洞庭湖水系的年暴雨日数有显著增加趋势（23.9 d·站/10a，通过 99%的显著性检验），其平均暴雨强度同样呈显著增加趋势（1.3 mm/10a，通过 90%的显著性检验）；鄱阳湖水系的年暴雨日数有显著增加趋势（20.6 d·站/10a，通过 95%的显著性检验），其平均暴雨强度有不显著的增加趋势（1.2 mm/10a）。

总体而言：长江流域除岷江外其余一级水系的年暴雨日数均呈增加趋势，长江上游水系的增加趋势较弱，长江中下游水系的增加趋势均通过显著性检验，其中洞庭湖水系的增加趋势最为显著，岷江则有显著减少趋势；各水系的平均暴雨强度变化趋势较小，仅洞庭湖水系和金沙江水系有显著增强趋势，岷江水系有显著减弱趋势。

4）分区面雨量分级统计分析

统计 1960～2017 年长江上游各子分区发生中雨以上量级的降雨次数排序情况（表4.10）。乌江中游发生中雨、大雨以上的降雨次数均排第一；嘉陵江渠江发生暴雨、大暴雨以上量级的降雨的次数均排第一。

表 4.10 1960～2017 年长江上游各子分区发生中雨以上量级的降雨次数排序

	分区	中雨以上	排序	大雨以上	排序	暴雨以上	排序	大暴雨以上	排序
金沙江	上游	1 538	15	103	14	2	14	—	—
	中游	2 614	10	561	11	24	11	—	—
	下游	3 015	7	613	10	18	12	—	—
	雅砻江	2 535	11	67	15	—	—	—	—
岷沱江	岷江	2 616	9	289	13	5	13	—	—
	沱江	2 475	13	841	7	194	7	15	4
嘉陵江	嘉陵江干流	2 365	14	527	12	57	10	—	—
	涪江	2 493	12	798	8	183	8	15	4
	渠江	3 186	5	1 275	2	401	1	44	1
长上干[①]	向寸区间	2 984	8	793	9	102	9	3	7
	寸万区间	3 337	2	1 248	3	310	3	16	3
	万宜区间	3 172	6	1 239	4	385	2	32	2
乌江	上游	3 207	4	1 047	6	210	6	2	8
	中游	3 539	1	1 290	1	294	4	10	6
	下游	3 255	3	1 173	5	282	5	11	5

统计 1960～2017 年长江中下游各子分区发生中雨以上量级的降雨次数排序情况（表 4.11）。鄱阳湖水系的赣江发生中雨以上的降雨次数排第一，信江发生大雨以上的降雨次数排第一；鄱阳湖水系的饶河发生暴雨、大暴雨以上量级的降雨次数均排第一。

---

① "长上干"即为长江上游干流简称，余同。

表 4.11　1960～2017 年长江中下游各子分区发生中雨以上量级的降雨次数排序

分区		中雨以上	排序	大雨以上	排序	暴雨以上	排序	大暴雨以上	排序
汉江	石泉以上	2 484	22	921	21	227	21	16	17
	石白区间	2 626	20	944	20	242	20	10	20
	白丹区间	2 551	21	831	23	159	23	6	22
	丹皇区间	2 448	23	900	22	204	22	19	16
	皇庄以下	3 024	18	1 298	18	435	10	79	8
长中干[①]	清江	3 700	15	1 643	12	526	9	67	11
	江汉平原	3 484	17	1 359	17	383	16	26	14
	陆水	3 796	13	1 891	8	740	4	171	2
	鄂东北	3 527	16	1 450	14	433	11	42	12
	洞庭湖区	4 148	10	1 683	9	421	12	34	13
	澧水	3 820	12	1 652	11	542	8	94	7
	沅江	4 073	11	1 360	16	251	19	5	23
	资江	4 317	7	1 658	10	387	14	13	18
	湘江	4 437	5	1 632	13	329	17	7	21
	长下干	3 763	14	1 409	15	308	18	25	15
	滁河	2 788	19	1 176	19	404	13	77	9
	青弋水阳江	4 189	9	1 923	6	601	7	101	6
	鄱阳湖区	4 354	6	2 043	4	673	6	73	10
	修水	4 242	8	1 994	5	687	5	105	5
	赣江	4 912	1	1 907	7	385	15	11	19
	抚河	4 664	2	2 296	2	780	3	111	4
	信江	4 589	3	2 316	1	870	2	164	3
	饶河	4 585	4	2 281	3	905	1	173	1

3. 多种数值模式产品的动态集成

1）多种数值模式产品的预报效果分析

分别选取国内可获取的数值天气模型 GRAPES-GFS 模式、ECMWF 模式、NCEP-GFS 模式和 WRF 模式产品进行预报效果检验分析。其中：针对长江流域范围内 39 个子流域，采用泰森多边形法计算每个子流域的面雨量实况数据；仅对 2016 年和 2017 年的 GRAPES-GFS 模式、ECMWF 模式、NCEP-GFS 模式和 WRF 模式 24 h、48 h 和 72 h 时效的降雨面雨量预报结果进行预报效果检验。检验时段分为 3 段，分别为 4～10 月、6～8 月、9～10 月，检验方法主要为绝对误差检验、均方根误差检验、模糊评分、风险评分（threat score，TS）等。

（1）绝对误差检验。如表 4.12 所示，在面雨量的 24 h 预报方面，在 ECMWF 模式、

---

① "长中干"即为长江中游干流简称，余同。

GRAPES-GFS 模式、NCEP 模式和 WRF 模式中,ECMWF 模式总体表现最佳,除金沙江中游、金沙江下游、滁河、雅砻江外,其在各个子流域的误差均小于 2 mm,其在 39 个子流域中误差绝对值的平均值为 1.10 mm。GRAPES-GFS 模式、NCEP 模式、WRF 模式面雨量预报误差超过 2 mm 的子流域较 ECMWF 模式多,3 种模式在 39 个子流域中 24 h 预报误差绝对值的平均值分别为 1.62 mm、1.75 mm、1.63 mm。GRAPES-GFS 模式在陆水、抚河、武汉等子流域的面雨量预报误差为负值,NCEP 模式在信江、修水、金沙江中游等子流域预报误差大于 6 mm。考虑以上模式在长江各子流域的误差分布,可以认为,在面雨量的 24 h 预报方面,4 种模式性能由高到低排名为 ECMWF 模式>GRAPES-GFS 模式>WRF 模式>NCEP 模式。

表 4.12　ECMWF 等模式 4~10 月面雨量 24 h、48 h 和 72 h 预报误差绝对值的平均值（单位：mm）

模式	时效		
	24 h	48 h	72 h
ECMWF 模式	1.10	1.28	1.54
GRAPES-GFS 模式	1.62	2.26	1.77
NCEP 模式	1.75	1.92	2.19
WRF 模式	1.63	1.76	1.90

根据 4 种模式 48 h 和 72 h 时效面雨量预报的绝对误差分布,随着预报时效增加,模式在长江各子流域中的面雨量预报误差增大,其中 ECMWF 模式、NCEP 模式、WRF 模式的预报误差随预报时效增加而单调增大,即预报误差值 24 h<48 h<72 h,GRAPES-GFS 模式的误差在 24 h 最小,在 48 h 最大,到 72 h 又减小,即预报误差值 24 h<72 h<48 h,这可能和模式预报结果不稳定,模式在短期预报时效存在调整有关系。因此,在 48 h 时效上,4 种模式面雨量预报误差由小到大排序为 ECMWF 模式<WRF 模式<NCEP 模式<GRAPES-GFS 模式;在 72 h 时效上,4 种模式面雨量预报误差排序与 24 h 相同,由小到大依次为 ECMWF 模式<GRAPES-GFS 模式<WRF 模式<NCEP 模式。

分析 6~8 月、9~10 月等 4 种模式面雨量 24 h、48 h 和 72 h 预报误差在长江各子流域的分布可以发现,4 种模式的面雨量预报误差按 6~8 月、4~10 月、9~10 月的顺序减小,同时在以上 3 个时段中,面雨量预报误差随预报时效增加而增大,其中 ECMWF 模式、NCEP 模式、WRF 模式的预报误差随时效增加而单调增加,即误差分布 24 h<48 h<72 h,GRAPES-GFS 模式预报误差在 48 h 最大,72 h 次之,24 h 最小,即误差分布 24 h<72 h<48 h。

（2）均方根误差检验。如表 4.13 所示,在面雨量的 24 h 预报方面,在 4 种模式中,ECMWF 模式总体表现最佳,除武汉、滁河、陆水外,其余各个子流域的 RMSE 值均小于 8 mm,其在 39 个子流域中误差绝对值的平均值为 4.88 mm。GRAPES-GFS 模式、NCEP 模式、WRF 模式面雨量预报 RMSE 值超过 8 mm 的子流域较 ECMWF 模式多,3 种模式在 39 个子流域中误差绝对值的平均值分别为 6.90 mm、6.43 mm、6.29 mm。考虑以上模式在长江各子流域的 RMSE 分布,4 种模式性能由高到低排名为 ECMWF 模式>WRF 模式>NCEP 模式>GRAPES-GFS 模式,且 ECMWF 模式较其他 3 种模式预报稳定性的优势明显。

表 4.13　长江流域中 4 种模式在 24 h、48 h 和 72 h 面雨量预报 RMSE 性能排名

预报时效	名次			
	1	2	3	4
24 h	ECMWF 模式	WRF 模式	NCEP 模式	GRAPES-GFS 模式
48 h	ECMWF 模式	NCEP 模式	WRF 模式	GRAPES-GFS 模式
72 h	ECMWF 模式	NCEP 模式	GRAPES-GFS 模式	WRF 模式

统计 4 种模式 48 h 时效和 72 h 时效的面雨量预报 RMSE 在各子流域分布情况，依然是 ECMWF 模式表现最佳，在各个子流域中的 RMSE 值均小于其他 3 种模式，次优是 NCEP 模式。对比 4 种模式在长江流域中 RMSE 的平均值可以发现，4 种模式中，ECMWF 模式表现最优，NCEP 模式其次，最后是 GRAPES-GFS 模式和 WRF 模式。

在 4～10 月时间段，ECMWF 模式、GRAPES-GFS 模式、NCEP 模式和 WRF 模式的 RMSE 均随着预报时效增加而增大，这说明模式的预报稳定性均随着时效增加而降低，其中 ECMWF 模式性能降低最小，WRF 模式性能降低最大。对比 24 h、48 h 和 72 h 时效 4 种模型 RMSE 性能的排名顺序可以发现（表 4.13），ECMWF 模式最优，NCEP 模式其次，WRF 模式性能随预报时效增加明显降低。

对 6～8 月、9～10 月时间段面雨量预报 RMSE 进行检验发现，与 4～10 月类似，4 种模式中，ECMWF 模式性能最优，NCEP 模式其次，WRF 模式和 GRAPES-GFS 模式性能接近，且 WRF 模式性能随预报时效增加明显降低。此外，4 种模式预报的 RMSE 均在 6～8 月最大，4～10 月次之，9～10 月最小，这说明模式在 6～8 月预报稳定性最差，9～10 月最好。

（3）模糊评分。对 4 种模式 24 h 时效面雨量预报在 4～10 月、6～8 月和 9～10 月时间段的模糊评分进行对比。在各个时间段上，ECMWF 模式的模糊评分最高，GRAPES-GFS 模式次之，WRF 模式略低于前者，而 NCEP 模式得分最低；对于不同时间段的预报性能，4 种模式总体均在 6～8 月最高，4～10 月次之，9～10 月最差。从模糊评分结果角度分析，4 种模式性能排名顺序为 ECMWF 模式>GRAPES-GFS 模式>WRF 模式>NCEP 模式。

对 GRAPES-GFS 模式、NCEP 模式和 WRF 模式 48 h 和 72 h 时效的模糊评分进行预报检验，结果发现，与 24 h 时效类似，4 种模式在 6～8 月模糊评分最高，4～10 月其次，9～10 月模糊评分最低。4 种模式模糊评分的排名顺序是 ECMWF 模式>GRAPES-GFS 模式>WRF 模式>NCEP 模式。

（4）风险评分。对 2016 年和 2017 年汛期、主汛期和蓄水期长江流域大雨和暴雨进行了 TS，如图 4.25、图 4.26 所示。从短期时效大雨量级预报来看，6～10 月 ECMWF 模式评分最高，其他 3 种模式评分接近，但 GRAPES-GFS 模式和 WRF 模式的空报较多，同时 GRAPES-GFS 模式漏报也较多。综合评价看，ECMWF 模式性能较好，NCEP 模式漏报较多，WRF 模式空报较多，GRAPES-GFS 模式空漏报情况均较为明显。6～8 月为主汛期，对流性降雨较多，WRF 模式性能仅落后于 ECMWF 模式，优于其他两种模式，但其空报较多。9～10 月系统性降雨较多，ECMWF 模式评分优势更为明显，WRF 模式则因较多空

报而表现有所下降。对于暴雨量级预报而言，ECMWF 模式和 NCEP 模式 6～10 月性能最好，但 NCEP 模式在 48 h 后的性能差于 ECMWF 模式，GRAPES-GFS 模式性能短期时效内即随着时效延长下降严重。WRF 模式则因空报较多影响评分。GRAPES-GFS 模式则空漏错报均较为明显。而在 6～8 月 WRF 模式性能有所提升，9～10 月又因空报较多评分迅速下降。

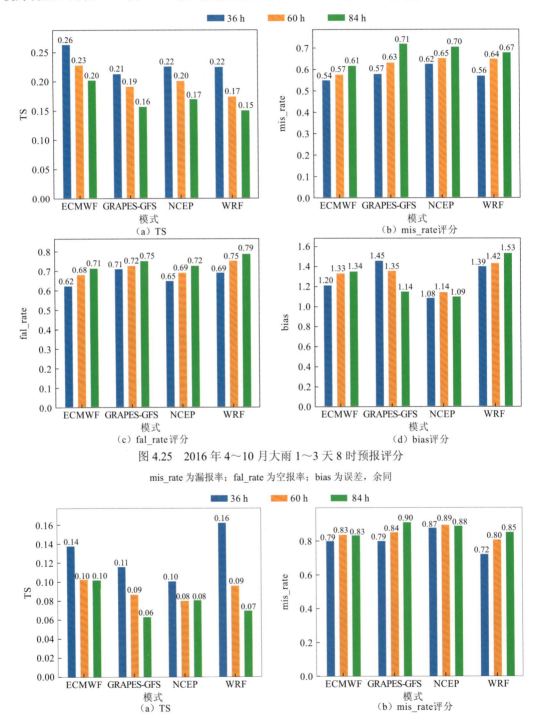

图 4.25　2016 年 4～10 月大雨 1～3 天 8 时预报评分

mis_rate 为漏报率；fal_rate 为空报率；bias 为误差，余同

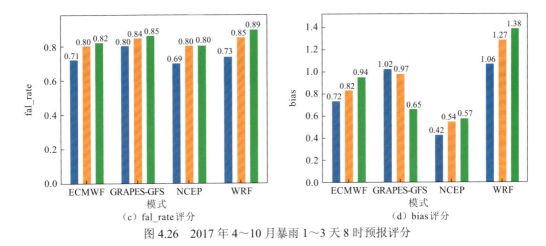

（c）fal_rate评分　　　　　　　　（d）bias评分

图 4.26　2017 年 4～10 月暴雨 1～3 天 8 时预报评分

综上，2016 年对于大雨及以上量级的降雨，ECMWF 模式性能最好也最为稳定，WRF 模式对对流性降雨把握较好，优势体现在 6～8 月，9～10 月因为过多的空报影响其性能。NCEP 模式性能接近 ECMWF 模式，但量级容易偏小，漏报略多于 ECMWF 模式。GRAPES-GFS 模式综合性较差，且随时效延长量级预报衰减严重。

2017 年 4～10 月华西地区至淮河流域秋雨显著偏多，导致严重秋汛和次生灾害；相对于 2016 年的梅雨过程较多而言，2017 年过程具有局地性、对流性、强降雨特征更为明显的特点，且主要集中于华南地区和西南地区。正是 WRF 模式对对流性降雨有较好的反应，其大雨和暴雨量级的降雨均接近或超过 ECMWF 模式评分，这种优势在 6～8 月主汛期尤为明显，但空报较 ECMWF 模式多。NCEP 模式和 GRAPES-GFS 模式因其量级偏小、漏报较多的问题导致其评分明显差于 ECMWF 模式和 WRF 模式。但从预报的稳定性上来看，ECMWF 模式明显优于 WRF 模式。

综上，在大雨及以上量级的预报上，ECMWF 模式的稳定性和可参考性是最好的。WRF 模式的优势在于预报对流性降雨，在局地性、对流性明显的降雨过程中特别是在暴雨和大暴雨的预报上 24 h 预报甚至优于 ECMWF 模式，但其空报较多。NCEP 模式在梅雨大雨、暴雨雨带的预报方面优于 ECMWF 模式，但在华南、西南地区这种对流性、地形特征明显的降雨过程存在量级偏小、漏报明显的问题，导致其评分在对流性明显的过程预报中下降。GRAPES-GFS 模式在稳定性、雨带的位置、空漏报控制方面均明显弱于其他几种模式。

2）多模式集成

采用 ECMWF 模式、NCEP 模式、GRAPES-GFS 模式、WRF 模式等业务模式产品，先对分辨率不同的模式降雨资料进行插值处理，统一到相同的格点分辨率，然后开展模式前期和当前预报性能检验，如 TS、公平技巧评分（equitable threat score，ETS）等，评估分级降雨质量，对各模式进行评分排序选优；再基于动态检验结果，建立多模式综合权重的优化处理技术方案，输出网格降雨预报产品。

（1）空间降尺度方法。基于 ECMWF 模式、NCEP 模式、GRAPES-GFS 模式、WRF 模式等模式降雨资料，采用格点-格点的空间内插方法，将各个模式不同分辨率的资料统一到 5 km×5 km 细网格上，生成长江流域短中期（1～7 天）客观精细化网格降雨预报产品。

（2）多种数值模式产品的动态集成。基于上述 4 种较为成熟的数值模式，在模式性能检验（TS、ETS 等）的基础上，应用动态权重，集成预报效果最优方案，实现长江流域分区 1～7 天综合集成的定量降雨预报产品。具体步骤如图 4.27 所示。

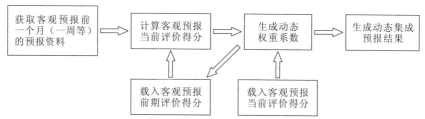

图 4.27　多种数值模式产品的动态集成框架示意图

（3）集成产品示例。为支持实际预报业务需求，构建了集成显示系统，生成长江流域区域、预报时效 1～7 天、空间分辨率 5 km、时间分辨率 24 h 的动态最优降雨场产品，该产品每天于 8 时前更新，供预报员参考使用。

对于 48 h 以内的预报，考虑到中尺度数值模式预报效果，WRF 模式和 GRAPES-GFS 模式也进行了集成。同时不断调试训练期，最终选择考虑前期 2 周（14 天）的预报评分作为最终选定的训练期。

（4）集成预报产品检验。对 2019 年主汛期（6～8 月）ECMWF 模式、NCEP 模式、GRAPES-GFS 模式及模式的集成预报结果进行 TS 分析，评定区域为整个长江流域，降雨量级分为小雨、中雨、大雨、暴雨和大暴雨 5 个量级，如图 4.28 所示。

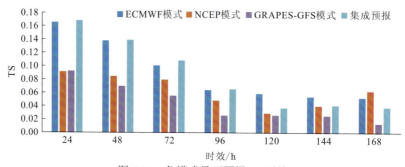

图 4.28　各模式暴雨预报 TS 对比

从 2019 年汛期使用情况来看，与常用的 ECMWF 模式、NCEP 模式及 GRAPES-GFS 模式对比，在小雨的预报效果上，集成预报前 72 h 的日降雨预报能力高于数值模式，96～168 h 的日降雨预报能力略低于数值模式。对中雨的预报，与小雨相似，集成预报前 72 h 的日降雨预报能力高于数值模式，96～168 h 的日降雨预报能力略低于数值模式。对大雨的预报，集成预报前 72 h 的日降雨预报能力高于数值模式，96 h 的日降雨预报能力与 GRAPES-GFS 模式相当，120～168 h 的日降雨预报能力略低于数值模式。对暴雨的预报，集成预报前 96 h 的日降雨预报能力均高于数值模式，有很好地反映。对于大暴雨的预报，集成预报前 144 h 的日降雨预报能力均高于数值模式，对强降雨有很好的预报能力。

综合以上分析，对整个长江流域而言，多模式集成效果在 3 天以内均优于单个模式预报效果，尤其是对大雨及其以上级别降雨预报效果提高较好。

选取 2019 年 7 月 11～13 日、8 月 5～8 日两次强降雨过程，检验集成数值预报产品对强降雨过程的捕捉能力。7 月 11～13 日，受高空槽东移和冷空气南压的影响，长江流域出现一次自西向东的强降雨过程，强降雨集中在 12～13 日，强度为大到暴雨、局地大暴雨，过程降雨中心位于两湖水系和长江下游干流南部区域。11 日，嘉岷流域上中游、乌江上游、汉江上游南部、洞庭湖水系北部有中到大雨；12 日，雨区快速东移南压，主雨带位于洞庭湖水系、鄱阳湖水系北部和长江下游干流，强度为大到暴雨，其中饶河上游、鄱阳湖区、青弋水阳江上游有大暴雨，日面雨量饶河为 115 mm、鄱阳湖区为 85 mm、修水为 77 mm、青弋水阳江为 72 mm、陆水为 68 mm；13 日，雨区南压，范围缩小，洞庭湖水系南部、鄱阳湖水系中南部有大到暴雨，局地大暴雨。

7 月 11～13 日，长江流域各子分区预报值与实况值的差值见图 4.29。由图可见，3 天中 7 月 12 日降雨预报与实况误差最大，7 月 11 日降雨预报与实况误差最小，印证了降雨强度越大，预报难度越大，预报误差越大。

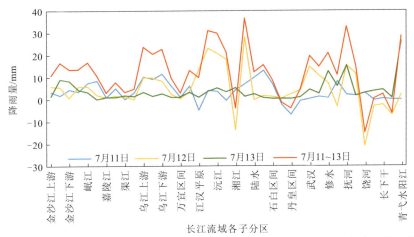

图 4.29　2019 年 7 月 11～13 日 24 h 长江流域各子分区集成数值预报与实况值误差

7 月 11～13 日，长江流域各子分区实况大雨及以上强度的 24 h 预报值与实况值相比，大多呈偏大趋势，7 月 11～13 日的预报，针对实况大雨及以上强度的子分区预报，均预报偏大，偏差最大的子分区为抚河 15.3 mm；7 月 12 日为最强降雨日，存在预报较实况偏小的情况，偏小最大的子分区为饶河，预报 93.7 mm、实况 114.7 mm，预报较实况偏小 21 mm，其次为湘江，预报 26.4 mm、实况 40.1 mm，预报较实况偏小 13.7 mm，其他各子分区偏小较少；预报偏小较大的两个子分区，主要由于实况降雨极大，预报的降雨数值已经达到或者接近实况的降雨量级，预报虽偏小，但可接受。

4. 降雨集合预报应用试验研究

1）ECMWF 降雨集合预报在长江流域的预报性能评估

（1）资料和方法。观测资料采用中国气象局提供的全国国家级观测站点逐日降雨数据（8 时～次日 8 时），长江流域所选站点数为 1 499 个，时间为 2015 年 4 月～2018 年 6 月的汛期（4～10 月）共 24 个月。模式数据为同时期每日 12 时（世界时）起报的 ECMWF 降雨集合预报产品，集合成员数为 51 个，模式分辨率为 0.5°×0.5°。研究所选取的范围为长江流域（24°N～36°N，90°E～123°E）。采用的方法主要为 Talagrand 分布、Brier 评分、接受者操作特征（receiver operating characteristic，ROC）分析等。

（2）离散度分析。用 Talagrand 直方图来衡量集合预报成员与观测值的离散程度，以此来判别成员降雨预报的发散程度和可靠性。按照集合预报"成员等同性"原则，每个成员的预报准确率应该大致相同，然而由于集合预报成员的发散度出现偏差，系统中每个成员与观测的匹配程度并不相同。为了表示观测与集合预报成员的概率分布差异，发展了 Talagrand 直方图分布。计算 Talagrand 直方图分布时首先把 N 个集合预报成员的预报值按从小到大的顺序排列，进而判断观测值落在某个区间的频率。按照这一原则，集合预报系统的 51 个集合预报成员非降序排列后可划分为 52 个区间。

图 4.30 为提前 1～7 天的 ECMWF 集合降雨预报 Talagrand 直方图分布。整体来看，模式预报的 Talagrand 直方图分布与理想情况下的概率期望值还有一定的差距，两端值特别是左端值明显偏大，整体分布呈现明显的 U 形，表明模式对小量级降雨预报频次整体偏多，概率偏大，而对大量级降雨预报频次偏少，概率偏低。比较不同预报天数的 Talagrand 直方图分布，发现随着时效增加（1 天、3 天、5 天、7 天），这种小量级降雨预报频次偏多、大量级降雨预报频次偏少的情况有所改善，Talagrand 直方图分布向平直（"flat"）发展，ECMWF 集合降雨预报的各成员离散度预报明显调优。因此，就 Talagrand 直方图分布来看，距预报初始时刻越近，其成员的概率分布表现反而越差，时效越远，不同量级降雨与观测频率的匹配程度较为一致（更加可靠）。

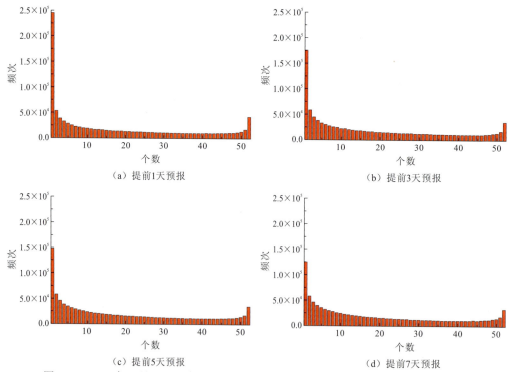

（a）提前1天预报   （b）提前3天预报
（c）提前5天预报   （d）提前7天预报

图 4.30　2015 年 4 月～2018 年 6 月 ECMWF 集合降雨预报（小、中、大、暴雨）的 Talagrand 直方图分布

图 4.31 为统计的 1~7 天 ECMWF 集合降雨预报的 Talagrand 直方图标准差分布，也表明随预报时效的增加，ECMWF 集合预报各成员预报离散度越准确。7 天预报的 Talagrand 直方图标准差分布只有 1 天预报的一半左右，即 ECMWF 集合系统存在短期预报发散度不够的情况。

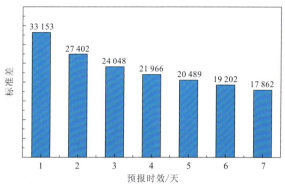

图 4.31　1~7 天 ECMWF 集合降雨预报的 Talagrand 直方图标准差分布

（3）准确性分析。利用"二分法"将给定阈值的观测降雨归类为"0"和"1"两种状态，并计算其与概率预报的平方差就可以得到 Brier 评分。本小节采用 Brier 评分来评估 ECMWF 集合系统的降雨预报的准确性。

图 4.32 为提前 1 天、3 天、5 天、7 天的 ECMWF 集合降雨预报 Brier 评分时序图。由上述分析可知，根据 Brier 评分的原理，Brier 评分越小说明集合预报系统概率预报准确率

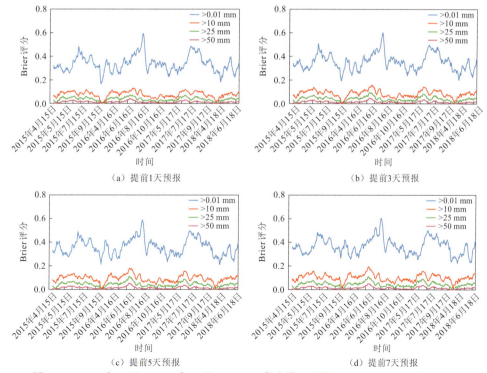

图 4.32　2015 年 4 月~2018 年 6 月 ECMWF 集合降雨预报（小、中、大、暴雨）的
Brier 评分时序图（15 天平均平滑）

越高。时序图中 Brier 评分最高的时段为每年的 6~8 月，部分来源于主汛期降雨的较强气候不确定性。

从图 4.32 中可以看到，大雨量级预报（>25 mm）Brier 评分随时效增长较快，而暴雨量级 Brier 评分随时效增加缓慢，这可能由于暴雨量级的气候不确定性在 Brier 评分中占比更大，而不确定性是与预报时效无关的固定值，导致了暴雨量级 Brier 评分对预报时效的不敏感。

另外，各时效各量级预报中，2015~2018 年模式 Brier 评分总体保持稳定，说明 ECMWF 集合系统在近 4 年的降雨预报有稳定的准确性。从图 4.33 的各时效各量级的 4 年平均 Brier 评分也可以看出上述特点：时效越长，Brier 评分越高，准确性越低。暴雨量级 Brier 评分随时效增长速度相对缓慢。

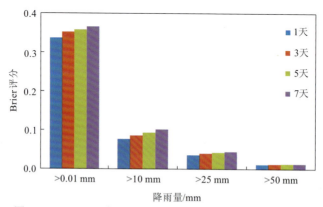

图 4.33　ECMWF 集合系统对不同量级降雨预报 Brier 评分

（4）命中率和空报率分析。本小节通过 ROC 分析集合系统降雨预报的命中率和空报率，并计算 AROC 和 ROC_ss 评分定量评估系统预报的准确性。通过分类预报（在 0 到 100% 设置一些阈值）产生一系列"命中率"和"空报率"的数值，绘制分散的验证点，与确定性预报的验证点进行比较。之后，将分散的验证点连接，将曲线下与 X 轴之间的区域的大小定义为 ROC 面积（AROC）评分，ROC_ss = 2 * AROC - 1，来定量评估系统预报的准确性（图 4.34）。

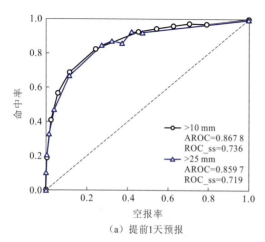

（a）提前1天预报

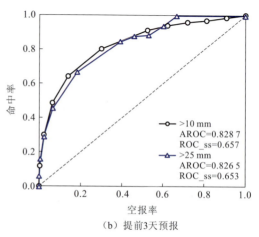

（b）提前3天预报

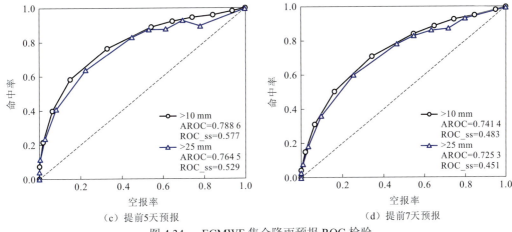

（c）提前5天预报　　　　　　　　　（d）提前7天预报

图 4.34　ECMWF 集合降雨预报 ROC 检验

图 4.34 提前 1 天、3 天、5 天、7 天的 ECMWF 集合降雨预报中、大雨（10 mm、25 mm）的 ROC 检验图可以看出，随着预报时效的增加，ROC 曲线越靠近对角线，预报效果变差。各个时效，10 mm 和 25 mm 的 AROC 和 ROC_ss 评分接近，但随时效增加，ROC_ss 评分会迅速下降。提前 1 天时效预报中，ROC_ss 为 0.736，较高，而提前 7 天时效预报，ROC_ss 下降到 0.483，下降将近 34%。

从图 4.35 的中、大雨（10 mm、25 mm）的 ROC_ss 统计评分也能看出上述特点，ROC_ss 随时效增加迅速下降，但同时效各量级间 ROC_ss 差异不大。

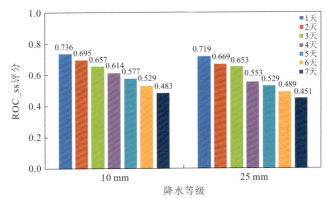

图 4.35　ECMWF 集合系统 10 mm 和 25 mm 降雨预报 ROC_ss 评分

不同颜色代表 1～7 天预报检验结果

2）集合预报使用方法

（1）采用概率匹配平均技术改进集合平均产品。定量降雨预报很少能够准确预报降雨的空间分布，通过集合平均计算，能够指示出最有可能的降雨中心位置，但降雨集合平均存在量级偏差。对于集合平均产品平滑了降雨分布，主要表现在强降雨值减小，而小量级降雨的范围扩大。

为了修正集合平均产品的降雨量级偏差，采用概率匹配平均技术。概率匹配平均技术用于融合不同时空分布的数据源。通常一种数据源具有较好的空间分布，而另一种数据源具有更好的准确度。该技术通过设置低准确度数据的概率分布函数（probability distribution function，PDF）实现高准确度的 PDF。实用例子有雷达和雨量站观测之间的融合、极轨或静止卫星的降雨估计。在集合预报中，采用该技术结合具有较好空间分布的集合平均场和更好量级准确度的集合成员预报。具体步骤：选定某一区域，将区域内 n 个成员所有预报从大到小排列，然后保留每 n/2 个间隔的预报值；将集合平均场按从大到小排列；将第一步保留下来的序列与集合平均序列匹配，即得到概率匹配平均产品，如图 4.36 所示。

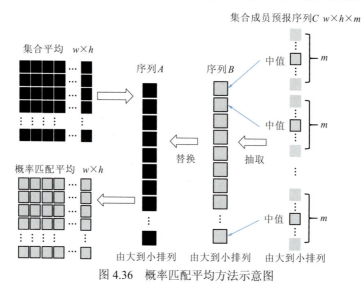

图 4.36　概率匹配平均方法示意图

（2）集合预报最优百分位技术。根据集合预报各成员预报结果可以给出不同集合统计量的预报值。根据以往的研究，集合预报产品与观测数据的频率分布相对比，不同的统计量产品在不同量级的降雨区间接近实际观测，如最小值和 10%分位值在小雨量级接近观测，中位值和 75%分位值在中到大雨量级接近观测，90%分位值在暴雨量级接近观测，而最大值在大暴雨量级接近观测。

基于此，设计集合预报最优百分位技术。具体每个格点计算规则如下（按照先后优先顺序）：若集合最大值大于或等于 100 mm，则融合值等于集合最大值；若集合 90%分位值大于或等于 50 mm，则融合值等于 90%分位值；若集合 75%分位值大于或等于 25 mm，则融合值等于 75%分位值；若集合中位值大于或等于 10 mm，则融合值等于集合中位值；在上述条件都不满足的情况下，融合值等于集合 10%分位值。

（3）集合改进最优百分位产品。根据上述步骤，即可获得集合改进最优百分位产品。集合改进最优百分位产品是对最优百分位产品进行了频率拟合及概率匹配生成的融合产品，相对于集合预报最优百分位、概率匹配平均产品，集合改进最优百分位产品更能准确地反映出降雨的实际情况。

3）集合预报产品展示

集合预报邮票图可以同时展示针对给定变量和预报时效的所有集合成员的预报结果，有助于预报员直观地判断极端降雨事件的分布形态。

　　改进后的集合预报最优百分位产品是融合了所有集合成员预报结果后，给出的最可能发生的降雨预报结果，它可以为预报员确定降雨的量级和范围提供参考。

　　基于逻辑斯谛（logistic）回归的概率定量降雨预报订正产品中给出了大于或等于某一阈值（0.1 mm、10 mm、25 mm、50 mm、100 mm）的格点降雨概率预报值，有助于确定不同强度降雨事件的发生概率。

　　箱线图给出了长江流域 39 个子分区 1～7 天的面雨量集合预报结果，它能显示出每个区间面雨量最大值、最小值、中位数及上下四分位数的预报结果，为预报员提供降雨的可能区间范围和极值情况以供参考。

4）集合预报产品试验应用检验

　　以 2018 年长江流域两次强降雨过程为例，分析集合预报在面雨量预报中的性能，具体分析如下：2018 年 5 月 5 日 8 时至 6 日 8 时，长江流域万宜区间等 10 个子流域的面雨量在大雨（24 h 面雨量值大于 15 mm）及以上量级，其中清江等 3 个子流域出现暴雨，以滁河子流域面雨量最大，为 58.3 mm，长江流域 39 个子流域的面雨量平均值为 10.7 mm。集合最优百分位预报在长江流域整体偏大，长江流域 39 个子流域的面雨量预报结果的平均值为 13.6 mm，预报较实况平均偏大 2.3 mm，误差百分比为 21%，结果如图 4.37 所示。

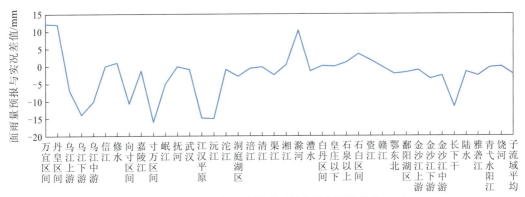

图 4.37　长江各子流域面雨量实况与预报差值

负值代表预报较实况偏大；正值代表预报较实况偏小

　　分析面雨量实况明显子流域的预报误差情况：在滁河、万宜区间和清江 3 个出现（面雨量）暴雨的子流域上，集合预报与实况误差分别是 10.3 mm、12.2 mm 和 0.3 mm，对应误差百分率为-30%、-20%和 0.5%，表明预报结果在暴雨量级时较实况偏小；对于实况出现大雨的 7 个子流域中，预报结果表现出偏强的特征，其中 5 个子流域中预报较实况偏大，1 个子流域（丹皇区间）预报偏小，1 个子流域（白丹区间）预报与实况一致（误差为 0.1 mm）；对于中雨及更小量级的降雨，ECMWF 模式也整体显现面雨量预报偏强的特征。

　　对降雨明显的子流域（如面雨量实况为大雨及以上量级的子流域），集合预报能够反映实况趋势，但预报误差在不同量级存在差异，对于大雨量级的子流域，预报整体较实况偏大，而对于暴雨量级的子流域，预报较实况偏小。

　　2018 年 5 月 25 日 8 时～26 日 8 时，长江流域武汉、鄂东北等 9 个子流域出现大雨和暴雨，其中长江下游干流面雨量最大，为 43.7 mm。集合预报面雨量结果整体较实况偏大，各子流域预报误差平均值为-1.9 mm，误差百分率约为 20%。

分析降雨明显的子流域（面雨量为大雨）预报误差情况，武汉等 9 个大雨量级的子流域中，绝对误差最大值为 16.2 mm，最小值为 2 mm，9 个子流域的预报误差平均值为-1.6 mm，说明面雨量预报整体略偏大。对于实况出现小雨和中雨的子流域，面雨量预报也整体呈现出偏大的特征。

根据以上两个个例可以发现：面雨量预报结果在长江流域较实况整体略偏大，误差百分率约为 20%；面雨量预报结果在大雨及其以下量级较实况偏大。

4.3　洪水演进模型

4.3.1　洪水演进模型研究进展

随着河流水电开发的高速发展，水库的建成对河道上下游的影响一直是国内外学者关注的热点。水利工程的修建形成一个人工湖泊，水面增宽，蒸发加大，一定程度上会改变局地小气候，影响降雨和周边流域的水文循环情势。Richter 等（1996）提出了水文变异性指标（indicators of hydrologic alteration，IHA）和变化幅度方法（range of variability approach，RVA），分别采用人类活动干扰前后和不同情况河流的水文特性对水文情势进行分析对比，采用统计方法研究河流水文情势的变异程度，得到了较广泛的应用。为了弥补统计学方法的不足，Thoms 等（1996）基于水量水质综合模型（integrated quantity and quality model，IQQM）模拟了澳大利亚康达迈恩-巴朗（Condamine-Balonne）流域天然及受人类活动影响的流量过程，探讨了水文特征变化。水文理论研究不断深入的同时，随着计算机技术的应用和发展，复杂的水力学演算得以快速实现，可以解决河道多维的数值计算问题。国外水力学模型软件成熟，美国陆军工程兵团水文工程中心开发的河道水力计算程序（river analysis system，RAS）可适用于一维河道稳定和稳定流，可进行各种涉水建筑物的水面线分析等，在国内外河道水面线推求中得到广泛应用。丹麦水利研究所（Danish Hydraulic Institute，DHI）开发的 MIKE 系列，可以对河道、海岸多维进行模拟，功能强大，在国内外多个流域如长江流域、淮河流域等得到了大量应用。美国杨百翰大学（Brigham Young University）开发的表面水建模系统（surface water modeling system，SMS）在计算自由表面流方面具有强大的功能，可计算多维浅水流动问题，主要应用于河口海岸，在我国黄河口进行了建模分析。

我国学者对水库影响下的库区及河道水文情势分析及模型构建应用上也进行了大量的研究。水库中洪水波速度较天然洪水大幅增加，徐正凡（1987）通过理论解析和实验分析，证实了水库洪水波传播的双重波动性，将水库库区划分为以运动波为主的河流区、过渡区和以动力波为主的水库平水区，动力波传播速度较快是库区洪水传播时间缩短的主要原因。陈力和段唯鑫（2014）采用数值模拟技术构建了三峡水库的水力学模型，探讨了库区随来水、库水位的不同，库区沿线波速的分布规律。阚要武等（2011）基于动库容调洪演算构建了三峡库区的水文、水力学耦合模型，基本满足了三峡水库实时调度要求。由于水库泄水波的急剧变化，传播时间大大加快，程海云等（2016）提出并补充了断波的概念，通过水力学模型模拟了不同量级、不同持续时间的断波在上荆江河段的传播特征。此外，我国学者还对全国各大流域和大量中小型水库的入库流量计算模型和调洪模型进行了构建和研究。国内河海大学王船海等（2003）结合三水源新安江模型，引入卡尔曼滤波校正技术构建了长江干流局部河段的水文水动力学耦合模型；王船海等（2004）构建了基于动库容的三峡库区水动力学模型，不同程度地运用到水库管理部门或防汛部门的实时预报调度操作中。

　　水库下游河道演算模型主要停留在水文情势分析、河势演变、泥沙分析等方面，对分析水库不同调度方式下的下游河道预报要素影响规律还需进一步研究。

4.3.2　洪水演进模型研究思路

　　本小节通过总结梯级水库建成前后长江干流洪水演进特征变化情况，在掌握国内外常用洪水演进模型适用性的基础上，针对研究区域不同河段的水文水力学特性，构建各河段适用的洪水演进模型和水库调洪模型，并集成各河段的洪水演进模型，实现洪水在研究河段的连续演算，通过多情景洪水演进过程模型，初步探讨洪水在研究河段的演进规律。技术路线如图 4.38 所示。

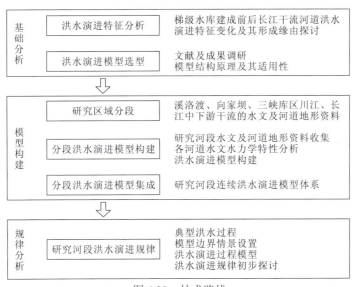

图 4.38　技术路线

　　（1）梯级水库建成前后长江干流河道洪水演进特征变化分析。收集溪洛渡水库至大通河段各主要站 1981~2019 年实测洪水样本和主要断面资料，以水库建成为时间节点，分阶段分析建库前后洪水传播时间、坦化变化差异，分析历年典型断面变化和水位-流量关系的变化情况。

　　（2）长江中下游预报模型应用现状分析。收集整理目前长江中下游实时洪水预报所采用的预报模型和预报方法，选择典型断面分析该断面预报模型的预报精度，并选择上游典型水库防洪调度过程分析长江中下游传统模型的精度和适应性。

（3）分段洪水演进模型构建。收集梳理现阶段国内外洪水演进模型（包括水文学方法和水力学方法）的研究现状及发展趋势，了解各类模型的优缺点及适用性，为研究区域优选适用洪水演进模型。收集整理溪洛渡、向家坝、三峡库区，川江（向家坝水库坝址至寸滩河段）及长江中下游干流（三峡水库坝址至大通河段）的水文及河道地形资料，基于MIKE11 构建溪洛渡、向家坝水库区间产汇流模型、河道演进模型和调洪模型，构建川江及长江中下游干流河道的水文、水力学耦合的洪水演进模型。采用建库以来典型洪水过程进行参数率定和检验。

（4）分段洪水演进模型集成。基于河网水系拓扑结构，采用串联方式将分段水库调洪模型与河道洪水演进模型进行集成，对模型边界文件的接口进行统一规范化处理，通过水库出库流量的调度规则设定和边界条件的自动调用，最终实现分段模型的连续演算，并将连续演算模型集成至长江防洪预报调度系统中，实现不同调度方式、不同降雨模式下的洪水演进过程模拟；选取 2017 年典型洪水及水库调度过程对连续演算模型进行检验。

（5）洪水演进规律初步探讨。基于构建的洪水演进模型，选择典型洪水过程，并设置多组不同的来水边界情景，模拟洪水波在溪洛渡水库至大通河段的演进过程，分析洪水波在库区及河道中的传播特性，初步探讨研究河段的洪水演进规律。

4.3.3　长河系洪水演进模型构建

1. 洪水传播特性变化分析

随着三峡、溪洛渡、向家坝水库相继建成运行，库区及下游洪水演进特征均有不同程度变化，基于实测资料从传播时间、坦化特征和水位-流量关系角度开展统计分析。

1）传播时间

基于以往研究成果，通过增加选取近年实测洪水样本，分金沙江下游、向家坝—寸滩、三峡水库、宜昌—汉口四个江段，分析水库建成运行前后库区及下游洪水传播时间变化情况。

溪洛渡、向家坝水库建成运行后，金沙江下游江段尤其是白鹤滩以下江段洪水传播时间明显缩短，其中白鹤滩—溪洛渡水库平均传播时间由原来 12 h 缩减至目前的 5 h，溪洛渡—向家坝水库传播时间由原来的 9 h 缩短至 0～2 h。溪洛渡、向家坝水库蓄水运行后，水库下游向家坝—寸滩江段洪水传播时间有所缩短，尤其在向家坝—李庄江段传播时间缩短明显，由建库前的 7 h 左右缩短至目前的 3 h 左右。

三峡水库蓄水运行后，寸滩—宜昌（坝址）洪水传播时间由原来天然河道条件下的 54 h左右缩短至目前的12～30 h。其中：寸滩站洪峰出现至三峡水库报汛入库洪峰出现的传播时间为 6～12 h，寸滩站洪峰出现至坝前入库洪峰传播时间与三峡水库水位相关，一般传播时间为 12～30 h；同时，水库水位越高，洪水传播时间越短。

结合 3.1 节的相关研究成果：宜昌—汉口江段洪水传播时间自三峡水库建成后明显缩短减小；传播时间明显缩短江段主要在宜昌—监利江段，监利—汉口江段洪水传播时间未发生明显变化。对宜昌—汉口各江段细化流量级统计分析洪水传播时间，流量级越大，洪水传播时间越短。

2）坦化特征

结合第3章的相关研究成果，基于实况资料分析2010年前后不同量级洪水朱沱—寸滩江段洪峰流量衰减情况，无明显变化；同样开展三峡水库建库前后宜昌—汉口江段洪水坦化特征分析，三峡水库建成后，宜昌—枝城江段的坦化作用减小，涨差系数由0.85增大到1.0左右，枝城—沙市江段坦化作用明显增大，涨差系数建库前在0.8左右，建库后减小到0.3～0.7，三峡水库建库后荆江三口分流比也有所增加，沙市—监利江段涨差系数有减小的趋势，建库前在0.7～0.9，建库后减小到0.6～0.7；螺山—汉口江段建库前后涨差系数变化不大，平均涨差系数在0.8左右。当三峡水库恒定下泄时，荆江河段枝城站、沙市站水位会趋于稳定，两站水位与三峡水库出库流量相关性较好，可为枝城站、沙市站预报提供参考。

3）水位-流量关系

（1）寸滩站。寸滩站水位-流量关系与三峡水库水位有关，当三峡水库水位低于155 m时，寸滩站水位-流量关系中轴线与多年综合线基本吻合，当三峡水库水位高于155 m时，库水位越高，寸滩站水位受三峡水库水位顶托越明显。

（2）宜昌站和沙市站。中低水水位-流量关系较多年水位-流量关系逐年右偏，中高水水位-流量关系轴线比多年水位-流量关系偏左。

（3）螺山站至大通站。螺山站至大通站主要控制站水位-流量关系中轴线较稳定，多年来年际未发现有明显的趋势性变化。各站大断面总体稳定，水流主流格局未发生明显改变，多年来河势保持稳定，河道行洪能力无明显改变。水位-流量关系中轴线较稳定，年际未发现有明显的趋势性变化。

2. 长江中下游预报模型应用现状分析

长江中下游预报方法主要采用大湖演算模型、相关图模型、合成流量法及水位-流量关系转换，根据预报方案体系，对各河段预报分区配置预报模型，长江中下游干流水情预报体系配置大湖演算模型3套，相关图模型15套，河道汇流模型1套，降雨径流模型5套，合计21个分区24套模型。以下结合螺山站和汉口站预报方案进行详细说明。

分析多年来长江中下游主要站洪水预报精度，沙市站高水位时，水位预报精度较高，预见期1天、2天、3天水位预报平均误差分别为0.16 m、0.24 m、0.37 m，1天、2天合格率均大于70%，3天合格率为60.2%。沙市站水位预报主要受三峡水库调度影响较大；莲花塘站水位预报精度总体较高，预见期1天、2天、3天、4天、5天水位预报平均误差分别为0.06 m、0.11 m、0.17 m、0.22 m、0.28 m，1～3天合格率均大于89%，4～5天合格率均大于76%。

不考虑人工交互影响，采用2016年、2017年洪水分析现有预报模型的适应性，可知长江中下游干流现状预报模型和方法总体上适应长江中下游预报情况，但在水库调度、河道宣泄变化等特殊情况时存在部分问题，主要如下：①强降雨过程预报水平影响来水量的准确性，进而影响长江中下游的预报精度；②大湖出流站水位-流量关系变化（左偏、右偏，偏离单值化方案线）、大湖整体出流量大小决定了模型水位调算结果，需实时跟踪调整大湖工作曲线；③汉口站相关图方案经验性较强，对预报员经验依赖程度较大；④当水利工程下泄流量陡增陡降时，河道传播时间加快、沿程衰减减弱，此时基于天然来水构建的大湖演算模型、相关图模型无法较好地反映水库蓄泄的影响程度。

3. 分段洪水演进模型构建及连续演算

1）洪水演进模型选型

洪水演进模型根据原理可分为水文学模型和水力学模型。水文学模型的最大优点是可以简单地将经验和实时信息相结合，同时其对河道地形资料要求较少，具有方便计算和可操作性强等特点，然而由于其参数具有较强的经验性，在水流情况复杂的流域，会面临参数难以正确率定的问题，所以相比水力学模型计算误差较大。本书更侧重于采用可行的模型作为洪水演算工具，可观察水库入库洪水在库区的变化及水库下游河道洪水演进过程，采用水力学模型进行计算更能满足本小节研究需求。

具体分析各水力学模型的优缺点：水力学模型的准确性与资料的完备程度有关，受地形影响往往需要大量资料支撑模型构建工作，在仅考虑河道水质点向下游演进的计算中，由于其完整的数学原理和差分算法支撑，水力学模型计算成果比较可靠，考虑研究区域范围广、河-湖-库水系复杂，本小节以采用一维一层水动力学模型为主。

2）分段模型构建

（1）溪洛渡水库洪水演进模型。干流及沿程支流的地形资料为 2018 年溪洛渡水库沿程固定断面实测资料，经整理共使用实测断面 274 个，选用 2014～2020 年溪洛渡水库运行资料，包括库水位、入库及出库流量过程，白鹤滩站、美姑站、昭觉站、大沙店站流量过程，库区 43 个报汛质量较好的雨量站资料。模型构建以上游白鹤滩水库出库控制站白鹤滩站为起点，下至溪洛渡水库坝址，沿途纳入主要支流控制站以下河道，包括左岸支流西溪河昭觉站、美姑河美姑站，右岸支流牛栏江大沙店站。为保证水库调洪的准确性，对河道容积进行校正，需调整容积在模型断面文件中体现。

溪洛渡水库洪水演进模型分为区间降雨径流模型和河道洪水演算模型，采用一维水动力学模型进行模型构建和参数设置，并在河网文件中实现降雨径流和河道演算的耦合。区间降雨径流模型分为 4 个子分区，子分区面雨量按泰森多边形法计算；河道水力学模型包含入库流量计算模型和调洪模型，分别构建对应的河道水力学模型，并与区间降雨径流模型耦合，以实现入库流量的计算和调洪。为降低模型预报误差，加入实时校正模块，本次模型中的校正模块采用混合滤波和误差校正技术，将误差预报模型定义为一个线性模型，并采用自回归模型函数进行定义。模块集成了自动估计参数的技术，在预报时间前的滤波期内，基于用户定义时间，估计并自动更新预报误差模型的参数。根据溪洛渡水库资料掌握情况，以白鹤滩站水位、溪洛渡水库坝前水位为校正点进行校正。

以 2014～2017 年为模型率定期，以 2018～2020 年为模型检验期，各子分区水量相对误差在 20% 以内，溪洛渡水库入库流量过程确定性系数均在 0.8 以上，洪峰流量平均相对误差小于 5%，10 天的库水位模拟平均误差在 0.4 m 以内，过程确定性系数在 0.98 以上。溪洛渡水库洪水演进模型模拟效果较好，模型参数满足精度要求，基本合理。

（2）向家坝水库洪水演进模型。干流及沿程支流的地形资料为 2018 年向家坝水库沿程固定断面实测资料，经整理共使用实测断面 194 个，水文资料主要以向家坝水库 2013 年发电为时间节点，选用 2014~2020 年向家坝水库运行资料，包括库水位、入库及出库流量过程，溪洛渡水库出库流量，支流大毛村站、何家湾站、欧家村站、龙山村站、新华站流量过程及雨量资料，库区 8 个报汛质量较好的雨量站时段雨量资料。模型构建以上游溪洛渡水库为起点，下至向家坝水库坝址，沿途纳入主要支流控制站以下河道，包括左岸支流西宁河欧家村站、中都河龙山村站，右岸支流团结河大毛村站、细沙河何家湾站、大汶溪新华站。为保证水库调洪的准确性，对河道容积进行校正，需调整容积在模型断面文件中体现。

向家坝水库洪水演进模型的区间降雨径流模型分为 6 个子分区，子分区面雨量按泰森多边形法计算；河道水力学模型包含入库流量计算模型和调洪模型，分别构建对应的河道水力学模型，并与区间降雨径流模型耦合，以实现入库流量的计算和调洪。为降低模型预报误差，加入实时校正模块，根据向家坝水库资料掌握情况，以向家坝水库坝前水位为校正点进行校正。

以 2014~2017 年为模型率定期，以 2018~2020 年为模型检验期，各子分区水量相对误差在 20%以内，向家坝水库入库流量过程确定性系数均在 0.7 以上，洪峰流量平均相对误差为 6.2%，10 天的库水位模拟平均误差在 0.4 m 以内，过程确定性系数在 0.93 以上。向家坝水库洪水演进模型模拟效果较好，模型参数满足精度要求，基本合理。

（3）三峡水库洪水演进模型。干流及沿程支流的地形资料为 2018 年向家坝水库沿程固定断面实测资料，经整理共使用实测干流断面 305 个、支流断面 156 个，水文资料选用 2014~2020 年寸滩站、武隆站及寸滩（武隆）—三峡水库坝址区间各支流控制站、区间雨量站的水雨情资料，共使用 151 站资料，其中雨量站 148 个。模型构建以上游寸滩站为起点，下至三峡水库坝址，沿途纳入主要支流乌江控制站武隆站以下河道，其余均按无控区间处理。为保证水库调洪的准确性，对河道容积进行校正，需调整容积在模型断面文件中体现。

三峡水库洪水演进模型的区间降雨径流模型分为 13 个子分区，子分区面雨量按泰森多边形法计算；河道水力学模型包含入库流量计算模型和调洪模型，分别构建对应的河道水力学模型，并与区间降雨径流模型耦合，以实现入库流量计算和调洪。为降低模型预报误差，加入实时校正模块，根据三峡水库资料掌握情况，以寸滩站、长寿站、北拱站、清溪场站、白沙沱站、石宝寨站、万县站、云阳站、奉节站、巫山站、巴东站、秭归站、茅坪站共 13 个站的水位为校正点进行校正。

以 2014~2017 年为模型率定期，以 2018~2020 年为模型检验期，各子分区水量相对误差基本在 20%以内，洪峰流量平均相对误差 4.9%，10 天的库水位模拟平均误差在 0.4 m 以内，过程确定性系数在 0.95 以上。三峡水库洪水演进模型在原有模型上进行更新完善，主要在于将地形文件进行了更新，就近几年水文资料模拟情况对参数进行了调整，整体模拟效果较好，水量、库水位、洪峰流量模拟精度、过程确定性系数均有所提高，其中在 2017 年 7 月的洪水中，洪峰流量相对误差的绝对值由 12.8%减小到 1.6%，确定性系数由 0.653 提高到 0.870，模型参数满足精度要求，基本合理。

（4）川江河道洪水演进模型。干流及沿程支流的地形资料为 2018 年向家坝水库坝下至寸滩站沿程固定断面实测资料，经整理共使用实测断面 287 个，水文气象资料主要包括作为模型上边界、下边界输入条件站点的水位、流量过程，如寸滩站、向家坝站、高场站、富顺站和北碚站，干流河道率定站点、实时校正站点水位、流量过程，如李庄站、朱沱站，以及模型中所涉及区域的雨量站网的降雨数据，共涉及站点 193 个。模型构建范围为金沙江下游向家坝水库坝址至长江干流寸滩站，主要支流来水包括岷江、沱江、嘉陵江、横江、南广河、赤水河和綦江，以及干支流控制站之间的无控区间来水。

川江河道洪水演进模型的区间降雨径流模型分为 9 个子分区，子分区面雨量按泰森多边形法计算；河道水力学模型与区间降雨径流模型耦合为洪水演进模型。为降低模型预报误差，加入实时校正模块，根据川江资料掌握情况，以向家坝站、宜宾站、李庄站、泸州站、朱沱站水位为校正点进行校正。

以 2016～2018 年为模型率定期，以 2019～2020 年为模型检验期，各子分区水量相对误差总体在 20%以内，将长江上游干流主要控制站李庄站、朱沱站及寸滩站作为控制对象率定粗糙系数参数，并分析模拟精度，各站汛期水量误差在 4%以内，李庄站、朱沱站、寸滩站次洪平均过程确定性系数分别为 0.97、0.73、0.83，洪峰流量平均相对误差为 1.8%、4%、5.5%，峰现时间略偏后。川江河道洪水演进模型模拟效果较好，模型参数满足精度要求，基本合理。

（5）长江中下游洪水演进模型。模型中采用的干流断面资料为 2019 年长江中下游沿程固定断面测量成果，考虑到长江中下游河道支汊众多，断面测量不连续，因此先将断面测量成果进行处理，再导入模型所需河道断面文件。其余支流断面采用时间为 2004～2019 年，其中控制站有实测断面的采用 2019 年最新测量大断面成果，支流河道有历年沿程测量成果的采用历年成果。由于两湖概化成了一维河道，按湖容曲线对河道断面形成的槽蓄量进行了比对校正。纳入模型的断面总计约 2 600 多个。水文气象资料主要使用的是边界输入的水文站流量、中间需率定站水位-流量及模型范围内的雨量站数据，使用的水文水位站共 31 个，雨量站使用较多，共 655 个。构建范围主要为宜昌至江阴，其间考虑荆江三口分流，主要支流来水包括清江、沮漳河、洞庭湖水系四水及湖区、陆水、汉江、东荆河分流、鄂东北各支流、鄱阳湖水系五河及湖区，以及无控区间来水。

长江中下游洪水演进模型的区间降雨径流模型分为 35 个子分区，其中长江干流无控区间 6 个，两湖湖区及尾闾无控区间 12 个（包括汨罗江、新墙河），鄂东北诸支流按支流划分控制站以上流域和控制站至河口区域，共形成 16 个子分区，汉江中下游划分为 1 个无控区间，子分区面雨量按泰森多边形法计算；河道水力学模型与区间降雨径流模型耦合为洪水演进模型。为降低模型预报误差，加入实时校正模块，根据长江中下游资料掌握情况，主要对长江中下游干流沿程主要控制站水位设置校正点进行校正，如枝城站、沙市站、莲花塘站、螺山站、汉口站、九江站、大通站、七里山站及湖口站，依据各站在模型河网中所处位置设置校正点和误差函数，以预报依据时间前序 24～48 h 为误差函数模型拟合时段，依据该拟合时段的计算过程率定误差函数参数。

以 2016～2018 年 6～8 月为模型率定期，以 2019～2020 年 6～8 月为模型检验期，鄂东北诸支流中，举水柳子港、巴水马家潭、蕲水西河驿、滠水长轩岭以上子分区降雨径流模型参数按实测流量资料率定，其余子分区参数为临近移用；干流及汉江中下游无控区间，采用控制站错时区间分割后率定或参数移用，率定的 4 个子分区水量相对误差均在 20% 以内，其余无控分区采用干流控制站水量过程检验。将长江干流主要控制站枝城站、沙市站、莲花塘站、螺山站、汉口站、九江站、大通站、洞庭湖七里山站、鄱阳湖湖口站作为控制对象率定粗糙系数参数，并分析模拟精度。长江中下游主要控制站水位-流量过程模拟的拟合程度均较好，率定期各站水位过程确定性系数基本都在 0.9 以上，洪峰水位平均误差在 0.17～0.53 m，流量过程确定性系数均在 0.99 以上，各站洪峰流量相对误差小于 5%，比较过程水量差异，各站水量平均相对误差基本小于 5%。检验期内，2019 年，各站水位过程确定性系数均在 0.9 以上，各站洪峰水位误差除大通站外均在 0.25 m 以内，流量过程确定性系数均接近 1，各站洪峰流量相对误差在 4% 以内，比较过程水量差异，各站水量相对误差基本小于 5%；对 2020 年长江中下游中高水资料进行检验，各站流量过程确定性系数均接近 1，洪峰流量误差小于 10%；各站水位过程确定系数 0.775～0.974，枝城—螺山江段洪峰水位误差在 -0.43～0.19 m，汉口—大通江段计算洪峰水位整体偏高，分析其原因可能与鄱阳湖区存在破圩分洪有关，模型计算时假定断面两端无限加高，未考虑分洪情况，导致计算时水流汇集，下游河段洪峰水位偏高，受其顶托影响汉口站水位偏高；分析过程总水量，各站水量相对误差 -4.75%～1.16%，表明模型计算的整体水量与实况相差较小。综上所述，采用 2016～2020 年 6～8 月资料率定检验的长江中下游洪水演进模型，整体水位、流量误差较小，模型参数较可靠。

3）连续演算集成

依托长江防洪预报调度系统的河系预报调度一体化体系，搭建连续演算的河系拓扑关系。预报调度一体化计算模块可实现河系所有预报、调度节点组连续预报或调度作业。河系预报调度既可实现自定义河系各预报（或调度）节点的预报调度计算，也可指定河系计算的起止节点（对于有分支的河系可指定多个起算节点），仅对起止节点内的子河系进行预报调度计算。

河系预报调度提供"守候式"及"触发式"自动预报、交互预报计算及分析功能。自动预报由系统后台完成，分守候式和触发式两种方式，其中守候式自动预报由后台定时（如每日 8 点整）执行，触发式自动预报由激活后台定制的触发事件（如某流域日面平均雨量达到 150 mm）执行。交互预报计算及分析即人工作业预报，需要人为分析、校验参与。

连续演算的触发涉及模型计算的先后次序，采用树形分层方法对河网拓扑关系划分层次，计算层次与树的深度相同，从最高级叶节点开始，按照从高到低的原则逐级计算至根节点，其中同一层次的所有节点同时完成相关计算，下一层次只能在上一层次节点全部计算完毕后开始。基于该树形分层计算方法，结合河网拓扑关系概化图对各计算节点赋值确定树形层级，如图 4.39 所示，7 层树形结构将按照"7→6→5→4→3→2→1"次序逐层逐站计算，预设上级计算结果作为下级计算边界条件，进而实现体系从上游向下游连续演算的目的。

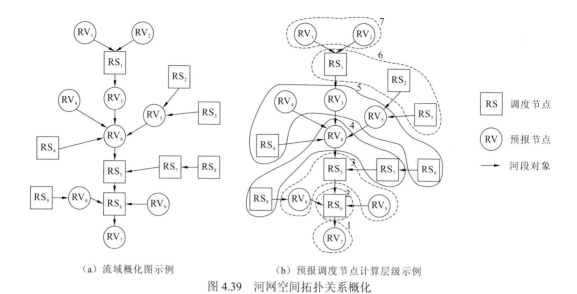

（a）流域概化图示例　　　　　　（b）预报调度节点计算层级示例

图 4.39　河网空间拓扑关系概化

4.4　长江上游旱涝长期预测技术

4.4.1　旱涝长期预测方法

旱涝长期预测影响因素众多，长期预报的研究涉及大气圈、水圈、岩石圈、冰雪圈及生物圈，即五圈之间的相互作用、相互影响。目前长期降雨预报方法可以分为气候概念模型预测、数理统计预报、气候数值模型三类。其中的气候概念模型预测及数理统计预报方法，是基于长江流域旱涝趋势影响因素众多，各因素关系复杂，因而使用的预报因子数据量大、种类庞杂，预报对象和预报因子数据都随时间快速增长，而且预报不以因果关系分析为基础，而以数据呈现的规律为主要依据进行预测，传统的汛期预测所面对的科学问题和采用的解决方法，实际是与大数据的特点和基本思想一致的。

采用理论研究、方法分析与实验相结合的研究思路，系统分析不同雨量数据、海温数据、气压数据、气温数据、海冰数据、天文数据、积雪数据等多源异构数据中关于长江上游长期雨量的表征模式，梳理与研究区长期雨量变化过程相关联的数据种类。解决从多源异构数据中提取变化过程数据序列及判别其与降雨变化过程关联性的问题。

基于长江上游各类多源异构数据进行大数据分析的关联计算，通过关联分析研究区多源异构数据与长江上游雨量长期过程的关联度，按照结构化与非结构化数据类型，以关联度大小组织数据簇序列，进而梳理出不同影响因子对雨量的影响程度，构建适用于大数据分析的多时空尺度多因子长江上游长期雨量预报方法，主要技术路线如图 4.40 所示。

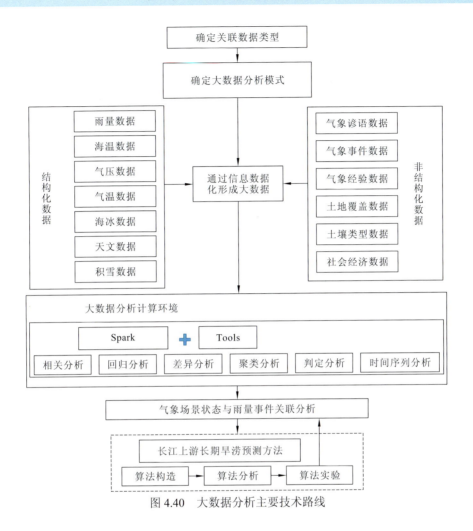

图 4.40　大数据分析主要技术路线

1. 概念性物理模型

概念性物理模型经常把复杂的实际情况转换成一定的容易接受的简单的情境，从而形成一定的经验性的规律。

长江流域旱涝概念性物理模型分析方法，就是在研究历史典型年份各种相关"大"数据的基础上，选择主要的共同因素。随着气象监测技术及数据共享体系的快速发展，实现了从天空到地面的立体气象要素多时空尺度监测网络，为应用大数据分析技术提供了数据基础。具体以数据科学为基础，按照科学研究第四范式的规则，以数据为中心，从"全体非抽样、效率非精确、关联非因果"的角度来分析复杂巨量的数据，以发现事物之间的关联与演化特征，查找出与预报对象有关联的因子及因子状态，确定共同因素。

2. 聚类分析方法

聚类分析方法是一种多因子综合预报方法，分析预报要素与前期多因子之间的统计相关关系，用数理统计法加以综合，进行预报，主要应用相关、多元回归分析。

多元线性回归是研究一个因变量与两个或两个以上自变量的回归，是反映一种现象或事物的数量根据多种现象或事物的数量的变动而相应变动的规律。建立多个变量之间线性或非线性数学模型数量关系式的统计方法。在处理数据时，经常要研究变量与变量之间的关系。变量之间的关系一般分为两种：一种是完全确定关系，即函数关系；一种是相关关系，即变量之间存在着密切联系，但又不能由一个或多个变量的值求出另一个变量的值。但是，对于彼此联系比较紧密的变量，希望建立一定的公式，以便变量之间互相推测。回归分析的任务就是用数学表达式来描述相关变量之间的关系。

多元回归是指一个因变量（预报对象）、多个自变量（预报因子）的回归模型。基本方法是根据各变量值算出交叉乘积和显著度。这种包括两个或两个以上自变量的回归称为多元回归。多元回归可以加深对定性分析结论的认识，并得出各种要素间的数量依存关系，从而进一步揭示出各要素间内在的规律。

聚类分析方法首先将预报对象与上述结构化数据资料逐月逐格点地计算相关系数和相关概率，普查的样本时间是历史序列的上一年的 1 月至当年的 2 月，在普查结果中，筛选出达到标准的相关系数（$|r| \geq 0.40$）的格点作为预报因子。经过多重处理后，分别以各筛选预报因子的正贡献综合指数建立一元回归（回归值定义为 NY），NY 避免了个别预报因子的极端值对综合预报意见的影响；以多个预报因子的原始值计算的回归预报值求出的二次综合回归拟合预报值（YY）。NY 和 YY 分别作为纵坐标和横坐标，制作预报物理模型。

3. SVD 分析方法

SVD 是从大量数据中发现项集之间有趣的关联和相关联系，是一种简单、实用的分析技术，就是发现存在于大量数据集中的关联性或相关性，从而描述了一个事物中某些属性同时出现的规律和模式。具体是以两个要素场之间最大协方差为基础进行展开的，是研究两个场相关结构的有效诊断分析方法，适用于气候诊断分析及大尺度气象场的遥相关等方面。

SVD 方法能够最大限度地分离出两个场相互独立的耦合分布型和各自满足的正交性，揭示两个气象场存在的时域相关性的空间联系，找到遥相关型和相互联系的关键区。

4.4.2　旱涝长期预测模型构建

1. 长江上游汛期典型旱涝概念性物理模型

1）典型旱涝年的选取

利用长江上游 1961～2019 年 6～8 月、9～10 月面平均雨量资料，计算逐年主汛期、汛后期面平均雨量距平，选取偏多 1 成以上、偏少 1 成以上年份作为典型旱涝年的备选年份。

利用宜昌站（还原后）1951～2019 年 6～8 月、9～10 月平均流量资料，计算逐年主汛期、汛后期平均流量距平，选取偏多 2 成以上、偏少 2 成以上年份作为典型旱涝年的备选年份。

利用宜昌站 2003 年以前的年最大流量资料及三峡水库 2003～2019 年年最大入库流

量资料，按大小排序选取最大流量前 5 年，由于年最大流量均发生在 6~8 月，所以该 5 年作为主汛期典型涝年的必选年份，5 年分别为 2012 年、1981 年、2010 年、1954 年及 1998 年。

首先根据上述备选年和必选年，结合雨量和流量取交集优先，其次综合权衡雨量优先和距平绝对值大优先的原则，选取主汛期、汛后期各典型旱涝年 10 年（若所有年份不到 10 年，按实际年份取值；枯水期流量受水库影响较大，典型年选取仅考虑降雨），长江上游典型旱涝年年份如表 4.14 所示。

表 4.14　长江上游典型旱涝年年份

来水特性	年份
主汛期偏多年	2012、1981、2010、1954、1998、1962、2014、1980、1999、1974
主汛期偏少年	2006、2011、1994、1972、1997、1971、2015、1969
汛后期偏多年	1964、1982、1973、1965、1983、1963、1980、2014、1974、1968
汛后期偏少年	2002、2009、1996、1997、2007、1984、2006、1959、2011、2016

注：年份按年最大流量排序。

2）6~8 月涝年概念性物理模型

逐项查找典型年 12 月、次年 1~2 月、12 月~次年 2 月的各项指标，与均值相比，统计典型年大多具有的共同特征，找出气候因子与长江上游夏季洪涝的关系如下。

（1）厄尔尼诺衰减年。厄尔尼诺与南方涛动（El Niño and southern oscillation，ENSO）事件是热带太平洋地区海气系统年际气候变率的最强信号，对区域气候及全球气候异常有超强的影响（朱益民 等，2007），是目前全球短期气候预测中的重要信号。研究表明，赤道中东太平洋海温的异常能够影响南方涛动的异常和沃克（Walker）环流的变化，从而影响到东亚夏季风环流的变化（张光智 等，1996）。厄尔尼诺衰减年的夏季，我国的西南气流偏强，长江上游降水偏多（陈文，2002）。在厄尔尼诺衰减年夏季，长江及江南地区雨量偏多（刘楚薇 等，2019）。厄尔尼诺衰减年时，中低纬西太平洋地区高度场均为正异常，西太平洋副高偏强、偏大、偏西、偏南。当在夏季结束时，欧亚中高纬乌拉尔山阻塞高压（乌阻）位置偏东、强度略偏弱，贝湖低压偏强，鄂霍次克海阻塞高压（鄂阻）偏弱，中低纬地区皆受正异常高度控制，西太平洋的反气旋环流呈自东向西带状的分布，范围较春季结束时进一步加大，位置偏西，川渝地区水汽输送增强，水汽辐合增强，对流活动加强，降水偏多（庞轶舒 等，2020）。总体而言，当处于厄尔尼诺衰减次年，副高系统发展强盛，随着其结束时间的延迟，偏强的副高范围不断西伸南压，不仅直接调控西太平洋和南海水汽的输送，同时也影响着孟加拉湾水汽向北输送，从而影响长江上游降水的异常分布格局。

（2）青藏高原积雪。青藏高原是东亚季风系统的重要成员，在东亚气候的形成与异常中起着非常重要的作用。积雪是反映高原热状况的一个重要因子，冬、春高原积雪异常可以通过积雪本身的持续性、土壤湿度异常的持续性影响中国夏季气候（梁潇云 等，2005；吴国雄 等，2004；张顺利和陶诗言，2001；陈兴芳和宋文玲，2000；郑益群 等，2000）。大量的研究表明：冬春季高原积雪偏多时，东亚夏季风强度偏弱，我国夏季长江流域易涝、华南易旱（Wu and Qian，2003；陈乾金 等，2000）。青藏高原积雪偏多，夏季孟加拉湾偏南气流偏弱，我国南方的偏南气流偏强，6 月在我国江南地区形成偏南气流的强辐合带，7 月在江淮流域和长江流域也形成偏南气流的强辐合带，夏季长江流域和江淮流域降水易偏多（李庆和陈月娟，2006）。

（3）极涡。冬季北半球极涡中心纬向、经向位置，亚洲区极涡面积、强度呈正距平时，有利于夏季长江上游洪涝。极涡是南北极高空气旋性环流，在北半球，由于大陆分布不均匀，极涡经常不在北极中心，而偏于北美大陆或欧亚大陆，引起这些地区偏冷。人们常把极涡作为大规模极地冷空气的象征。极地是冷空气的发源地，极涡的强度和大小可以大致反映冷空气的多少和强弱。三峡水库夏季降水异常主要成因是亚洲中纬度经纬向环流、北半球极涡和西太平洋副热带高压等环流异常（黄嘉佑 等，2003），冬季 12 月北半球极涡指数与高原 6 月降水相关，自高原东南部到西北部呈"＋－＋"分布，冬季 2 月北半球极涡指数与高原 8 月降水相关，除青海的柴达木盆地北侧、西藏西部为弱的负相关外，其余均为正相关（尼玛吉和次珍，2018）。

（4）亲潮区海温。亲潮又称为千岛群岛洋流，是一股亚极地的冷洋流，发源于白令海峡，沿堪察加半岛海岸和千岛群岛南下，故名堪察加寒流或千岛寒流。白令海中的横向海流一部分与西岸的阿纳德尔海流汇合，沿西伯利亚东部海岸流向西南，在堪察加半岛东部形成强大的寒流，经科曼多尔海峡进入太平洋，即为亲潮的源头，它经千山群岛向南，把大量的北冰洋冷海水送到太平洋，最后，流幅变宽并分成数支，在北纬 40° 以北，在日本东部海域与黑潮（日本暖流）汇合形成北太平洋洋流。亲潮区海温指数为 40°N～45°N、165°E～175°E 区域内海表温度距平的区域平均值，经统计其正距平时，有利于夏季长江上游发生典型洪涝。

（5）大西洋经向模海温（Atlantic meridional model sea-surface temperature，AMMSST）。21°S～32°N、74°W～15°E 区域内，海温场（左场）和经、纬向 10 m 风场（右场）最大协方差分析结果中海温场（左场）的时间系数，为大西洋经向模海温指数，该指数为正距平时，有利于夏季长江上游发生典型洪涝。冬春季热带大西洋暖海温，可能导致热带太平洋秋冬季出现中等强度的拉尼娜事件（严欣 等，2016），因而也易导致当年为厄尔尼诺衰减年，有利于长江上游发生典型洪涝。

（6）Nino1+2 区海温距平。Nino1+2 区海温指 10°S～0°、90°W～80°W 区域内，海温距平的区域平均值，该指数为负距平时，有利于长江上游夏季出现典型洪涝。Nino1+2 区为厄尔尼诺/拉尼娜事件的主要监测关键区之一，Nino1+2 海温有明显的 10 年际变化，该东太平洋海温负距平时可能为厄尔尼诺衰减年，有利于长江上游发生典型洪涝。

（7）暖池型 ENSO 指数。暖池型 ENSO 事件发生期间，海表高度异常主要位于热带中太平洋，也称作中部型 El Nino。经统计暖池型 ENSO 指数为负距平时，有利于夏季长江上游出现典型洪涝。

（8）东大西洋遥相关型指数。东大西洋遥相关型指数为 20°N～90°N、0°～360° 区域内，标准化 500 hPa 高度场经验正交函数（empirical orthogonal function，EOF）分析所得的第三模态的时间系数。经统计东大西洋遥相关型指数为负距平时，有利于夏季长江上游出现典型洪涝。

（9）西太平洋遥相关型指数。西太平洋遥相关型指数为 20°N～90°N、0°～360° 区域内，标准化 500 hPa 高度场 EOF 分析所得的第四模态的时间系数。经统计西太平洋遥相关型指数为负距平时，有利于夏季长江上游出现典型洪涝。

（10）北大西洋-欧洲环流型 C 型。根据北大西洋-欧洲地区槽脊位置的不同和强度的差异，划分北大西洋-欧洲（40°N～80°N、20°W～70°E）500 hPa 环流型为 W 型、C 型、E 型。其中：C 型特点是欧洲西海岸为高压脊、乌拉尔山地区为长波槽且欧洲经向环流发展。当月表现为 C 型环流的日数为北大西洋-欧洲环流型 C 型指数。经统计北大西洋-欧洲环流型 C 型指数为负距平时，有利于夏季长江上游出现典型洪涝。

（11）东亚槽。东亚槽是北半球中高纬度对流层西风带内的低压槽，是一个属于行星尺度的稳定且强度较强的西风大槽。经统计东亚槽位置指数为负距平时，有利于夏季长江上游出现典型洪涝。

根据上述气候因子，综合归纳出夏季长江上游涝年概念性物理模型，如图 4.41 所示，其中第一类因子相对比第二类因子更有利于夏季长江上游发生典型洪涝。

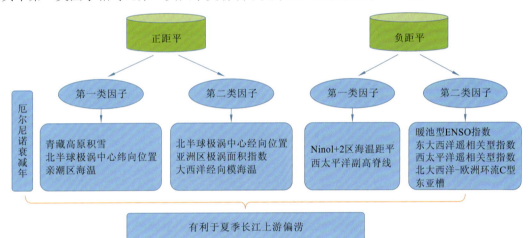

图 4.41　夏季长江上游涝年概念性物理模型

3）6～8 月旱年概念性物理模型

逐项查找典型年 12 月、次年 1～2 月、12 月～次年 2 月的各项指标，与均值相比，统计典型年大多具有的共同特征，找出气候因子与长江上游夏季干旱的关系如下。

（1）北半球副高脊线。500 hPa 高度场，10°N～60°N、5°E～360°区域内，逐条经线上副热带高压中心（即纬向风 $u=0$，且 $\partial u / \partial y > 0$）位置所在纬度的平均值，为北半球副高脊线位置指数。冬季该指数为负距平时，有利于夏季长江上游偏旱。

（2）西太平洋副高脊线。位于西北太平洋上空的副热带高压（简称西太副高）是东亚夏季风系统的重要成员之一，其南北位置的变动具有缓慢与跳跃两种特征，且是一种全球现象。西太副高脊线两次北跳时间的早晚对我国东部夏季主雨带位置的分布有显著的影响，尤其在全球变暖背景下，西太副高产生了一定程度的变异，而随之带来的夏季降水的异常也更加值得关注。西太副高脊线第一次北跳时间经历了"持续偏早—持续偏晚"的年代际演变特征，北跳时间的年际异常具有一定的群发性。北跳时间的年际特征对我国东部夏季降水的影响也十分显著。当第一次北跳时间发生异常时，其所引发的降水差异主要发生在长江流域的南北地区；当第二次北跳时间发生异常时，其所引发的降水异常与第一次北跳相比，界限从 30°N 的长江流域演变为两条，分别为 25°N 和 35°N 的黄河流域。经过统计分析发现：冬季西太副高脊线偏北有利于夏季长江上游偏旱。

（3）850 hPa 中太平洋信风 CPAC850 指数。850 hPa 纬向风场，5°N～5°S、175°W～140°W 区域纬向风平均值的标准化值，为 850 hPa 中太平洋信风指数。冬季该指数为正距平时，有利于夏季长江上游偏旱。

（4）编号台风数及登陆台风数。冬季 12 月～次年 2 月，编号台风数与登陆台风数偏少有利于夏季长江上游偏旱。

（5）太平洋十年际振荡（Pacific decadal oscillation，PDO）指数。PDO 是一种与 ENSO 类似但具有更长周期的气候变化强信号，PDO 指数是对 PDO 波动强弱的定量表述，其定义为北太平洋 20°N 以北月平均海温异常 EOF 分析第一模态的时间系数。以太平洋海温异常作为指示，PDO 具有显著的两极性，可分为冷位相和暖位相。当 PDO 指数为正值时，则为暖位相，此时热带中东太平洋海水水温异常暖，北太平洋中部异常冷，北美西岸异常暖；当 PDO 指数为负值时，则为冷位相，此时热带中东太平洋海水水温异常冷，北太平洋中部异常暖，北美西岸异常冷。PDO 和 ENSO 均对夏季副高北跳时间有显著影响，但是在年代际尺度上与 PDO 的关系更为显著，ENSO 主要对北跳时间的年代际异常影响显著。在剔除了 ENSO 的影响后，PDO 冷位相下，高（200 hPa）、中（500 hPa）、低（850 hPa）层的环流配置均有利于副高脊线北跳时间的年代际偏早，而 PDO 暖位相下，则有利于副高脊线北跳时间的年代际偏晚。PDO 对减弱东亚夏季风起到显著作用，当冬季 PDO 指数为负位相时有利于长江上游偏旱。

（6）准两年振荡（quasi-biennial oscillation，QBO）指数。QBO 是 20 世纪 60 年代发现的一种赤道附近地区平流层低层风场的准周期变化现象。赤道地区 30 hPa 纬向风平均值，为准两年振荡指数。对流层大气环流及气候变化也存在着准两年周期变化现象，并且同平流层的 QBO 有一定的联系。结果表明，平流层 QBO 的演变特征是：东风向西风转换最早出现在印度洋赤道地区；西风向东风转换最早出现在美洲和西太平洋赤道地区。中国东部降水量、气温及西太平洋副高和东亚急流都有准两年周期变化，并同平流层 QBO 有密切关系；平流层 QBO 对西太平洋台风活动也有一定影响，QBO 的西风位相期西太平洋台风偏少。另外，ENSO 对平流层 QBO 有明显影响，一般在 ENSO 发生之后，QBO 的西风位相期持续时间缩短。通过统计发现：冬季 QBO 指数为负距平时，有利于夏季长江上游偏旱。

（7）Nino 区海温距平指数。在 10°S～0°、90°W～80°W 区域内，海温距平的区域平均值，为 Nino1+2 区海温距平指数。在 25°N～35°N、130°E～150°E 区域内，海温距平的区域平均值，为 Nino A 区海温距平指数。在 0°～10°N、50°E～90°E 区域内，海温距平的区域平均值，为 Nino B 区海温距平指数。冬季各区的海温距平对夏季东亚环流均有较大影响，统计表明：冬季 Nino 1+2 区、Nino A 区及 Nino B 区的指数为负距平时有利于夏季长江上游偏旱。

（8）西半球暖池（western hemisphere warm pool，WHWP）指数。在 7°N～27°N、110°W～50°W 区域内，海温超过 28.5 ℃ 区域的球面面积，为西半球暖池指数。冬季西半球暖池指数偏弱时有利于夏季长江上游偏旱。

（9）黑潮区海温指数。黑潮是北太平洋一支强大而活跃的西边界暖流，其异常加热范围广、持续时间长，净热量释放是全球海洋中最大的，这种热量释放向北半球大气输送了大量的能量，必然会对北半球乃至东亚地区的大气环流产生重大影响。黑潮区海温与东亚大气环流及我国夏季气候关系密切，夏季西太平洋副热带高压脊线、脊点位置与同期黑潮区海温关系较好。同时冬季黑潮海面温度（sea surface temperature，SST）全区变化较一致，表现为均匀的冷暖分布，当黑潮区 SST 异常冷时，有利于夏季风偏强及夏季长江上游偏旱。

（10）热带印度洋全区一致海温（Indian Ocean basin-wide，IOBW）指数。热带印度洋全区一致海温模态定义为热带印度洋（20°S～20°N，40°E～110°E）区域平均的海温距平。这一模态是热带印度洋海温变化的最主要模态，它通常在冬季开始发展，第二年春季达到最强。已有研究指出，通过"大气桥"或印度尼西亚贯穿流等机制，当赤道中东太平洋厄尔尼诺（拉尼娜事件）持续发展时，在冬季至次年春夏季，热带印度洋海温往往表现为全区一致增暖（偏冷）。经过统计分析：当冬季 IOBW 指数为负位相时有利于夏季长江上游偏旱。

（11）亚洲区极涡面积指数。北半球 500 hPa 高度场，60°E～150°E 区域内，极涡南界特征等高线以北所包围的扇形面积，为亚洲区极涡面积指数。冬季亚洲区极涡面积指数偏强有利于夏季长江上游偏旱。

根据上述气候因子，综合归纳出夏季长江上游旱年概念性物理模型，如图 4.42 所示，其中第一类因子相对比第二类因子更有利于夏季长江上游发生典型干旱。

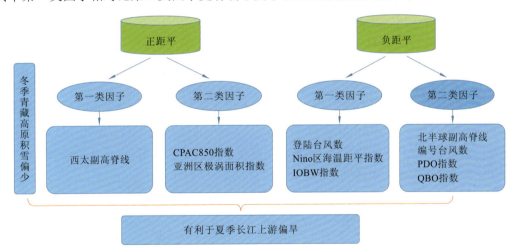

图 4.42　夏季长江上游旱年概念性物理模型

2. 长江上游汛期降水聚类等级预测模型

1）金沙江降水聚类等级预测模型

金沙江汛期 6～8 月雨量距平百分率实测值与模拟计算值比较吻合，其中：正、负距平符号一致的概率分别为 96.3%（26/27）、90.3%（28/31）；距平百分率≥10%的偏大年概率是 76.9%（10/13），距平百分率≤-10%的偏小年概率是 70.0%（7/10）。

金沙江秋汛 9～10 月降雨距平百分率实测值与模拟计算值比较吻合，其中：正、负距平符号一致的概率分别为 67.9%（19/28）和 76.7%（23/30）；距平百分率≥10%的偏大年概率是 76.9%（10/13），距平百分率≤-10%的偏小年概率是 64.3%（9/14）。

2）岷江降水聚类等级预测模型

岷江 6～8 月雨量距平百分率实测值与模拟计算值比较吻合，其中：正、负距平符号一致的概率分别是 86.2%（25/29）、82.8%（24/29）；距平百分率≤-10%的偏小年概率是 90.0%（9/10），距平百分率≥10%的偏大年概率是 90.9%（10/11）。

岷江 9～10 月雨量距平百分率实测值与模拟计算值比较吻合，其中：正、负距平符号一致的概率分别是 100.0%（34/34）、83.3%（20/24）；距平百分率≤-10%的偏小年概率是 57.1%（8/14），距平百分率≥10%的偏大年概率是 82.6%（19/23）。

3）沱江降水聚类等级预测模型

沱江 6～8 月雨量距平百分率实测值与模拟计算值比较吻合，其中：正、负距平符号一致的概率分别是 83.3%（20/24）、81.8%（27/33）；距平百分率≤-10%的偏小年概率是 86.4%（19/22），距平百分率≥10%的偏大年概率是 94.1%（16/17）。

沱江 9～10 月雨量距平百分率实测值与模拟计算值比较吻合，其中：正、负距平符号一致的概率分别是 74.1%（20/27）、83.9%（26/31）；距平百分率≤-10%的偏小年概率是 76.2%（16/21），距平百分率≥10%的偏大年概率是 88.2%（15/17）。

4）嘉陵江降水聚类等级预测模型

嘉陵江 6～8 月雨量距平百分率实测值与模拟计算值比较吻合，其中：正、负距平符号一致的概率分别是 88.0%（22/25）、87.9%（29/33）；距平百分率≥10%的偏大年概率是 77.8%（14/18），距平百分率≤-10%的偏小年概率是 63.2%（12/19）。

嘉陵江 9～10 月雨量距平百分率实测值与模拟计算值比较吻合，其中：正、负距平符号一致的概率分别是 87.5%（21/24）、82.4%（28/34）；距平百分率≤-10%的偏小年概率是 75.0%（18/24），距平百分率≥10%的偏大年概率是 65.0%（13/20）。

5）乌江降水聚类等级预测模型

由于秋汛期长江上游主要多雨区位于上游干流以北，所以仅构建乌江 6～8 月聚类等级预测模型。乌江 6～8 月雨量距平百分率实测值与模拟计算值比较吻合，其中：正、负距平符号一致的概率分别是 89.7%（26/29）、82.8%（24/29）；距平百分率≥10%的偏大年概率是 70.0%（14/20），距平百分率≤-10%的偏小年概率是 77.8%（14/18）。

6）长江上游干流降水聚类等级预测模型

由于秋汛期长江上游主要多雨区位于上游干流以北，所以仅构建长江上游干流 6～8 月聚类等级预测模型。长江上游干流汛期 6～8 月雨量距平百分率实测值与模拟计算值比较吻合，其中：正、负距平符号一致的概率分别是 85.7%（24/28）、86.7%（26/30）；距平百分率≥10%的偏大年概率是 75.0%（12/16），距平百分率≤-10%的偏小年概率是 83.3%（15/18）。

7）长江上游降水聚类等级预测模型

长江上游 6～8 月雨量距平百分率实测值与模拟计算值比较吻合，其中：正、负距平符号一致的概率分别是 92.6%（25/27）、90.3%（28/31）；距平百分率≤-10%的偏小年概率是 76.5%（13/17），距平百分率≥10%的偏大年概率是 63.2%（12/19）。

长江上游 9～10 月雨量距平百分率实测值与模拟计算值比较吻合，其中：正、负距平符号一致的概率分别是 85.2%（23/27）、87.5%（28/32）；距平百分率≤-10%的偏小年概率是 76.2%（16/21），距平百分率≥10%的偏大年概率是 63.2%（12/19）。

3. 长江上游汛期降水 SVD 等级预测模型

1）SVD 等级预测模型构建

长江上游 6～8 月降水 SVD 等级预测模型的构建分为数据获取、数据预处理、气候因子选择、模型的训练与校验、预报评估指标 5 个部分，分别介绍如下。

（1）数据获取。研究数据包括长江流域降水数据、全球海温数据、北极海冰数据和北半球位势高度数据。降水数据为长江流域 116 站日值地面降水数据集，来源于水利部长江水利委员会水文局，所有站点数据均通过系统的质量控制和均一性检验，月降水数据通过日降水数据累加得到。海温和海冰数据为 1°×1° 的 HadISST1 逐月数据集，来源于英国气象局哈德利中心。北半球位势高度数据为 2.5°×2.5° 的 NCEP/NCAR Reanalysis 1 逐月数据集，来源于美国国家环境预报中心。所有数据的时间跨度均为 1960～2017 年。本小节中按照水利部长江水利委员会水文局划分的长江流域一级子流域对长江上游进行分区降水预测，包括金沙江流域、岷江流域、嘉陵江流域、乌江流域和长江上游干流。

（2）数据预处理。SVD 计算时，采用原始场数据会导致分解模态中气候平均态的贡献率过大，屏蔽其他异常态信号，经过距平化处理可避免平均态的影响，减小误差。由于目前长期水文气象业务预报中通常使用 1986～2015 年 30 年均值作为历史均值，所以距平化时所有均值均采用 1986～2015 年的数据。

（3）气候因子选择。影响降水的气候因子复杂多样，在实际预测中，需要根据文献调研和相关性分析来选取与预测区域降水密切相关的前期气候因子场。考虑到前期气候因子在发布时间上具有滞后性，本月的数据通常在下月甚至更晚时才能获取，因此在选取前期因子时必须比降水预测时段至少提前 1 个月。由于本小节选取长江上游作为研究区域，对长江上游主汛期 6～8 月的累计降水进行预测。根据文献研究从高、中、低纬度分别选取 3 个与长江上游降水显著相关的前期因子，所选因子为冬季（12 月～次年 2 月）北极海冰场（60°N～90°N，180°E～180°W）、北半球 500 hPa 位势高度场（20°N～70°N，180°E～180°W）和热带海温场（30°S～30°N，180°E～180°W）。

（4）模型的训练和校验。将数据资料按时间先后顺序分为训练数据、校验数据和检验数据。训练数据用于初步预测模型的参数率定；校验数据用于订正模型参数的率定，订正模型与初步预测模型组合得到优化预测模型；检验数据用于评估两种预测模型的预测性能。训练数据和校验数据分别参与了初步预测模型和优化预测模型的构建，而检验数据对于模型来说是全新的数据。由于构建初步预测模型时使用了 SVD 方法，所以称之为 SVDF 模型；而构建优化预测模型时再次使用 SVD 方法进行预测订正，所以称之为 SSVDF 模型。在训练期需要对数据进行矩阵重构，将左场降水格点数据转化为 $X(m, k)$ 的时间矩阵，右场气候因子格点数据转化为 $Y(n, k)$ 的时间矩阵，其中 m 和 n 分别为降水数据格点数和选取的多种气候因子数据格点数之和，k 为训练期时长；在校验期，对观测降水数据和 SVDF 模型预测结果进行同样的矩阵重构。

（5）预报评估指标。预报评估指标主要有距平符号一致率（Pc）、合格率（P）、相关系数（R）和平均绝对误差（mean absolute error，MAE）。

2）SVD 等级预测模型参数率定

本小节利用 1960~1990 年的降水和气候场观测数据作为训练数据建立初步预测模型，利用 1991~2010 年的降水预测数据和观测数据作为校验数据建立预测校正模型，利用 2011~2017 年数据作为检验数据进行实际预测效果检验。

表 4.15 为训练期和校验期 SVD 分解的参数统计，可以看到各模态之间的相关系数均很高，基本在 0.6 以上。两者前 9 个模态的累计方差贡献率分别为 95.97% 和 96.76%，说明采用前 9 个模态时均可以解释绝大部分两场相关的信息，因此在构建模型时同样采用前 9 个模态。

表 4.15　训练期和校验期 SVD 分解参数统计

时期	参数	模态								
		1	2	3	4	5	6	7	8	9
训练期	方差贡献率/%	41.29	26.07	8.94	6.28	4.90	3.63	2.17	1.43	1.27
	累计方差贡献率/%	41.29	67.36	76.30	82.58	87.47	91.10	93.27	94.70	95.97
	相关系数	0.53	0.76	0.72	0.63	0.67	0.79	0.79	0.63	0.70
校验期	方差贡献率/%	48.00	15.08	10.60	7.74	4.78	3.85	2.82	2.08	1.80
	累计方差贡献率/%	48.00	63.08	73.68	81.42	86.20	90.05	92.88	94.96	96.76
	相关系数	0.66	0.61	0.70	0.64	0.81	0.73	0.84	0.72	0.76

根据模型构建中的方法对 SVDF 模型和 SSVDF 模型进行校验，模型参数取值见表 4.16。

表 4.16　训练期 SVDF 模型和校验期 SSVDF 模型参数率定结果

模型	参数	模态								
		1	2	3	4	5	6	7	8	9
SVDF 模型	b_0	-319.09	111.28	-14.43	-24.55	-113.54	-72.54	5.54	-0.56	-24.82
	b_1	0.70	0.84	1.01	1.14	0.94	1.13	1.40	1.80	1.30
SSVDF 模型	c_0	38.57	36.61	73.19	37.55	79.04	-72.09	111.88	-121.07	140.37
	c_1	1.77	0.92	1.24	1.08	1.93	1.49	1.89	1.49	1.90

注：b_0 和 b_1 为 SVDF 模型的斜率和截距，c_0 和 c_1 为 SSVDF 的斜率和截距。

表 4.17 为训练期的降水量模拟结果。由表可知，训练期 SVDF 模型的平均合格率为 83.7%，接近甲等水平，其中绝大部分在 75% 以上，特别是乌江流域和长江上游干流的合格率分别达到 96.7% 和 95.2%。模型拟合结果与实测雨量呈高度相关，各子流域相关系数均在 0.4 以上，其中岷江流域和嘉陵江流域的相关系数均在 0.6 以上。各流域降水预测结果的平均误差均在 35～70 mm，均值为 53.6 mm，其中乌江流域的误差仅为 36.6 mm。这说明模型的拟合效果良好，训练期的参数选取合理，可用于进一步的预测检验。

表 4.17　训练期 SVDF 模型的模拟结果

指标	金沙江流域	岷江流域	嘉陵江流域	乌江流域	长江上游干流	平均
$P/\%$	73.3	76.7	76.7	96.7	95.2	83.7
R	0.44	0.68	0.62	0.53	0.41	—
MAE/mm	62.9	56.4	68.9	36.6	43.2	53.6

表 4.18 为检验期的预测结果。对比训练期和校验期的结果发现，SVDF 模型在检验期的合格率和相关系数偏低、平均绝对误差偏大，表明模型预测效果明显偏差。SSVDF 模型的预测平均合格率为 85%，接近训练期水平，其中金沙江流域、岷江流域的合格率均为 95%，均在甲等水平。SSVDF 模型预测的子流域降水的相关系数大多在 0.56 以上，其中金沙江流域的相关系数可达 0.78，表明预测与实况相关性较好。SSVDF 模型的平均绝对误差在 29.6～77.3 mm，均值为 52.7 mm，与训练期较为接近。这表明，SSVDF 模型在长江上游主汛期降水量长期预测中有良好的实际预测效果，验证了基于多因子的 SSVDF 模型预报降水的可行性。

表 4.18　校验期预测结果

项目	$P/\%$		R		MAE/mm	
	SVDF 模型	SSVDF 模型	SVDF 模型	SSVDF 模型	SVDF 模型	SSVDF 模型
金沙江流域	85	95	−0.34	0.78	60.0	30.0
岷江流域	90	95	−0.05	0.65	50.5	29.6
嘉陵江流域	60	75	0.10	0.56	103.3	77.3
乌江流域	65	80	0.23	0.57	98.2	69.9
长江上游干流	65	80	−0.08	0.71	73.5	56.7
平均	73	85	—	—	77.1	52.7

表 4.19 为检验期的预测结果。对比训练期和校验期的结果发现，SVDF 模型在检验期的合格率和相关系数偏低、平均绝对误差偏大，表明模型预测效果明显偏差。SSVDF 模型的预测平均合格率为 80.2%，接近训练期水平，其中金沙江流域、岷江流域、嘉陵江流域的合格率均为 85.7%，均在甲等水平。SSVDF 模型预测的子流域降水的相关系数大多在 0.31

以上，其中嘉陵江流域为 0.87，表明预测与实况相关性较好。SSVDF 模型的平均绝对误差在 45.3～79.8 mm，均值为 60.0 mm，与训练期较为接近。这表明 SSVDF 模型在长江上游主汛期降水量长期预测中有良好的实际预测效果，验证了基于多因子的 SSVDF 模型预报降水的可行性。

表 4.19　检验期预测结果

项目	P/%		R		MAE/mm	
	SVDF 模型	SSVDF 模型	SVDF 模型	SSVDF 模型	SVDF 模型	SSVDF 模型
金沙江流域	85.7	85.7	−0.44	0.36	58.6	45.3
岷江流域	100.0	85.7	−0.14	0.24	63.1	58.3
嘉陵江流域	42.9	85.7	−0.12	0.87	111.7	48.0
乌江流域	71.4	71.4	0.21	0.36	111.3	79.8
长江上游干流	55.2	72.3	−0.08	0.31	66.5	68.8
平均	71.0	80.2	—	—	82.2	60.0

表 4.20 为实际检验期间 SSVDF 模型对长江上游子流域降水量预测相对误差的逐年检验结果：SSVDF 模型对 2013 年乌江流域降水量的预测相对误差明显偏大，为 42.3%；对 2011 年金沙江流域、2012 年长江上游干流、2013 年岷江流域、2014 年嘉陵江流域、2016 年长江上游干流的降水预测相对误差绝对值在 20%～25%，接近合格水平；对其余大部分时间的子流域降水量预测相对误差绝对值均达 20% 以内的合格水平。相对误差的绝对值平均结果显示，金沙江流域降水预测的平均相对误差最小（8.1%），其次为嘉陵江流域、岷江流域和长江上游干流，平均相对误差分别为 9.1%、9.7% 和 10.1%，乌江流域的平均相对误差则明显偏大，为 18.4%。图 4.43 为校验期和检验期模型的预测结果，由图可知，在各子流域中 SSVDF 模型预测效果均明显好于 SVDF 模型，各区域的实况降水存在显著的年际波动，SSVDF 模型预测的降水总体上能反映出各区域降水量的年际波动，但其预测的降水年际波动振幅明显小于实况，这说明模型对子流域降水极值的预测效果一般。

表 4.20　检验期 SSVDF 模型逐年预测相对误差　　　　　　（单位：%）

项目	年份							绝对值平均
	2011	2012	2013	2014	2015	2016	2017	
金沙江流域	**21.9**	4.9	11.7	−3.5	−5.9	6.9	−2.0	8.1
岷江流域	8.4	−3.2	**20.6**	15.0	−0.9	15.4	4.5	9.7
嘉陵江流域	1.2	11.3	−13.4	**20.9**	3.3	11.5	−1.9	9.1
乌江流域	10.3	14.2	**42.3**	**−28.6**	−16.7	−8.2	−8.6	18.4
长江上游干流	−7.5	**22.3**	1.2	3.4	−6.3	**−20.6**	9.4	10.1

注：加粗表示相对误差超过 20%。

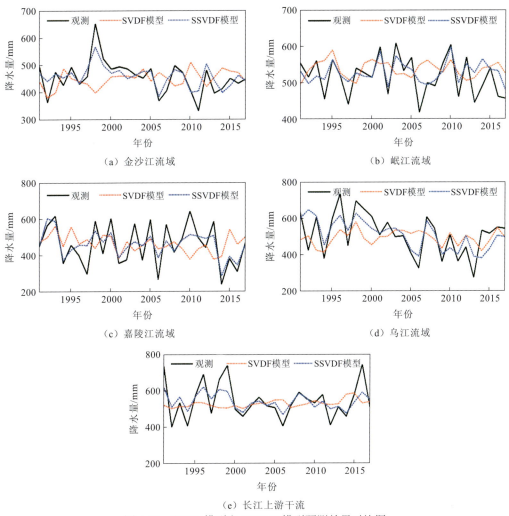

（a）金沙江流域　　　　　　　　　　　　　（b）岷江流域

（c）嘉陵江流域　　　　　　　　　　　　　（d）乌江流域

（e）长江上游干流

图 4.43　SVDF 模型和 SSVDF 模型预测效果对比图

4. 长江流域区域气候模式预测系统

本小节以区域气候模式 RegCM4 为基础，结合长江流域天气气候和自然环境特征，研究改进短期气候预测技术及其气候模式应用开发，主要是针对区域气候模式进行优化升级、初始场改进、物理过程参数优化及对预报值进行评估订正。基于最新版的区域气候模式 RegCM4 和 NCEP 最新的气候预测系统 CFSv2 模式搭建面向长江流域区域气候模式预测业务系统。

1）ROMS 模式与区域气候模式 RegCM4 耦合

区域海洋模型系统（regional ocean model system，ROMS）作为一个比较新的模式，与其他模式相比有许多值得关注的特点。例如：其使用的坐标系——S 坐标系使得温跃层和底边界层等这些让人更感兴趣的层面上有更高的解析度；在水平对流、垂相混合等问题的处理上，也有更多的方案可供选择等。

ROMS 主要应用于海洋近岸和河口海洋环境预报。世界各国都有 ROMS 的身影。其中迈阿密大学、美国国家海洋和大气管理局和美国海军等有关部门合作使用 ROMS 模式在墨西哥湾和加勒比海域建立了一个区域海洋预报系统。美国海军以菲律宾群岛为中心使用 ROMS 模式建立了区域海洋预报系统。

本小节中使用的 ROMS 模式是一个自由表面、地形跟踪和基本方程的斜压海洋模型，也是一个三维自由表面的非线性原始方程，主要应用于近海区域的海洋模型，将 ROMS 模式与区域气候模式 RegCM4 进行耦合。

2）初始场动态更新

气候预测系统（climate forecast system，CFS）是 NCEP 重要的气候预测系统，主要用于月度和季节预报，目前 CFSv2 模式每天实时更新。该数据提供了 RegCM4 所需要的温度、位势高度、U 风速和 V 风速、相对湿度和海温要素，各个气象要素每 6 h 输出一次，空间分辨率为 1°×1°，以 grib2 格式进行数据传输。

通过 shell 脚本的编写，可在服务器上实现 grib2 数据稳定下载和更新，并将 grib2 格式数据整合并改为 RegCM4 所需要的 nc 格式。在区域气候模式的数据存放目录中建立一个在 CFS 官网处下载的 grib 格式数据的目录 CFSGRIB 和存放处理好的 nc 格式数据的目录 CFS。

建立完成之后，编写 shell 脚本对数据进行下载和转换，需要将相应的目录进行设置。执行该脚本文件，即可进入下载和数据预处理过程。下载和预处理过后，会在 CFS 目录下出现下载数据的起始时间，表明数据已经预处理完成。

3）物理配置方案对比评估

利用区域气候模式 RegCM4 及主要物理参数化方案对 2017 年和 2018 年长江流域降水进行模拟评估，主要物理参数化方案见表 4.21；在将行星边界层方案采用 UW 湍流闭合模型和原有的 Holtslag 行星边界层方案进行对比评估时，主要物理参数化方案见表 4.22；在将大尺度非对流云降水方案采用新的云微物理方案和原来的次网格显式水汽方案进行对比评估时，新的云微物理方案的模式设置见表 4.23。

表 4.21　RegCM4 模式控制试验设置及主要物理参数化方案设置

项目	物理参数化方案	
	Test1.1	Test1.2
积分时间段	2017 年 5 月 1 日～2017 年 9 月 1 日	2018 年 5 月 1 日～2018 年 9 月 1 日
分辨率	156×100×36（水平分辨率 25 km）（顶层气压 50 hPa）	156×100×36（水平分辨率 25 km）（顶层气压 50 hPa）
大气初边界条件	EIN15	EIN15
海洋初边界条件	OI_WK	OI_WK
动力框架	MM4（hydrostatic core）	MM4（hydrostatic core）
投影类型	LAMCON	LAMCON

续表

项目	物理参数化方案	
	Test1.1	Test1.2
辐射传输方案	CCM3	CCM3
陆面方案	BATS	BATS
行星边界层方案	Holtslag PBL	Holtslag PBL
积云对流降水方案	Grell（FC80）	Grell（FC80）
大尺度降水方案	SUBEX	SUBEX
海洋通量方案	Zeng 和 Beljaars（2005）	Zeng 和 Beljaars（2005）
侧边界条件方案	Relaxation（exponential）	Relaxation（exponential）

表 4.22　UW 湍流闭合模型及其他主要物理参数化方案设置

项目	物理参数化方案	
	Test3.1	Test3.2
积分时间段	2017 年 5 月 1 日～2017 年 9 月 1 日	2018 年 5 月 1 日～2018 年 9 月 1 日
动力框架	MM4（hydrostatic core）	MM4（hydrostatic core）
辐射传输方案	CCM3	CCM3
陆面方案	BATS	BATS
行星边界层方案	UW PBL	UW PBL
积云对流降水方案	Grell（FC80）	Grell（FC80）
大尺度降水方案	SUBEX	SUBEX
海洋通量方案	Zeng 和 Beljaars（2005）	Zeng 和 Beljaars（2005）
侧边界条件方案	Relaxation（exponential）	Relaxation（exponential）

表 4.23　新的云微物理方案及其他主要物理参数化方案设置

项目	物理参数化方案	
	Test4.1	Test4.2
积分时间段	2017 年 5 月 1 日～2017 年 9 月 1 日	2018 年 5 月 1 日～2018 年 9 月 1 日
动力框架	MM4（hydrostatic core）	MM4（hydrostatic core）
辐射传输方案	CCM3	CCM3
陆面方案	BATS	BATS
行星边界层方案	Holtslag PBL	Holtslag PBL
积云对流降水方案	Grell（FC80）	Grell（FC80）
大尺度降水方案	New Microphysics	New Microphysics
海洋通量方案	Zeng 和 Beljaars（2005）	Zeng 和 Beljaars（2005）
侧边界条件方案	Relaxation（exponential）	Relaxation（exponential）

　　采用以上不同物理方案配置模拟 2017 年和 2018 年长江流域夏季降水，不同方案模拟结果与实测降水对比见图 4.44、图 4.45。综合来看，对于单个物理方案的变化，长江流域的降水模拟误差在不同区域和不同时间段都有所差异，这是由于不同的物理方案对不同的降水过程的模拟能力有所不同。为了选择一个整合性更好的物理方案配置，需对多种物理过程方案的配置进行降水模拟的对比评估和分析。

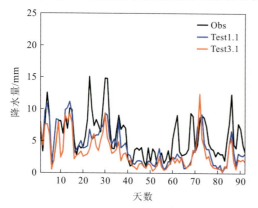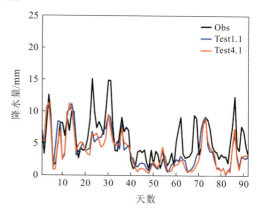

（a）观测值和Test1.1、Test3.1模拟值对比　　　　　（b）观测值和Test1.1、Test4.1模拟值对比

图 4.44　　2017 年长江流域夏季观测和不同模拟降水量的对比

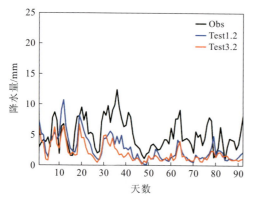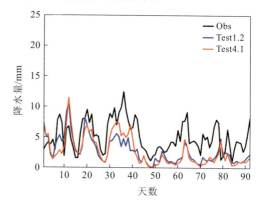

（a）观测值和Test1.2、Test3.2模拟值对比　　　　　（b）观测值和Test1.2、Test4.1模拟值对比

图 4.45　　2018 年长江流域夏季观测和不同模拟降水量的对比

Obs 为实况降水

4）物理过程方案配置优化

　　为了选出模型对长江流域降水预报更加准确的配置方案，我们选取了 20 个物理方案进行历史降水事件的模拟。根据观测资料选取长江流域降水异常典型年份，分别为 2010 年、2014 年、2016 年和 2017 年。结合 NCEP 和其他再分析资料和海温同化数据，驱动区域气候模式开展长江流域历史气候事件的模拟，并评估不同物理配置组合下该模式对长江流域月、季气候及其异常的模拟能力。

　　模式的中心点设置为 30.5°N、108°E。水平分辨率为 25 km，网格数为 156×100，垂直分层为 36 层，顶层气压为 50 hPa，地图投影为兰勃特投影。20 组不同物理方案的配置如表 4.24 所示。

表 4.24　主要物理参数化方案设置

项目	模式设置			
	Test001	Test002	Test003	Test004
陆面方案	BATS	BATS	BATS	BATS
行星边界层方案	Holtslag PBL	UW PBL	Holtslag PBL	Holtslag PBL
积云对流降水方案	Grell（FC80）	Grell（FC80）	Grell（FC80）	Tiedtke
大尺度降水方案	SUBEX	SUBEX	New Microphysics	SUBEX
海洋通量方案	Zeng 等（1998）	Zeng 等（1998）	Zeng 等（1998）	Zeng 等（1998）
压力梯度力方案	Full fields	Full fields	Full fields	Full fields

项目	模式设置			
	Test005	Test006	Test007	Test008
陆面方案	BATS	BATS（Lake model）	CLM	CLM45
行星边界层方案	Holtslag PBL	Holtslag PBL	Holtslag PBL	Holtslag PBL
积云对流降水方案	Kain-Fritsch	Grell（FC80）	Grell（FC80）	Grell（FC80）
大尺度降水方案	SUBEX	SUBEX	SUBEX	SUBEX
海洋通量方案	Zeng 等（1998）	Zeng 等（1998）	Zeng 等（1998）	Zeng 等（1998）
压力梯度力方案	Full fields	Full fields	Full fields	Full fields

项目	模式设置			
	Test009	Test010	Test011	Test012
陆面方案	BATS	BATS	BATS	BATS
行星边界层方案	Holtslag PBL	Holtslag PBL	UW PBL	UW PBL
积云对流降水方案	Grell（FC80）	Grell（FC80）	Tiedtke	Grell（FC80）
大尺度降水方案	SUBEX	SUBEX	SUBEX	New Microphysics
海洋通量方案	Zeng 等（1998）	Zeng 和 Beljaars（2005）	Zeng 等（1998）	Zeng 等（1998）
压力梯度力方案	Hydrostatic deduction	Full fields	Full fields	Full fields

项目	模式设置			
	Test013	Test014	Test015	Test016
陆面方案	BATS	BATS	BATS	BATS
行星边界层方案	UW PBL	UW PBL	Holtslag PBL	Holtslag PBL
积云对流降水方案	Grell（FC80）	Grell（FC80）	Grell（FC80）	Tiedtke
大尺度降水方案	SUBEX	SUBEX	SUBEX	SUBEX
海洋通量方案	Zeng 和 Beljaars（2005）	Zeng 等（1998）	Zeng 和 Beljaars（2005）	Zeng 等（1998）
压力梯度力方案	Full fields	Hydrostatic deduction	Hydrostatic deduction	Hydrostatic deduction

项目	模式设置			
	Test017	Test018	Test019	Test020
陆面方案	BATS	BATS（Lake model）	BATS（Lake model）	BATS（Lake model）
行星边界层方案	Holtslag PBL	Holtslag PBL	UW PBL	Holtslag PBL
积云对流降水方案	Grell（FC80）	Grell（FC80）	Grell（FC80）	Tiedtke
大尺度降水方案	New Microphysics	SUBEX	SUBEX	SUBEX
海洋通量方案	Zeng 等（1998）	Zeng 等（1998）	Zeng 等（1998）	Zeng 等（1998）
压力梯度力方案	Hydrostatic deduction	Hydrostatic deduction	Full fields	Full fields

根据长江流域的水文特征将长江流域分为 11 个子流域，包括金沙江、岷沱江、嘉陵江、长上干区、乌江、汉江上游、汉江中下游、长中干区、洞庭湖、长下干区和鄱阳湖，分别用大写字母 A～K 表示，如图 4.46 所示。将上述的 20 个物理配置方案共 80 组试验通过 RMSE 和距平相关系数（anomaly correlation coefficient，ACC）等评估方法与各个子区域的观测降水进行对比评估，选择出较优的物理配置方案。

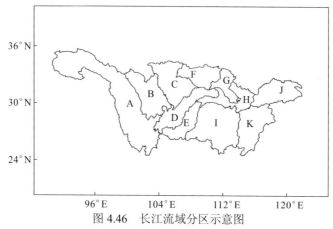

图 4.46　长江流域分区示意图

A～K 分别表示金沙江、岷沱江、嘉陵江、长上干区、乌江、汉江上游、汉江中下游、长中干区、洞庭湖、长下干区和鄱阳湖

综合 4 个个例模拟结果，综合误差最小和相关性最好的区域个数最多的 5 个方案分别为方案 Test001、Test014、Test015、Test018 和 Test019，区域个数分别为 43、42、41、41 和 45，其余方案的最优区域个数均在 40 以下。从上述方案中可以看出，积云对流降水方案中 Grell（FC80）和大尺度降水方案 SUBEX 使用最多，它们分别对大气中的对流性降水和大尺度型降水进行处理，为了提高这两个物理过程对降水的处理能力，进一步对这两个物理过程中的重要参数进行优化。

5）物理方案参数优化

为了选出模型对长江流域降水预报更加准确的物理方案的参数，我们选取了积云对流降水物理过程方案中 Grell（FC80）和大尺度降水方案 SUBEX 中主要的参数进行优化。根据观测资料选取长江流域降水异常典型年份（偏涝、偏旱），分别为 1998 年和 2006 年。模式的中心点设置为 30.5°N、108°E。水平分辨率为 25 km，网格数为 156×100，垂直分层为 36 层，顶层气压为 50 hPa，地图投影为兰勃特投影。选择的参数主要有 5 个，见表 4.25。

表 4.25　两个降水过程的参数简介

物理过程	参数	默认值	最小值	最大值	参数描述
对流降水物理过程方案 Grell（FC80）	gcr	0.002	0.001	0.045	云水转化效率/$g \cdot m^{-2} \cdot s^{-1}$
	dtau	30	15	120	CAPE[①]消耗时间/min
非对流降水物理过程方案 SUBEX	cevap	$1×10^{-5}$	$1×10^{-6}$	$2×10^{-5}$	降水蒸发效率/$[(kg \cdot m^{-2} \cdot s^{-1})^{-1/2} \cdot s^{-1}]$
	caccr	6	1	10	降水积聚效率/$[(m^3 \cdot s^{-1}) \cdot kg^{-1}]$
	gul	0.65	0.2	0.8	云雨自动转换尺度因子

① CAPE 是指对流有效位能，即 convective available potential energy 的缩写。

对 1998 年夏季长江流域的降水进行模拟。使用多链退火算法首先在多维参数空间中随机选取参数集，根据模拟结果逐步调整采样的方法，会使得算法逐步朝着模式误差最小的参数空间进行采样，本次试验共选取了 74 组参数集，模拟误差逐渐趋于稳定，采用常用的模式技巧 E 评分对这 74 组参数集进行评估，得到两个降水过程的默认参数集和最优参数集见表 4.26。

表 4.26　1998 年两个降水过程的默认参数集和最优参数集

物理过程	参数	默认值	最优值	参数描述
对流降水物理过程方案 Grell（FC80）	gcr	0.002	0.002	云水转化效率/$\mathrm{gm^{-2} \cdot s^{-1}}$
	dtau	30	100	CAPE 消耗时间/min
非对流降水物理过程方案 SUBEX	cevap	1×10^{-5}	1.65×10^{-5}	降水蒸发率/$[(\mathrm{kg \cdot m^{-2} \cdot s^{-1}})^{-1/2} \cdot s^{-1}]$
	caccr	6	4.5	降水积聚效率/$[(\mathrm{m^3 \cdot s^{-1}}) \cdot \mathrm{kg^{-1}}]$
	gul	0.65	0.68	云雨自动转换尺度因子

为了检验模式进行参数优化后的模拟效果，对默认参数集和最优参数集进行具体的对比评估。1998 年长江流域夏季（6～8 月）观测和优化前后的区域气候模式模拟的降水量的对比如图 4.47 所示，从图中可以看出，进行参数优化之后，模拟的长江流域的降水整体性更接近观测资料，尤其是在 6 月中下旬至 7 月下旬。对于 8 月而言，进行参数优化之后模拟的降水与观测资料相比偏低。在 6 月下旬、7 月下旬和 8 月下旬，长江流域出现的降水极大值，在进行参数优化之后，区域气候模式更为准确地模拟了 6 月下旬的降水极大值，但是 7 月下旬和 8 月下旬长江流域出现的降水极端值模拟则偏低了 2～4 mm，没有较为明显的提升。总体而言，优化后的长江流域降水模拟的变化趋势更加接近于观测，说明参数优化对 1998 年夏季的整体优化效果较为理想。

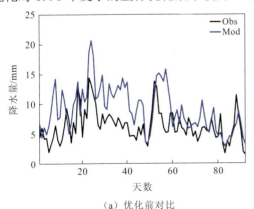
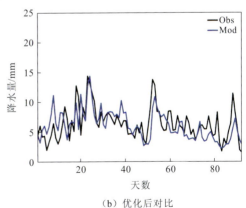

（a）优化前对比　　　　　　　　　　　（b）优化后对比

图 4.47　1998 年长江流域夏季（6～8 月）观测和优化前后区域气候模式模拟降水量的对比

Obs 为实况降水，Mod 为模式预测降水

在对长江流域偏涝年份 1998 年分析之后，我们对长江流域偏旱年份 2006 年也进行了相同分析，得到默认参数集和最优参数集如表 4.27 所示。

表 4.27　2006 年两个降水过程的默认参数集和最优参数集

物理过程	参数	默认值	最优值	参数描述
对流降水物理过程方案 Grell（FC80）	gcr	0.002	0.002	云水转化效率/$gm^{-2}\cdot s^{-1}$
	dtau	30	98	CAPE 消耗时间/min
非对流降水物理过程方案 SUBEX	cevap	1×10^{-5}	1.53×10^{-5}	降水蒸发效率/$[(kg\cdot m^{-2}\cdot s^{-1})^{-1/2}\cdot s^{-1}]$
	caccr	6	5.7	降水积聚效率/$[(m^3\cdot s^{-1})\cdot kg^{-1}]$
	gul	0.65	0.72	云雨自动转换尺度因子

为了检验模式进行参数优化后的模拟效果，对默认参数集和最优参数集进行具体的对比评估。2006 年长江流域夏季（6～8 月）观测和优化前后的区域气候模式模拟的降水量的对比如图 4.48 所示，从图中可以看出，进行参数优化之后，模拟的长江流域的降水整体性更接近观测资料，尤其是在 6 月上旬、7 月中旬、8 月上旬和 8 月下旬。6 月中旬和 8 月上旬长江流域的降水偏差有所减少，从原来偏多 6～10 mm 降低为偏多 2～5 mm。在 7 月上、中旬，长江流域出现的降水极大值，在进行参数优化之后，区域气候模式对降水极大值的模拟偏低了 5～8 mm，没有较为明显的提升。总体而言，优化后的长江流域降水模拟的变化趋势更加接近于观测，说明参数优化对 2006 年夏季的整体优化效果较为理想。

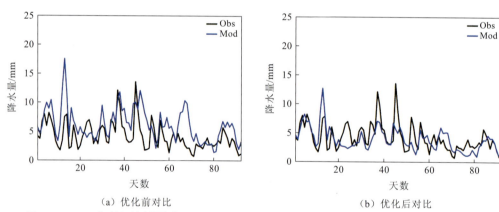

（a）优化前对比　　　　　　　　　　　　　　（b）优化后对比

图 4.48　2006 年长江流域夏季（6～8 月）观测和优化前后区域气候模式模拟降水量的对比

对比两个不同的年份可以看出，两者的最优参数有所不同，但是又较为接近。两者的 E 评分随着 5 个参数的变化趋势也较为相似，所以两者对区域气候模式的优化都较为显著。对于预报而言，难以预知长江流域夏季的降水是偏涝年份还是偏旱年份，为此，对两个个例进行整合分析，选择出最优的参数优化集。同样采用常用的模式技巧 E 评分对这 148 组参数集进行评估，模式技巧得分如图 4.49 所示。

1998 年和 2006 年夏季长江流域的平均模拟显示，不同参数配置的 E 评分差异较大。对于参数 gcr（云水转化效率）的变化，降水模拟的 E 评分也没有很明显的趋势变化，表明云水转化效率在 1998 年和 2006 年的影响都不显著；而对于参数 dtau（CAPE 消耗时间）的变化，降水模拟的 E 评分有很明显的变化，降水的 E 评分随着 CAPE 所需消耗时间的增长而减小，到达 100 min 左右，E 评分最低，模式模拟的降水误差最小；对于参数 cevap（降水蒸发效率）的变化，降水模拟的 E 评分变化趋势较弱，大致随着降水蒸发效率的增大而减小；对于参数 caccr（降水积聚效率）的变化，降水模拟的 E 评分变化趋势较为明显，与降水蒸发效率一样，大致随着降水积聚效率的增大而减小；对于参数 gul（云雨自动转换尺度因子）的变化，降水模拟的 E 评分变化趋势较为明显，与 CAPE 消耗时间类似，大致随着云雨自动转换尺度因子的增大而减小。

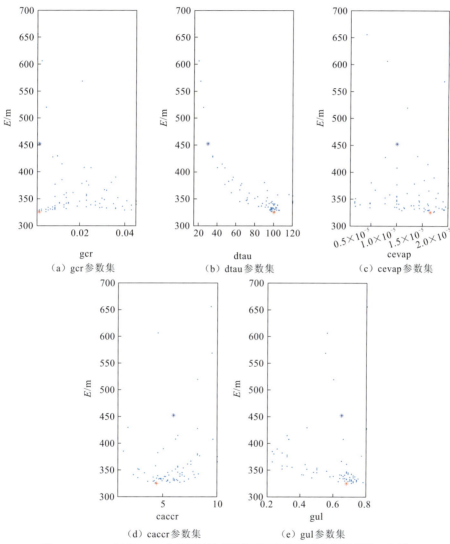

图 4.49　1998 年和 2006 年夏季长江流域不同参数集降水模拟累计 E 评分

图 4.49 中蓝色表示默认参数集，红色表示最优参数集，默认参数集和最优参数集如表 4.28 所示。对比之前表 4.26 的最优参数集，两者的参数设置一样，说明无论是对长江流域偏涝年份 1998 年的降水模拟还是对长江流域偏旱年份 2006 年的降水模拟，该优化参数集都是最优的。

表 4.28　1998 年及 2006 年两个降水过程的默认参数集和最优参数集

物理过程	参数	默认值	最优值	参数描述
对流降水物理过程方案 Grell（FC80）	gcr	0.002	0.002	云水转化效率/$gm^{-2} \cdot s^{-1}$
	dtau	30	100	CAPE 消耗时间/min
非对流降水物理过程方案 SUBEX	cevap	1×10^{-5}	1.65×10^{-5}	降水蒸发率/$[(kg \cdot m^{-2} \cdot s^{-1})^{-1/2} \cdot s^{-1}]$
	caccr	6	4.5	降水积聚效率/$[(m^3 \cdot s^{-1}) \cdot kg^{-1}]$
	gul	0.65	0.68	云雨自动转换尺度因子

综上所述，表 4.28 中的最优化参数集可用于区域气候模式中对未来长江流域的降水进行预报，经过对积云对流降水方案中 Grell（FC80）和大尺度降水方案 SUBEX 中主要的参数优化后，区域气候模式的降水模拟较未优化前的降水模拟效果好。

6）历史回报结果评估

选取之前的 5 个物理配置组合，并使用优化后的参数集，利用海气耦合模式和全球气候模式资料驱动区域气候模式，对长江流域历史气候进行回报试验，5 个物理配置方案如表 4.29 所示。

表 4.29　历史回报时主要物理参数化方案设置

项目	模式设置		
	Test001	Test014	Test015
陆面方案	BATS	BATS	BATS
行星边界层方案	Holtslag PBL	UW PBL	Holtslag PBL
积云对流降水方案	Grell（FC80）	Grell（FC80）	Grell（FC80）
大尺度降水方案	SUBEX	SUBEX	SUBEX
海洋通量方案	Zeng 等（1998）	Zeng 等（1998）	Zeng 和 Beljaars（2005）
压力梯度力方案	Full fields	Hydrostatic deduction	Hydrostatic deduction

项目	模式设置	
	Test018	Test019
陆面方案	BATS（Lake model）	BATS（Lake model）
行星边界层方案	Holtslag PBL	UW PBL
积云对流降水方案	Grell（FC80）	Grell（FC80）
大尺度降水方案	SUBEX	SUBEX
海洋通量方案	Zeng 等（1998）	Zeng 等（1998）
压力梯度力方案	Hydrostatic deduction	Full fields

同样挑选上述的 4 个典型年份进行分析，即 2010 年、2014 年、2016 年和 2017 年，海气耦合模式进行的历史回报试验结果如图 4.50 所示（以 2016 年为例）。对于 6 月而言，

Test015 和 Test018 对长江流域降水回报效果较好；对于 7 月而言，Test001、Test015 和 Test018 对长江流域降水回报效果较好；对于 8 月而言，Test015 和 Test018 对长江流域的降水回报效果较好。

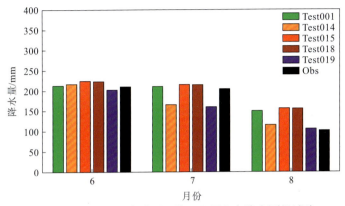

图 4.50　夏季长江流域不同物理配置方案降水回报试验

在对上述年份夏季长江流域降水回报的相关性进行检验，见图 4.51（以 2010 年为例），综合不同典型年份的相关性进行评估可以看出，不同月份历史回报的降水的相关性有所不同，但是总体而言，Test014 和 Test019 对长江流域回报的降水与观测的变化趋势更为接近。综上所述，对于长江流域整体的夏季降水而言，Test014 和 Test019 的历史回报效果较好。

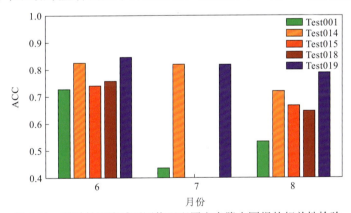

图 4.51　夏季长江流域不同物理配置方案降水回报的相关性检验

为了对不同区域的降水回报进行对比，我们同样对长江流域 11 个子流域的回报效果进行评估。2010 年夏季，Test014 降水回报效果最优，对长江子流域的降水回报效果最好的区域有 6 个，其次是 Test019，对长江子流域的降水回报效果最好的区域有 3 个。2014 年夏季，Test001 降水回报效果最优，对长江子流域的降水回报效果最好的区域有 4 个，其次是 Test014 和 Test019，对长江子流域的降水回报效果最好的区域有 3 个。2016 年夏季，Test019 降水回报效果最优，对长江子流域的降水回报效果最好的区域有 4 个，其次是 Test001、Test014 和 Test015，对长江子流域的降水回报效果最好的区域有 2 个。2017 年夏季，Test019 降水回报效果最优，对长江子流域的降水回报效果最好的区域有 5 个，其次是 Test001 和 Test014，对长江子流域的降水回报效果最好的区域有 2 个。

4 个个例中,有 11 个以上区域历史回报最优的方案分别为 Test001、Test014 和 Test019,其中 Test019 有 15 个区域历史回报最优。

再对长江各子流域夏季降水回报的相关性进行检验。2010 年夏季,Test014 和 Test019 的历史回报降水与观测降水的相关性最优,长江子流域的回报降水与观测降水相关性最好的区域有 4 个。2014 年夏季,Test014 和 Test018 的历史回报降水与观测降水的相关性最优,长江子流域的回报降水与观测降水相关性最好的区域有 3 个。2016 年夏季,Test018 和 Test019 的历史回报降水与观测降水的相关性最优,长江子流域的回报降水与观测降水相关性最好的区域有 3 个。2017 年夏季,Test014 的历史回报降水与观测降水的相关性最优,长江子流域的回报降水与观测降水相关性最好的区域有 5 个,其次是 Test019,长江子流域回报降水与观测降水相关性最好的区域有 2 个。

4 个个例中,有 10 个以上区域历史回报的降水与观测降水相关性最优的方案分别为 Test014 和 Test019,历史回报降水与观测降水的相关性最优个数分别为 13 个和 10 个。

综上所述,4 个个例中,综合误差最小和相关性最好的区域个数,5 种方案的回报区域最优的个数分别为 16、26、6、10 和 25。从长江各子流域的历史回报评估来看 Test014 和 Test019,结合长江整个流域夏季不同月份降水的历史回报来看,选择出最优的物理方案为 Test019。

7）降水误差订正

降水本身的变化对历史回报的降水误差有一定的预测性,但是未来夏季日降水本身就是未知的,所以需要研究降水与降水误差之间的关系。利用 2010 年、2014 年和 2016 年的预报降水和降水误差之间的关系,对 2017 年的历史回报降水进行误差订正,并对订正结果进行评估。

图 4.52 为夏季长江流域逐日预报降水和降水误差变化散点图及两者的拟合曲线,从图中可以看出,夏季长江流域预报降水与降水误差呈现正相关关系,两者的一元线性回归方程为 $y = 0.21x - 1.14$,利用该方程对 2017 年夏季长江流域的历史回报降水进行订正。

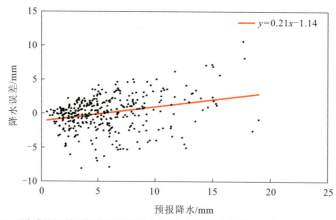

图 4.52　夏季长江流域逐日预报降水和降水误差变化散点图及两者的拟合曲线

图 4.53 为 2017 年夏季长江流域逐日降水观测值、预报值和预报订正值,可以看出,在个别降水日,预报订正值更接近于观测值,如在 6 月中上旬、7 月上旬、8 月上旬和 8 月下旬等时间段。

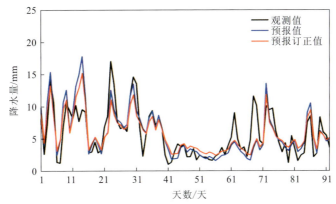

图 4.53　2017 年夏季长江流域逐日降水观测值、预报值和预报订正值

表 4.30 为订正前后的预报效果对比，从表中可知，共计 43 天的绝对误差值在订正后有所减小，当然也存在个别降水日的订正效果不是很好，共计 49 天的绝对误差值在订正后有所增大。订正后，2017 年夏季长江流域降水的预报平均值减小，平均值由 5.832 4 mm 减小到 5.747 6 mm，更接近于观测值 5.746 1 mm，平均绝对误差由 1.637 5 mm 减小到 1.568 2 mm，平均绝对误差减小了 4.2%。总体而言，订正效果较好，可以更好地对长江流域夏季降水进行预测。

表 4.30　订正前后预报效果对比

预报类型	平均值/mm	平均绝对误差/mm	绝对误差偏小天数/天
未订正预报值	5.832 4	1.637 5	49
订正预报值	5.747 6	1.568 2	43

8）区域气候模式搭建

长江流域区域气候模式预测系统是基于最新版的区域气候模式 RegCM4 和 NCEP 最新的气候预测系统 CFSv2 模式建立在服务器 Linux 系统上的降水和气温的预测系统。首先，CFSv2 模式预报分为 4 个时次，每天 00:00、06:00、12:00、18:00 起报，选择起报时间 00:00 这个时次，选择未来一个季节的气象要素的预报结果；然后，将该全球气候模式的预报结果转换为区域气候模式 RegCM4 需要的大气和海洋初始、边界条件，通过最新版的 RegCM4 对未来一个季节的降水和气温进行预测。

搭建的长江流域区域气候模式预测业务系统，其中区域气候模式的中心点设置为（30.5°N，108°E），模式水平分辨率为 25 km，东西向格点数为 156，南北向格点数为 100，垂直方向为 36 层，最顶层的气压为 50 hPa，地图投影方式采用兰勃特投影。模式采用的物理过程及参数化方案包括：NCAR CCM3 辐射方案、BATS1e 生物圈-大气圈传输方案、UW 行星边界层方案、Zeng 海洋通量方案、Grell 积云对流降水方案和 SUBEX 大尺度降水方案。

该预测模型利用 shell 脚本实时在线自动运行，只需要简单的几个命令即可实现在线运行并计算出长江流域地区的气温和降水，操作简单。

4.4.3 旱涝长期预测模型应用

1. 聚类模型成果应用检验

1) 2019 年预报检验

对 2019 年长江上游 7 个区 6～8 月聚类等级预测模型进行了效果检验，除乌江有较大预报偏差外，其他各区效果较好，尤其金沙江及长江上游降水距平预报几乎无偏差，见表 4.31。对长江上游各区 9～10 月聚类等级预测模型进行了效果检验，除岷江及嘉陵江外，其他各区效果比较好，见表 4.32。

表 4.31　2019 年 6～8 月聚类等级预测模型效果检验

预报对象	距平/%		检验结果
	实况	计算	趋势
金沙江	2	1	√
岷江	4	−9	×
沱江	−6	0	×
嘉陵江	4	−4	×
乌江	0	−20	×
长上干	−11	−6	√
长江上游	2	1	√

注：距平符号一致（同为正或同为负），则表示趋势一致，检验结果为"√"，否则"×"。

表 4.32　2019 年 9～10 月聚类等级预测模型效果检验

预报对象	距平/%		检验结果
	实况	计算	趋势
金沙江	18	5	√
岷江	4	−10	×
沱江	—	—	—
嘉陵江	70	−14	×
长江上游	27	9	√

注：距平符号一致（同为正或同为负），则表示趋势一致，检验结果为"√"，否则"×"。

2) 2020 年预报检验

对 2020 年长江上游 7 个区 6～8 月聚类等级预测模型进行了效果检验，除岷江和沱江外，其他各区效果比较好，见表 4.33。对长江上游各区 9～10 月聚类等级预测模型进行了效果检验，金沙江及嘉陵江较好，岷江及长江上游不合格，见表 4.34。

表 4.33　2020 年 6～8 月聚类等级预测模型效果检验

预报对象	距平/%		检验结果
	实况	计算	趋势
金沙江	4	9	√
岷江	35	−10	×
沱江	56	−12	×
嘉陵江	53	3	√
乌江	25	21	√
长上干	33	8	√
长江上游	25	12	√

表 4.34　2020 年 9～10 月聚类等级预测模型效果检验

预报对象	距平/%		检验结果
	实况	计算	趋势
金沙江	−13	−6	√
岷江	9	−5	×
沱江	—	—	—
嘉陵江	−15	−26	√
长江上游	8	−10	×

2. SVD 模型成果应用检验

降水异常是长期预报关注的关键要素之一，气象学中通常采用距平来反映降水异常，即表示降水实况偏离多年均值的异常程度，其对防汛抗旱工作的开展具有重要参考价值。长期降水距平预测是世界性的难题，目前国内预测机构的多年平均降水距平符号一致率评分多在 60～70 分，因此本小节以 60 分作为预测合格。表 4.35 给出了训练期-SVDF 模型、校验期-SVDF 模型、校验期-SSVDF 模型、检验期-SVDF 模型和检验期-SSVDF 模型的距平符号一致率评分。可以看到，训练期-SVDF 模型的降水模拟平均评分达到 70 分，校验期-SVDF 模型平均评分仅有 51 分，而经过订正的 SSVDF 模型降水拟合评分达到 73 分。这表明 SVDF 模型在实际预测中对降水异常的预测效果有明显下降，经过订正后则可以显著消除这种系统性误差。在实际检验期，SVDF 模型和 SSVDF 模型的评分分别为 52 分和 64 分，SSVDF 模型的评分相比校验期有所下降，但明显高于 SVDF 模型，且在合格水平以上，验证了 SSVDF 模型对长江流域降水异常预测的合理性。

表 4.35　各阶段模型模拟预测结果评分

项目	训练期-SVDF 模型	校验期-SVDF 模型	校验期-SSVDF 模型	检验期-SVDF 模型	检验期-SSVDF 模型
P_C	70	51	73	52	64

表4.36为检验期逐年的降水距平预测结果。由表可知，SVDF模型各年的预测结果均在60分以下，未能合格。SSVDF模型在2011年和2012年的预测评分为60分以下，其他年份均为60分以上，特别是在2014年和2017年预测评分分别达到74分和69分，预测效果良好。

表4.36　检验期逐年降水距平预测结果

模型	2011年	2012年	2013年	2014年	2015年	2016年	2017年	平均
SVDF模型	45	56	59	56	47	53	47	52
SSVDF模型	58	57	63	74	63	64	69	64

从SSVDF模型在2011～2017年的预测和实况降水距平对比图（以2017年为例，图4.54）：2011年，模型较好地预报出了汉江上游降水偏多、长江上游干流南部降水偏少的分布状况，但对两湖水系的降水预报效果较差；2012年，模型的整体预报效果较差，未能预报出汉江上游的干旱状况；2013年，模型成功预报了长江中下游南部降水偏少、嘉陵江和汉江上游降水偏多的分布，但在量级和中心上存在误差；2014年，模型预测结果较好地把握了当年长江流域主汛期大范围偏旱的状况，但干旱中心与实况相比有所偏移；2015年，模型预测出了汉江上游降水偏少的状况，但对长江中下游干流南部降水偏多的预测效果一般；2016年，长江中下游干流附近降水显著偏多，模型对降水强度的预测效果较好，但其预测的多雨区位置明显偏南；2017年，模型预测结果基本把握了长江中下游降水偏多、长江上游降水偏少的分布，特别是对嘉陵江局地的一片多雨区有所反映，但同时也看到模型预测降水的异常程度明显小于实况。综合来看，SSVDF模型预测结果能够大体把握长江流域主汛期降水的旱涝分布，但其对局地异常降水中心和异常降水程度的预测有较为明显的误差。

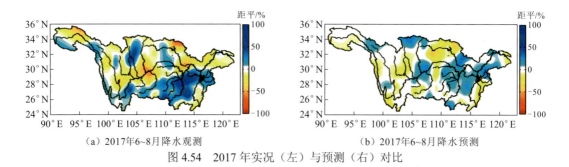

(a) 2017年6~8月降水观测　　　　　　　(b) 2017年6~8月降水预测

图4.54　2017年实况（左）与预测（右）对比

3. 区域气候模式成果应用检验

以2020年5月27日为起始时间进行降水预报，对未来3个月累计降水进行预报，结果如图4.55所示，从图中可以看出：2020年夏季降水偏多，以EC-Earth为强迫场进行降水预报时，预报的累计降水整体偏小，主要集中在长江流域上游地区，在四川盆地的降水预报明显偏小。将强迫场数据更新为CFS数据时，可以看到预报的降水明显增多，与观测结果更加接近，尤其是四川盆地及长江中下游地区，降水预报与观测更加接近；在长江流域强降水中心虽然未预报出来，但是相比于老版本的强迫场数据，整体的降水预报结果增大，夏季累计降水量与观测更加接近。

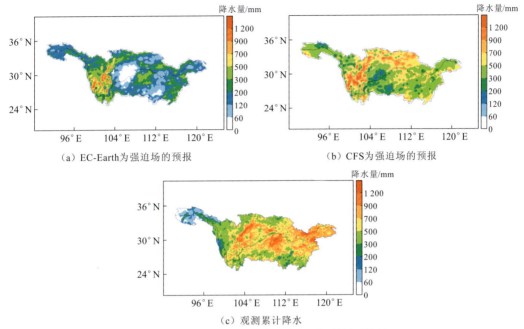

（a）EC-Earth为强迫场的预报　　　　　　　　　（b）CFS为强迫场的预报

（c）观测累计降水

图 4.55　2020 年夏季长江流域降水预报结果对比情况

第 5 章

三峡水库不确定性水文预报

针对当前技术水平，数值降雨输入存在较大误差、入库洪水模拟精度不高、预报结果实时校正效果欠佳等难点问题，开展变化条件下基于多源数据的溪洛渡–向家坝–三峡水库不确定性水文预报研究，建立入库洪水预报模型，基于 Copula-BFS 系统推求入库流量概率预报结果，对水文集合预报技术开展试验研究。相关成果可为溪洛渡、向家坝、三峡梯级水库群的水资源优化调度和多预见期水文智能预测系统提供技术支撑和决策参考，有助于溪洛渡、向家坝、三峡等水库最大限度地发挥综合效益。

主要结论包括：相较于欧洲中期天气预报中心、日本气象厅、中国气象局，人工综合降雨预报精度最高，且采用基于频率分布的校正法能够取得最佳误差修正效果；通过耦合降雨径流相关图法和 MISO 模型，并考虑水库区间不同预见期的定量降雨预报，开展的溪洛渡、三峡水库入库洪水预报试验，可有效提高入库流量预报精度；采用自回归模型对溪洛渡、三峡水库入库流量预报误差进行实时校正后的流量过程精度都有较大提升，模型效率系数和水量误差指标均显著改善，且模拟误差峰值处的误差校正效果较好；洪水概率预报不仅能够给出预报推荐值，还给出实测值可能的分布范围，从而定量描述预报的不确定性，更好地为调度决策提供风险信息与技术支撑。

5.1　水文预报不确定性研究进展

通常水文模拟的不确定性来源包括三个方面：输入的不确定性、水文模型参数的不确定性，以及水文模型结构的不确定性。

在水文模型中，输入是水文气象资料，但其中最重要的是降雨，它的不确定性对水文模型模拟结果的好坏有着至关重要的影响。降雨时空变异与实际情况中降雨观测站点固定观测之间的不符是不确定性的基本来源。史晓亮等（2014）基于反距离加权平均法对雨量站降雨资料进行插补延长，并结合 SWAT 模型研究了降雨输入不确定性对分布式流域水文模拟的影响。结果表明：不同降雨输入对分布式流域水文模拟的影响较大，在雨量站降雨资料不完整的情况下，通过对雨量站降雨数据进行插补延长，在一定程度上可以提高径流模拟精度。廖亚一等（2014）通过蒙特卡罗采样获得服从正态分布的随机数，在实测数据上加入随机误差来表示数据的不确定性，进而探讨气象数据输入不确定性对 SWAT 模型径流模拟结果的可能影响。分析表明：输入的气象要素数据不确定性对模型模拟结果影响较大，其中降雨数据的不确定性对模型模拟结果影响最大。

对于水文模型参数的不确定性分析，20 世纪 70 年代到 90 年代末，研究的主要方向是某种优化算法在模型参数估计中的使用，2000 年之前，参数估计中的优化以单目标优化为主，2000 年以后这类研究扩展到多目标优化。20 世纪 90 年代中期开始，基于贝叶斯统计的模型参数估计方法开始出现。Beven 和 Binley（1992）最早对这一问题进行了系统研究，并提出了用于评估参数不确定性影响的普适似然不确定性估计（generalized likelihood uncertainty estimation，GLUE）方法。GLUE 方法提出后，得到广泛关注。此外，也有学者研究了基于贝叶斯理论，采用马尔可夫链蒙特卡罗（Markov chain Monte Carlo，MCMC）方法分析水文模型参数不确定性。这两种方法是目前研究水文模型参数不确定性的最常用的方法，应用很广泛。梁忠民等（2009）应用贝叶斯理论探讨了流域水文模型参数及预报不确定性问题。通过 Monte Carlo 途径确定 TOPMODEL 模型的敏感参数，采用 MCMC 抽样技术估计敏感参数的后验概率密度分布，并根据参数的抽样系列构造水文模型预报值的经验分布，据此对模型参数的不确定性及其对水文预报结果的影响进行评价。

对于水文模型结构的不确定性分析，近年来，贝叶斯模型平均（Bayesian model averaging，BMA）方法在该领域得到了广泛的应用。Ajami 等（2006）将该方法应用于水文模型结构不确定性分析之中，利用贝叶斯模型平均方法对美国的三个盆地流域进行研究，选用萨克拉门托土壤水分计算（Sacramento soil moisture accounting，SAC-SMA）模型、土壤水量平衡（soil water balance，SWB）模型和概念性水文模型（conceptual hydrologic model，HYMOD）对三个流域分别进行模拟，选用三个不同的目标函数对模型参数进行优化，优选出每个模型和每个目标函数下的最优预报值，对于每个流域均有 9 组预报值，对此 9 组数据用 BMA 方法进行加权平均，获得每个流域的最优预报值。结果表明，BMA 加权综合的预报值比三个模型单独的预报值精度高。

水文集合预报是一种既可以给出确定性预报值，又能提供预报值的不确定性信息的概率预报方法。彭勇等（2015）在洪水预报中引入了降水集合预报信息来考虑相应的降水不确定性，以桓仁水库流域为试验流域，将欧洲中期天气预报中心降水集合预报数据驱动新安江模型，得到预报径流的区间范围，为决策者提供更多有用的风险信息。张洪刚和郭生练（2004）将水文不确定性处理（hydrologic uncertainty processor，HUP）模型应用于白云山水库流域，得到待预报流量的后验密度函数，比较分析结果表明可显著提高预报精度，并提供更多的基于风险分析的信息。此后，随着 Copula 理论的发展，基于其可以捕捉边缘分布作为任意分布的水文变量间的非线性相关结果的优势，刘章君等（2014b）提出了基于 Copula 函数的贝叶斯概率洪水预报系统模型，并与 Krzysztofowicz 和 Kelly（2000）所提的 HUP 模型进行比较，发现所构建的模型表现优于 HUP 模型。此外，为考虑预见期内降水预报的不确定性，钟逸轩等（2016）通过将全球交互式大集合（THORPEX interactive grand global ensemble，TIGGE）数值天气预报与人工神经网络进行耦合，并采用 BMA 模型对集合预报进行后处理获取入库流量概率预报产品。

5.2　洪水集合概率预报方法

5.2.1　降雨预报数据预处理技术

1. 降雨校正方法

1）线性回归模型

线性回归模型对预报降雨产品预测雨量 P_{sat} 与地面真实降雨量 P_{ref} 进行一元线性回归：

$$P_{sat} = a + bP_{ref} + \varepsilon$$

式中：a 和 b 为线性回归的拟合参数，分别称为回归常数和回归系数，用于解释数据中的系统性偏差；ε 为随机误差，通常假定其满足正态分布，即 $\varepsilon \sim N(0, \sigma^2)$。根据历史观测资料和同时期预报降雨可以拟合确定回归常数 a 和回归系数 b。

2）非线性回归模型

该模型将预报降雨与实测值视为非线性关系。其回归关系如下：

$$P_{sat} = aP_{ref}^b \mathrm{e}^{\varepsilon}$$

式中：e 表示指数函数；a 和 b 为回归拟合参数。此模型可以反映非线性的系统偏差，而随机误差表示为误差乘子的形式 e^{ε}，ε 仍满足正态分布，即 $\varepsilon \sim N(0, \sigma^2)$。

3）频率分布修正法

频率分布修正法是指通过修正预报降雨序列的频率分布曲线，使其与观测降雨序列的频率分布曲线吻合，从而达到校正预报降雨序列的目的。设预报与观测降雨频率分布符合 P-Ⅲ 型曲线，其概率密度函数如下：

$$f(x \mid \alpha, \beta) = x^{\alpha-1} \cdot \frac{1}{\beta^{\alpha} \cdot \Gamma(\alpha)} \cdot \mathrm{e}^{-\frac{x}{\beta}} \quad (x \geqslant 0; \alpha, \beta > 0)$$

式中：$\Gamma(\alpha)$ 为 α 的伽马函数；α，β 为 P-Ⅲ 型分布的形状和尺度参数。根据方法的修正原理，预测雨量 P_{sat} 与地面真实降雨量 P_{ref} 之间的对应关系如图 5.1 所示。由图可见，预报样本经过调整与观测样本的累积频率分布曲线是重叠的。相应地，预报样本序列的均值、方差等特征值也等于观测序列。

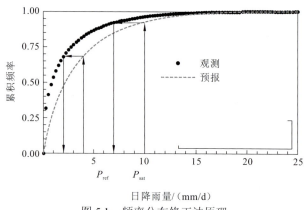

图 5.1　频率分布修正法原理

本章分别用线性回归模型、非线性回归模型和频率分布修正法，对攀枝花—华弹区间、华弹—向家坝区间、向家坝—寸滩区间、寸滩—万州区区间、万州区—宜昌区间的预报降雨进行校正，并对这几种方法的效果进行比较评价。本小节采用 Teutschbein 和 Seibert（2012）的"平均绝对误差"指标评价修正效果。

2. 降雨时程分配方法

国内外学者研究发现，不同地区的降雨雨型差别较大，目前并无普遍适用的雨型，必须根据实际情况进行分析后选定。当前研究应用较为广泛的有芝加哥雨型等。其中，Молоков 和 Щигорин（1956）提出的 7 种降雨类型，不仅反映了降雨的单峰和双峰情况，而且能反映雨峰的不同位置，能较好地反映实际的降雨过程。本小节从应用角度出发，选择三堆子—溪洛渡区间、向家坝—三峡区间雨量站 2003～2016 年 6 h 降雨观测数据，采用模糊识别法将降雨雨型划分为 7 种基本类型，并分析主导雨型，以期为获得 6 h 时间尺度的降雨预报提供参考依据。

将一场降雨划分为 m 个相等的时段，每个时段的雨量占总雨量的比例为

$$x_i = \frac{H_i}{H} \quad (i=1,2,3,\cdots,m)$$

式中：H_i 为各时段雨量；H 为总雨量。把这组 x_i 作为该场降雨的雨型指标，并用向量表示：

$$\boldsymbol{X} = (x_1,x_2,\cdots,x_m)$$

同样，7 种模式的雨型也用这种指标表示：

$$V_k = (v_{k_1},v_{k_2},\cdots,v_{k_m}) \quad (k=1,2,\cdots,7)$$

这里 v_{k_i} 与 x_i 的意义相同。7 种模式也可写成矩阵形式。模式确定后，可计算出每场降雨与 7 种模式的贴近度：

$$\sigma_k = 1 - \sqrt{\frac{1}{m}\sum_{i=1}^{m}(v_{k_i} - x_i)^2}\quad(k = 1, 2, \cdots, 7)$$

根据择近原则，若第 k 个贴近度 σ_k 最大，则该场降雨就属于第 k 种雨型。

5.2.2　入库洪水模拟预报方法

系统模型将所研究的流域或区间视作一个动力系统，利用输入（一般指降雨、融雪、水质、泥沙过程及流域的蒸散发能力）与输出（一般指流域控制断面的流量过程和流域实际蒸散发等）资料，建立某种数学关系然后就可由新的输入推测输出。这种模型中建立的数学关系并不是基于对流域水文物理过程的分析描述，而是概化的、经验性的，只关心模拟结果的精度而不考虑输入-输出之间的物理因果关系，因此，它属于"黑箱模型"。由于黑箱模型简单实用，而且能够处理许多具有复杂因果关系和高度非线性映射的问题，所以在实践中也被广泛采用。

三堆子—溪洛渡区间和向家坝—三峡区间均可视为一个系统。溪洛渡、三峡水库的入库流量可以利用 MISO 模型进行分析。基于 MISO 模型的基本原理，本小节建立溪洛渡水库入库 MISO 模型和三峡水库入库 MISO 模型。模型概化图如图 5.2 所示。对于溪洛渡水库入库 MISO 模型，其输入为三堆子站流量及三堆子—华弹区间、华弹—溪洛渡区间面净雨量，输出为溪洛渡水库入库流量。三峡水库入库 MISO 模型的输入为长江干流向家坝水库出库流量，支流高场站、富顺站、北碚站、武隆站流量，以及向家坝—寸滩区间、寸滩—万州区区间、万州区—三峡区间面净雨量，输出为三峡水库入库流量。

MISO 模型属于系统模型的一种，其基本方程可表示为

$$y_t = \sum_{k=1}^{m} x_{t-k+1} h_{t-k+1}$$

式中：x 为输入变量序列；y 为输出变量序列；h 为脉冲响应函数的纵坐标；t 为时刻；k 为记忆长度；m 为记忆长度最大值。

但是在实际的汇流过程中，不可避免地会出现水量的损失，也就是说时间轴与脉冲响应函数所包围的面积常常不等于 1，这个数值被定义为增益因子，表示总净雨量转化为总径流量的比例：

$$G = \int_0^\infty h(\tau)\mathrm{d}\tau$$

式中：h 为脉冲响应函数的纵坐标，与标准化的脉冲响应函数纵坐标存在这样的关系：

$$u_t = \frac{h_t}{G}$$

则方程可表示为

$$y_t = \sum_{j=1}^{n}\sum_{k=1}^{m(j)} u_{t-k+1}^{(j)} x_{t-k+1}^{(j)} + e_t$$

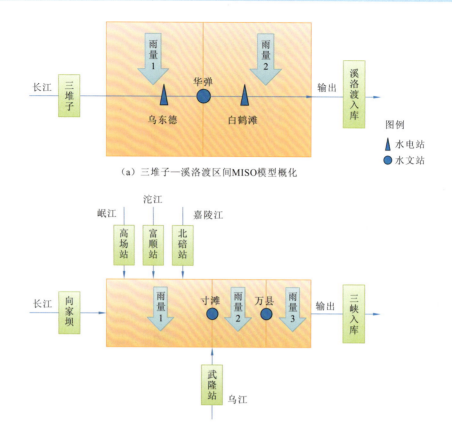

（a）三堆子—溪洛渡区间MISO模型概化

（b）向家坝—三峡区间MISO模型概化

图 5.2　溪洛渡、三峡水库入库流量计算的 MISO 模型概化

式中：$u_{t-k+1}^{(j)}$ 为第 j 种输入系列在 $t-k+1$ 时刻对应的标准脉冲响应函数的纵坐标值；$x_{t-k+1}^{(j)}$ 为第 j 种输入系列在 $t-k+1$ 时刻对应的输入变量；$m(j)$ 为第 j 种输入系列下的记忆长度最大值；e_t 为误差项；n 为输入的个数。

系统模型的关键在于求解脉冲响应函数的纵坐标值 h 及确定记忆长度 m 的大小。脉冲响应函数 $\hat{\boldsymbol{H}}$ 可采用最小二乘法进行估计。最小二乘解为

$$\hat{\boldsymbol{H}} = [\boldsymbol{X}^{\mathrm{T}}\boldsymbol{X}]^{-1}\boldsymbol{X}^{\mathrm{T}}\boldsymbol{Y}$$

多输入单输出模型可以写成矩阵形式：

$$\boldsymbol{Y} = \boldsymbol{X}^{(1)}\boldsymbol{H}^{(1)} + \boldsymbol{X}^{(2)}\boldsymbol{H}^{(2)} + \cdots + \boldsymbol{X}^{(J)}\boldsymbol{H}^{(J)} + e$$

其中：$\boldsymbol{H} = (\boldsymbol{H}^{(1)}\boldsymbol{H}^{(2)}\cdots\boldsymbol{H}^{(J)})^{\mathrm{T}}$。

若多个输入系列中存在一定程度的自相关或互相关，则上式中的 $\boldsymbol{X}^{\mathrm{T}}\boldsymbol{X}$ 矩阵可能成为病态矩阵，导致识别的响应函数不合理。因此，对 J 个输入系列分别施以约束，构成分别受制于 J 个约束的 $\boldsymbol{H}$ 的最优估计的目标函数式：

$$\boldsymbol{F} = e^{\mathrm{T}}e + \lambda_1\boldsymbol{X}^{(1)}\boldsymbol{H}^{(1)} + \lambda_2\boldsymbol{X}^{(2)}\boldsymbol{H}^{(2)} + \cdots + \lambda_J\boldsymbol{X}^{(J)}\boldsymbol{H}^{(J)}$$

其中：$\lambda_1, \lambda_2, \cdots, \lambda_J$ 为限制系数，其最优值点为

$$\frac{\partial F}{\partial H_1} = \frac{\partial F}{\partial H_2} = \cdots = \frac{\partial F}{\partial H_J} = 0$$

则响应函数的识别式为

$$\hat{H} = (X^{\mathrm{T}} X + A)^{-1} X^{\mathrm{T}} Y$$

$$A = \begin{bmatrix} \lambda_1 & I_1 & & & & & & \\ & \lambda_2 & I_2 & & & & & \\ & & \ddots & \ddots & & & & \\ & & & \lambda_j & I_j & & & \\ & & & & \ddots & \ddots & & \\ & & & & & \lambda_J & I_J \end{bmatrix}$$

式中：I_k 为某 k 阶单位阵，各个单元的记忆长度都相同时，$I_1 = I_2 = \cdots = I_J$。

响应函数识别的目标函数式为

$$\mathrm{obj} = \min\left(\frac{1}{2} H^{\mathrm{T}} X^{\mathrm{T}} X H - H^{\mathrm{T}} X^{\mathrm{T}} Y \right)$$

流域记忆长度 m 的大小取决于流域的蓄水能力和流域面积的大小，可通过试算法进行优化。根据输入三峡水库的传播时间，可将记忆长度 m 的初值大致定为 4～12 不等。

其中各区间面雨量数据采用降雨径流相关图法进行产流计算，得到的区间净雨量再作为模型输入。长江流域从 1952 年开始将降雨径流相关图法应用于降雨径流预报，是三峡水库实际作业预报采用的主要预报模型，多年实践验证表明降雨径流相关图法在长江流域具有较好的计算精度，使用效果良好。实践中通过查算降雨量 P、前期影响雨量 P_a 和产流量 R 三者的经验关系图（图 5.3），利用插值法计算产流量 R。

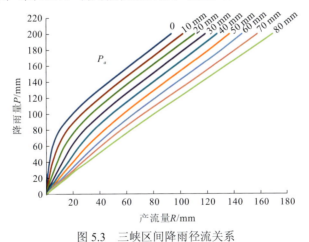

图 5.3　三峡区间降雨径流关系

降雨径流相关图法所需的前期影响雨量 P_a 为土壤湿度的指标，可按照以下公式进行计算：

$$P_{a,t} = kP_{t-1} + k^2 P_{t-2} + k^3 P_{t-3} + \cdots + k^{15} P_{t-15}$$

式中：$P_{a,t}$ 为 t 日开始时的土壤含水量；P_{t-1} 为前 $t-1$ 日的日雨量；k 为常系数。

为便于逐日递推计算，将上式变换整理后可得

$$P_{a,t+1} = k(P_{a,t} + P_t)$$

$$P_{a,t+1} \leqslant I_m$$

式中：P_t 为日降雨量；I_m 为最大初损值。

5.2.3　基于 Copula 函数理论的贝叶斯预报处理器

令 H_k、S_k（$k=1,2,\cdots,K$）分别表示待预报的实测流量和确定性预报流量，K 为预见期长度，h_k、s_k 分别为 H_k、S_k 的实现值。根据贝叶斯公式，预见期 k 的实测流量 H_k 的后验密度函数为

$$\phi_k(h_k|s_k) = \frac{f_k(s_k|h_k) \cdot g_k(h_k)}{\int_{-\infty}^{+\infty} f_k(s_k|h_k) \cdot g_k(h_k)\mathrm{d}h_k}$$

式中：$\phi_k(h_k|s_k)$ 为 H_k 的后验密度函数；$g_k(h_k)$ 为流量先验概率密度，代表了实测流量过程的先验不确定性；对于确定的 $S_k=s_k$，函数 $f_k(s_k|h_k)$ 为 H_k 的似然函数，反映了确定性预报模型的预报能力。

5.2.4　入库洪水预报实时校正

自回归模型是描述时间序列相依特性的数学模型。本模型早在 20 世纪 60 年代就广泛地应用于水文序列分析中，这是因为其具有时间相依的特性（即现在时刻的状态依赖于过去时刻的状态和形式）和简单方便的应用形式。自回归模型可用来表示前后变量的相依性，$\mathrm{AR}(p)$ 的数学表达式如下：

$$x_t = \mu + \varphi_1(x_{t-1}-\mu) + \varphi_2(x_{t-2}-\mu) + \cdots + \varphi_p(x_{t-p}-\mu) + \varepsilon_t$$

式中：μ 为序列 x_t 的均值；$\varphi_1,\varphi_2,\cdots,\varphi_p$ 为自回归的权重系数，称为自回归系数，P 为阶数；ε_t 为均值为 0、方差为 σ_ε^2 的独立随机变量（白噪声），且与 $x_{t-1},x_{t-2},\cdots,x_{t-p}$ 无关。由于自回归模型给出的预测结果为期望值，即进行期望预测，故在预测模型构造时可省略白噪声部分。

令 σ 为序列 $\{x_t\}_n$ 的标准差，标准化变量有

$$z_t = \frac{x_t - \mu}{\sigma}, \quad t=1,2,\cdots,n$$

则 $\mathrm{AR}(p)$ 模型用标准化变量可表示为

$$z_t = \varphi_1 z_{t-1} + \varphi_2 z_{t-2} + \cdots + \varphi_p z_{t-p} + \varepsilon_t'$$

式中：独立随机变量 ε_t' 和 ε_t 的关系为 $\varepsilon_t' = \varepsilon_t / \sigma$。

时间序列的相依特性以该序列的自相关函数来表示。$\mathrm{AR}(p)$ 模型所代表的序列为一相依序列，为了探求其时序上的相依结构特性，可研究自相关函数。

对上式两边乘以 z_{t-k} 并取期望，得

$$E(z_{t-k}z_t) = \varphi_1 E(z_{t-k}z_{t-1}) + \varphi_2 E(z_{t-k}z_{t-2}) + \cdots + \varphi_p E(z_{t-k}z_{t-p}) + E(z_{t-k}\varepsilon_t')$$

即

$$\rho_k = \varphi_1 \rho_{k-1} + \varphi_2 \rho_{k-2} + \cdots + \varphi_p \rho_{k-p}$$

令 $k=1,2,\cdots,p$，考虑到 $\rho_0=1$，$\rho_k=\rho_{-k}$（因序列平稳），可得到 P 阶线性方程组，即尤尔-沃克（Yule-Walker）方程为

$$\begin{pmatrix} \rho_1 \\ \rho_2 \\ \vdots \\ \rho_p \end{pmatrix} = \begin{pmatrix} 1 & \rho_1 & \rho_2 & \cdots & \rho_{p-1} \\ \rho_1 & 1 & \rho_1 & \cdots & \rho_{p-2} \\ \vdots & \vdots & \vdots & & \vdots \\ \rho_{p-1} & \rho_{p-2} & \rho_{p-3} & \cdots & 1 \end{pmatrix} \cdot \begin{pmatrix} \varphi_1 \\ \varphi_2 \\ \vdots \\ \varphi_p \end{pmatrix}$$

可知，AR(p)模型共有 $p+2$ 个参数，即 $\varphi_1, \varphi_2, \cdots, \varphi_p$ 及 μ 和 σ。前面 P 个参数是自回归系数，后两个参数为序列的均值和方差。这些参数根据样本来估计，其方法有矩法、极大似然法和最小二乘法等。本书使用矩法，其中 μ 和 σ 由样本均值 $\overline{x}$ 和样本方差 S^2 估计；$\rho_1, \rho_2, \cdots, \rho_p$ 由样本自相关系数 $r_1, r_2, \cdots, r_p$ 代替；自回归系数 $\varphi_1, \varphi_2, \cdots, \varphi_p$ 由尤尔-沃克方程求解。

样本均值：

$$\mu \approx \overline{x} = \frac{1}{n} \sum_{j=1}^{n} x_j$$

样本方差：

$$\sigma \approx S = \sqrt{\frac{1}{n-1} \sum_{j=1}^{n} (x_j - \overline{x})^2}$$

自相关系数：

$$\rho_k \approx r_k = \frac{\sum_{j=1}^{n} (x_j - \overline{x})(x_{j+k} - \overline{x})}{\sum_{j=1}^{n} (x_j - \overline{x})^2}$$

由尤尔-沃克方程式，可以得到回归系数求解方程：

$$\begin{pmatrix} \varphi_1 \\ \varphi_2 \\ \vdots \\ \varphi_p \end{pmatrix} = \begin{pmatrix} 1 & \rho_1 & \rho_2 & \cdots & \rho_{p-1} \\ \rho_1 & 1 & \rho_1 & \cdots & \rho_{p-2} \\ \vdots & \vdots & \vdots & & \vdots \\ \rho_{p-1} & \rho_{p-2} & \rho_{p-3} & \cdots & 1 \end{pmatrix}^{-1} \cdot \begin{pmatrix} \rho_1 \\ \rho_2 \\ \vdots \\ \rho_p \end{pmatrix}$$

残差方差：

$$\sigma_\varepsilon^2 = (1 - \varphi_1 \rho_1 - \varphi_2 \rho_2 - \cdots - \varphi_p \rho_p) \sigma^2$$

由此，可得 AR(1)模型的参数，即

$$\begin{cases} \varphi_1 = r_1 \\ \sigma_\varepsilon^2 = (1 - \varphi_1 r_1) s^2 \end{cases}$$

同样，可得 AR(2)模型的参数

$$\begin{cases} \varphi_1 = \dfrac{r_1(1 - r_2)}{1 - r_1^2} \\[3mm] \varphi_2 = \dfrac{r_2 - r_1^2}{1 - r_1^2} \\[3mm] \sigma_\varepsilon^2 = (1 - \varphi_1 r_1 - \varphi_2 r_2) s^2 \end{cases}$$

模型阶数 P 由样本自相关图、偏自相关图和赤池信息量准则（Akaike information

criterion，AIC）、贝叶斯信息量准则（Bayesian information criterion，BIC）综合评定选择，在此基础上试错比较，最终确定使 AIC 或 BIC 达到最小值的模型是可以接受的好模型。AR(p)的自相关系数随着滞时的增大逐步变小，自相关图呈拖尾状，单调或波动地衰减趋于零。偏自相关系数 $\varphi_{k,k}$ 呈截尾状。

对于 AR(p)模型，AIC 公式为

$$\text{AIC}(p) = n\ln(\sigma_\varepsilon^2) + 2p$$

式中：n 为实测系列的长度。

AIC 得到的模型阶数，并不是相容的。为了得到相容估计，有一个流行的替代 AIC，即 BIC，计算公式如下：

$$\text{BIC}(p) = n\ln(\sigma_\varepsilon^2) + p\ln n$$

BIC 得到极小值的相应阶数，即为所求。

在本小节中，序列 $\{x_t\}_n$ 具体为误差系列 $\{e_t = h_t - s_t\}_n$，其中 h_t 和 s_t 分别为实测流量和模拟流量。误差的自回归估计式如下：

$$\hat{e}_t = \mu + \varphi_1(e_{t-1} - \mu) + \varphi_2(e_{t-2} - \mu) + \cdots + \varphi_p(e_{t-p} - \mu)$$

校正后的预报流量为

$$s_{Ct} = s_t + \hat{e}_t$$

1. Copula 函数

Copula 函数可以将多个随机变量的边缘分布连接起来构造联合分布。令 $Q(x_1, x_2, \cdots, x_n)$ 为一个 n-维分布函数，其边缘分布分别为 $F_1(x_1), F_2(x_2), \cdots, F_n(x_n)$。由 Sklar 定理可知，存在一个 n-Copula 函数 C，使得

$$Q(x_1, x_2, \cdots, x_n) = C[F_1(x_1), F_2(x_2), \cdots, F_n(x_n)]$$

借助 Copula 函数，H_k，S_k 的联合分布函数可以表示为

$$F_k(h_k, s_k) = C_\theta[G_k(h_k), F_k(s_k)] = C_\theta(u, v)$$

式中：$u = G_k(h_k)$，$v = F_k(s_k)$ 分别为边缘分布函数；θ 为 Copula 函数的参数，采用 Kendall 秩相关系数 τ 求解。

选用 Archimedean Copula 函数族中的 Gumbel-Hougaard、Clayton 和 Frank 3 种 Copula 函数分别构造 H_k，S_k 的联合分布，其数学表达式及参数 θ 与 Kendall 秩相关系数 τ 的关系见表 5.1。

表 5.1　**Archimedean Copula 函数族及参数 θ 与 Kendall 秩相关系数 τ 的关系**

Copula	$C_\theta(u, v)$	θ范围	τ
Gumbel-Hougaard	$\exp\{-[(-\ln u)^\theta + (-\ln v)^\theta]^{1/\theta}\}$	$[1, \infty)$	$1 - \theta^{-1}$
Clayton	$(u^{-\theta} + v^{-\theta} - 1)^{-1/\theta}$	$(0, \infty)$	$\theta / (\theta + 2)$
Frank	$-\dfrac{1}{\theta}\ln\left[1 + \dfrac{(e^{-\theta u} - 1)(e^{-\theta v} - 1)}{e^{-\theta} - 1}\right]$	$R \setminus \{0\}$	$1 + \dfrac{4}{\theta}\left[\dfrac{1}{\theta}\int_0^\theta \dfrac{t}{\exp(t) - 1}dt - 1\right]$

采用均方根误差 RMSE 准则评价 Copula 函数的拟合情况，RMSE 值越小，说明拟合效果越好。

$$\text{RMSE} = \sqrt{\frac{1}{n}\sum_{i=1}^{n}(P_{ei} - P_i)^2}$$

式中：P_{ei} 和 P_i 分别为经验频率与理论频率；n 为资料系列长度。

2. 先验分布

实测流量 H_k 的先验密度函数和先验分布函数分别为其相应的边缘密度函数 $g_k(h_k)$ 和边缘分布函数 $G_k(h_k)$。边缘分布函数可以采用任意分布，针对不同流域、不同季节选用不同的分布，选用的标准是使得假定理论分布与经验分布的标准差最小。将 P-III 分布作为边缘分布，其密度函数为

$$f(x) = \frac{\beta^{\alpha}}{\Gamma(\alpha)}(x-\gamma)^{\alpha-1}\mathrm{e}^{-\beta(x-\gamma)}$$

式中：α、β 和 γ 分别为形状、尺度和位置参数。

3. 似然函数

给定 $H_k = h_k$，S_k 的条件分布函数为

$$F_k(s_k|h_k) = P(S_k \leqslant s_k|H_k = h_k)$$

利用 Copula 函数，$F_k(s_k|h_k)$ 可以表示为

$$F_k(s_k|h_k) = P(V \leqslant v|U = u) = \frac{\partial C_{\theta}(u,v)}{\partial u}$$

相应的密度函数

$$f_k(s_k|h_k) = \mathrm{d}F_k(s_k|h_k)/\mathrm{d}s_k = \frac{\partial^2 C_{\theta}(u,v)}{\partial u\partial v}\cdot\frac{\mathrm{d}v}{\mathrm{d}s_k} = c_{\theta}(u,v)\cdot f_k(s_k)$$

式中：$c_{\theta}(u,v) = \dfrac{\partial^2 C_{\theta}(u,v)}{\partial u\partial v}$ 为二维 Copula 函数的密度函数；$f_k(s_k)$ 为 S_k 的边缘概率密度函数，也将 P-III 分布作为边缘分布线型。从另一个角度看，给定 $S_k = s_k$ 时，上式即为似然函数的解析表达式，可以计算 H_k 的似然函数值。

4. 后验分布

H_k 的后验密度函数为

$$\phi_k(h_k|s_k) = \frac{c_{\theta}(u,v)}{\displaystyle\int_0^1 c_{\theta}(u,v)\mathrm{d}u}\cdot g_k(h_k)$$

由于无法直接计算得到式中所需的归一化常数 $S = \int_0^1 c_{\theta}(u,v)\mathrm{d}u$，可以采用蒙特卡罗法计算，从而得到后验概率密度 $\phi_k(h_k|s_k)$。

相应的后验分布函数为

$$\Phi_k(h_k|s_k) = \int_0^{h_k}\phi(h_k|s_k)\mathrm{d}h_k$$

　　根据数理统计原理，可以计算得到后验期望值并作为确定性洪水预报结果，同时获取给定置信水平下的入库流量预报区间。实测流量的后验期望值 h_{ke} 通过下式求解：

$$h_{ke} = \int_0^\infty h_k \cdot \phi_k(h_k|s_k)\mathrm{d}h_k$$

　　令 H_k 取值出现在分布两端的概率为 ξ，就可以定义 H_k 的置信水平为（$1-\xi$）的区间估计。H_k 的置信下、上限分别由以下两式给出：

$$\int_0^{h_{kl}} \phi_k(h_k|s_k)\mathrm{d}h_k = \xi_1$$

$$\int_0^{h_{ku}} \phi_k(h_k|s_k)\mathrm{d}h_k = 1-\xi_2$$

式中：$\xi_1+\xi_2=\xi$，为显著性水平；本小节取 $\xi_1=\xi_2=\xi/2$，因此有

$$P(h_{kl} \leqslant H_k \leqslant h_{ku}) = 1-\xi$$

则[h_{kl}, h_{ku}]为随机变量 H_k 置信水平（$1-\xi$）的区间估计，根据置信区间可以对点估计值的不确定性进行定量评价。

5.2.5　入库洪水集合预报研究与应用

1. 集合预报方案

　　采用 TIGGE 数据集的中国气象局（CMA）、NCEP 和 ECMWF 三种数值降雨量作为输入，三峡区间流域选用新安江模型和 GR4J 模型（Perrin et al.，2003），为考虑不同量级的流量采用三种参数优化指标，从而建立了具有 3×2×3＝18 个预报成员的三峡水库入库流量集合预报方案（图 5.4）。

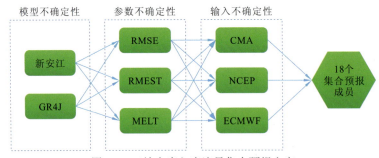

图 5.4　三峡水库入库流量集合预报方案

　　考虑到不同参数优化指标会对不同量级的样本点有所侧重，分别采用均方根误差（RMSE）、平方变换的均方根误差（RMEST）和对数变换的平均误差（MELT）三种优化指标对预报方案进行参数优化。以上三种优化指标均属于负导向型指标，即取值越小越好。其中：RMSE 对各量级同等考虑，属于全面评价指标；RMEST 赋予高流量部分更大权重，因此偏重对洪水期间的优化；MELT 削弱了高流量部分的影响，因此更加侧重于低流量部分的拟合效果。

2. 基于统计后处理的集合概率预报

集合预报作为不确定性预报的一种形式，其优势在于能够定量描述预报过程的不确定性，从而为决策者提供更多有用的风险信息。但由于集合预报系统本身可能存在一定缺陷，获取的原始集合预报结果往往不能准确描述预报不确定性，有必要采用统计学方法对其进行后处理。集合预报的后处理是指对集合预报系统的输出结果，依据一定的统计学原理进行修正，使其更加符合真实的预报量的统计特性。目前，集合预报的后处理方法主要有 Raftery 等（2005）提出的贝叶斯模型平均（BMA）法和 Gneiting 等（2005）发表于《科学》（*Science*）期刊的集合模型输出统计（ensemble model output statistic，EMOS）法。以上方法在水文气象领域有着广泛应用，对风速、气压、温度、降雨、流量等都具有良好的应用效果。本章分别采用经典的正态分布 BMA 和 EMOS 对三峡水库入库流量集合预报进行后处理。同时，考虑到流量序列常具有非正态性和非负性，在高斯分布的基础上选取对数正态分布和伽马分布两种非正态分布用作 EMOS 法的后验分布形式，相关概率分布的密度函数如下。

（1）正态分布（normal distribution）：

$$g(x \mid \mu, \sigma) = \frac{1}{x\sigma\sqrt{2\pi}} \exp\left(-\frac{(\ln x - \mu)^2}{2\sigma^2}\right)$$

式中：μ 和 σ 分别为流量序列的均值和标准差。

（2）对数正态分布（log-normal distribution）：

$$g(x \mid \upsilon, \omega) = \frac{1}{x\omega\sqrt{2\pi}} \exp\left(-\frac{(\ln x - \upsilon)^2}{2\omega^2}\right)$$

式中：υ 和 ω 分别为经过对数变化后的变量均值和标准差。

（3）伽马分布（gamma distribution）：

$$g_{k,\theta}(y) = \begin{cases} \dfrac{x^{k-1} \exp\left(-\dfrac{x}{\theta}\right)}{\theta^k \Gamma(k)}, & x > 0 \\ 0, & x \leqslant 0 \end{cases}$$

式中：$\Gamma(\cdot)$ 为伽马函数；k 和 θ 分别为伽马分布的参数。由下式根据变量的均值和方差进行计算：

$$k = \frac{\mu^2}{\sigma^2}, \quad \theta = \frac{\sigma^2}{\mu}$$

基于 EMOS 法，建立分布集合预报与分布均值、方差之间的关系，即可估计以上分布的参数，进而获得集合概率预报：

$$\mu = a + \sum_{i=1}^{m} b_i x_i$$

$$\sigma^2 = c + \mathrm{d}S^2$$

式中：S^2 为集合预报结果的方差。

不同于 EMOS 法，BMA 法的本质是对每个集合成员后验分布的加权平均，其概率分布函数的形式如下：

$$G(y) = \sum_{i=1}^{m} \omega_i F(y \mid f_i)$$

式中：ω_i 为第 i 个集合成员的分布权重；f_i 和 $F(y \mid f_i)$ 分别为第 i 个集合成员预报值及其后验分布函数。BMA 集合概率预报的参数估计常采用极大似然法，并采用期望最大化算法进行求解寻优（Raftery et al.，2005）。

5.3　研究案例与结果分析

5.3.1　降雨预报数据预处理技术研究与应用

1. 降雨校正实例分析

现有欧洲中期天气预报中心、日本气象厅和中国气象局 T639 数值预报产品时间跨度均为 2007～2017 年，但时空分辨率不同。欧洲中期天气预报中心数值预报产品时间精度为 6 h，空间分辨率为 0.125°×0.125°；日本气象厅数值预报产品时间精度为 6 h，空间分辨率为 1.25°×1.25°；中国气象局 T639 数值预报产品精度为 3 h，空间分辨率为 1°×1°。人工综合预报是以天气图、卫星云图等实况资料为主，参考数值预报产品，应用天气学原理的一种经验预报方法。该方法较大程度上取决于预报员的主观经验，是目前国内短期降雨预报业务中的主流方法。

采用欧洲中期天气预报中心、日本气象厅、中国气象局 T639 数值预报产品和人工综合预报产品，对这 4 类定量降雨预报精度进行评价。其中，人工综合预报产品来源于中国长江三峡集团有限公司，产品时间跨度为：向家坝水库以上区间为 2012～2017 年，向家坝至三峡区间为 2008～2017 年。在 1～3 天的预见期内，人工综合预报产品和欧洲中期天气预报中心数值预报产品的平均绝对误差最小，其次为日本气象厅数值预报产品，而后是中国气象局 T639 数值预报产品。在 3～7 天的预见期中，人工综合预报产品的优势凸显，平均绝对误差最小，其次为欧洲中期天气预报中心数值预报产品，日本气象厅和中国气象局 T639 数值预报产品较差。综合来看，人工综合预报产品的效果最好，其次是欧洲中期天气预报中心数值预报产品，日本气象厅和中国气象局的 T639 数值预报产品较差。由此可见，在有人工综合预报的条件下，宜采用人工综合预报产品。在没有人工综合预报产品的条件下，宜选用欧洲中期天气预报中心数值预报产品。

针对人工综合预报产品，用前述 3 种预报降雨校正方法进行校正，结果如图 5.5 所示。由图 5.5 可知，3 种方法偏差最小的为频率分布修正模型，其次为非线性修正模型，线性修正模型效果最差。此外，随着预见期的增长，无论采用哪种方法，偏差均逐步扩大。表 5.2 列出了应用频率分布修正方法前后的 5 个区间 1～7 天累计预报降雨的偏差情况。由表可知，频率分布修正模型具有很好的校正效果。随着预报期的增长，偏差修正效果越显著。因此，可认为频率分布修正模型对攀枝花—华弹区间、华弹—向家坝区间、向家坝—寸滩区间、寸滩—万州区区间、万州区—宜昌区间定量降雨预报校正具有较好的适用性。

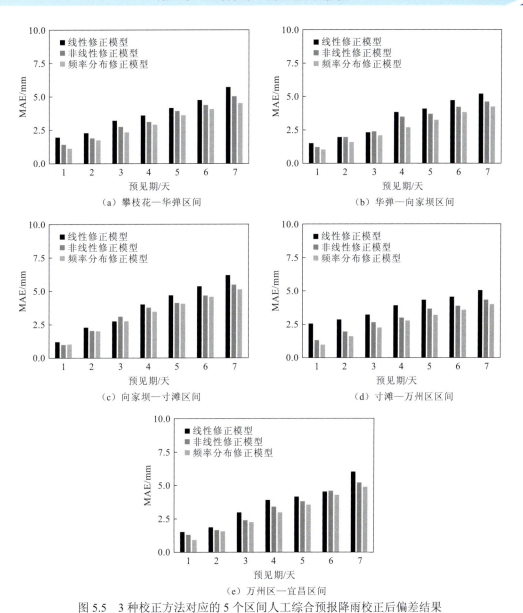

图 5.5　3 种校正方法对应的 5 个区间人工综合预报降雨校正后偏差结果

表 5.2　人工综合预报降雨校正前后 1～7 天累计预报雨量平均绝对误差情况　　（单位：mm）

区域	校正前后	预见期/天						
		1	2	3	4	5	6	7
攀枝花—华弹区间	校正前	4.64	6.74	10.35	11.75	15.33	17.05	18.79
	校正后	2.46	3.07	6.27	7.46	10.23	12.66	13.02
华弹—向家坝区间	校正前	3.87	6.75	8.54	10.92	13.47	15.24	17.21
	校正后	2.28	3.22	5.37	6.72	9.74	10.07	11.95
向家坝—寸滩区间	校正前	4.39	8.83	12.43	15.01	18.10	20.17	22.78
	校正后	2.94	3.24	6.33	7.63	11.22	13.42	16.24

区域	校正前后	预见期/天						
		1	2	3	4	5	6	7
寸滩—万州区区间	校正前	4.12	7.11	9.55	11.76	14.96	16.15	19.88
	校正后	2.61	3.87	5.09	7.00	10.34	12.41	13.42
万州区—宜昌区间	校正前	3.46	7.40	9.31	12.10	14.62	16.87	19.15
	校正后	1.92	3.55	5.44	6.89	9.88	12.65	14.76

2. 降雨时程分配方法实例分析

以向家坝—三峡区间的 76 个站点 2003～2016 年逐时降雨数据作为基础数据。考虑到日降雨量小于 10 mm 的降雨雨型对水文预报的影响较小，本小节对日降雨量大于 10 mm 的降雨事件进行统计。每场降雨划分为 4 个均等时段，每时段 6 h。

经统计，76 个雨量站在 2003～2016 年的 14 年间，共记录了约 16 000 场雨量大于或等于 10 mm 的降雨，其中单峰雨型占大部分，约 73%，均匀雨型占 7%，双峰雨型约占 20%。由此可见，均匀雨型在降雨中较为罕见。在所有单峰雨型中，主峰靠后的降雨约占 45%，主峰靠前的降雨占 13.4%，雨峰在中间的占 14.4%。在向家坝—三峡区间的降雨中，以单峰且主峰靠后的雨型最为常见。

图 5.6 展示了不同类型降雨的累积频率空间分布情况，很明显单峰且主峰靠后的降雨是向家坝—三峡区间的主导雨型。因此，可利用该主导雨型，作为预报降雨的雨型，为水文模型输入降雨时程分配提供依据。

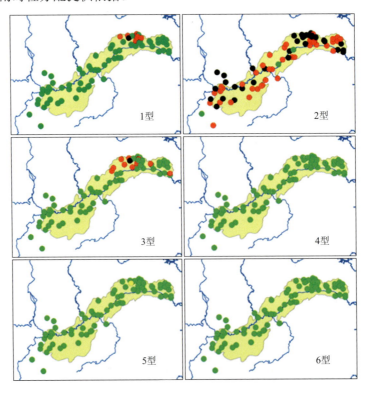

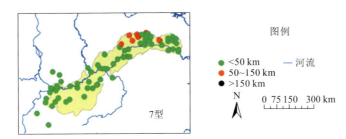

图 5.6　向家坝—三峡区间不同雨型降雨发生频率空间分布（2003～2016 年）

5.3.2　基于 MISO 系统模型的入库洪水预报方法研究与应用

1. 研究区域及数据

溪洛渡水电站位于青藏高原、云贵高原向四川盆地的过渡带，是国家"西电东送"骨干工程，也是中国第二、世界第三大水电站。溪洛渡水电站工程以发电为主，兼有防洪、拦沙和改善下游航运条件等综合效益，坝址控制面积 45.44 万 km²，水库总库容 129.1 亿 m³，调节库容 64.6 亿 m³，防洪库容 46.5 亿 m³，具有较大的防洪能力。向家坝水电站位于云南水富与四川省交界的金沙江下游河段上，是金沙江水电基地最后一级水电站，距离其上游的溪洛渡水电站 157 km，两库首尾相连。向家坝水电站坝址控制流域面积 45.88 万 km²，占金沙江流域面积的 97%。向家坝水库的总库容为 51.63 亿 m³，调节库容 9 亿 m³，回水长度 156.6 km。

三峡工程是中国，也是世界最大的水利枢纽工程，是长江中下游防洪体系中的关键性骨干工程。大坝坝址位于湖北省宜昌市三斗坪，坝址控制流域面积 100 万 km²，多年平均流量为 14 300 m³/s，多年平均径流量为 4 510 亿 m³。三峡水库正常蓄水位 175 m，总库容 393 亿 m³，防洪库容 221.5 亿 m³。水库正常蓄水位情况下河道长度 600 多千米，平均宽度仅 1.1 km，水库回水可达重庆附近；即使汛期库水位在汛限水位附近时，回水也可达清溪场附近，属于典型河道型水库，库容系数不足 4%。

溪洛渡水库上游控制站为三堆子水文站，位于金沙江与雅砻江汇合口下游 3.64 km 处，控制流域面积为 38.86 万 km²，又是乌东德水电站的入库控制站，也是乌东德、白鹤滩、溪洛渡、向家坝四个水电站的水沙总控制站，其综合测洪能力为 50 年一遇标准，其流量数据时间范围为 2007～2016 年。三堆子—溪洛渡未控区间面积 6.58 万 km²，可分为三堆子—华弹、华弹—溪洛渡共 2 个子区间。三堆子—溪洛渡区间水系及主要水文气象站点分布如图 5.7 所示。

向家坝—三峡未控区间流域为 13.82 万 km²，约占三峡水库控制面积的 13.8%。由于此区间较为狭长，为考虑雨量分布不均等问题，将其进一步划分为向家坝—寸滩、寸滩—万州区、万州区—三峡共 3 个子区间。向家坝—三峡区间水系及主要水文气象站点分布如图 5.8 所示。

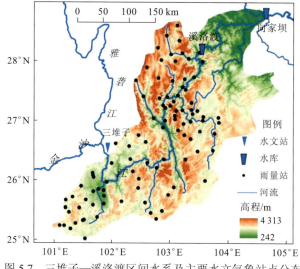

图 5.7　三堆子—溪洛渡区间水系及主要水文气象站点分布

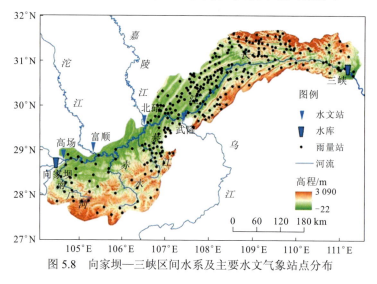

图 5.8　向家坝—三峡区间水系及主要水文气象站点分布

2. 评价指标

根据我国《水文情报预报规范》（SL250—2000），并结合水利部长江水利委员会实践中采用的三峡水库入库流量评定指标，选用以下评价指标对溪洛渡、三峡水库入库 MISO 模型的精度进行评定。

1）效率系数 NSE

$$\text{NSE} = 1 - \frac{\sum_{i=1}^{n}[y_c(i) - y_o(i)]^2}{\sum_{i=1}^{n}[y_o(i) - \overline{y}_o]^2} \times 100\%$$

式中：$y_o(i)$ 为实测值；$y_c(i)$ 为预报值；$\overline{y}_o$ 为实测值的均值；n 为资料序列长度。

2）绝对误差 AE

$$AE = y_c(i) - y_o(i)$$

3）相对误差 RE

$$RE = \frac{y_c(i) - y_o(i)}{y_o(i)} \times 100\%$$

4）均方根误差 RMSE

$$RMSE = \sqrt{\frac{1}{n}[y_c(i) - y_o(i)]^2}$$

3. 洪水模拟结果分析

1）溪洛渡水库入库洪水模拟结果分析

对溪洛渡水库入库流量建立 MISO 模型，模拟时段为 2008～2016 年汛期 6～9 月，其中率定期为 2008～2013 年，检验期为 2014～2016 年。溪洛渡水库入库 MISO 模型的评定指标如表 5.3 所示。

表 5.3 溪洛渡水库入库 MISO 模型评定指标

资料期间	NSE/%	RE/%	RMSE/（m³/s）
率定期（2008～2013 年）	98.13	-0.06	475
检验期（2014～2016 年）	94.97	-3.37	718

溪洛渡水库 MISO 模型模拟入库流量过程线与实际入库流量过程线拟合度较高，两条过程线基本能够重合，且洪峰部分模拟效果也较为良好。溪洛渡水库入库 MISO 模型率定期和检验期的效率系数均较高，分别为 98.13%和 94.97%，平均水量相对误差则较小，分别为-0.06%和-3.37%，均方根误差分别为 475 m³/s 和 718 m³/s，表明建立的 MISO 模型能够很好地对溪洛渡水库入库流量进行模拟，总体而言，具有较好的模拟效果。

综上所述，基于 MISO 系统模型来推求溪洛渡水库的入库洪水是合理可行的，所建立的模型具有较好的精度。对于实际水文预报工作，若预报洪峰偏小、预报峰现时间推迟等情况发生，会对防洪工作较为不利，需要对得到的流量模拟值进行误差校正，从而更好地指导生产实践，为水库安全、高效地进行调度提供参考依据。

2）三峡水库入库洪水模拟结果分析

对三峡水库入库流量建立 MISO 模型，模拟时段为 2008～2016 年汛期 6～9 月，其中率定期为 2008～2013 年，检验期为 2014～2016 年。三峡水库入库 MISO 模型的评定指标如表 5.4 所示。

表 5.4　三峡水库入库 MISO 模型评定指标

资料期间	NSE/%	RE/%	RMSE/（m^3/s）
率定期（2008～2013 年）	97.76	−0.82	1 445
检验期（2014～2016 年）	94.88	−2.72	1 771

三峡水库 MISO 模型模拟入库流量过程线与实际入库流量过程线拟合度较高，两条过程线基本能够重合，且洪峰部分模拟效果也较为良好。三峡水库入库 MISO 模型率定期和检验期的效率系数均较高，分别为 97.76%和 94.88%，平均水量相对误差则较小，分别为−0.82%和−2.72%，均方根误差分别为 1 445 m^3/s 和 1 771 m^3/s，表明建立的 MISO 模型能够很好地对三峡水库入库流量进行模拟，总体而言，具有较好的模拟效果。

综上所述，基于 MISO 系统模型来推求三峡水库的入库洪水是合理可行的，所建立的模型具有较好的精度，但用于实际水文预报工作时，由于预报洪峰偏小、预报峰现时间推迟等情况会对防洪工作较为不利，需要对得到的流量模拟值进行误差校正，从而更好地指导生产实践，为水库安全、高效地进行调度提供参考依据。

4. 考虑区间数值降雨预报的入库洪水预报

传统的水文预报仅以实际观测的"落地雨"作为输入，未考虑预见期内的降雨情况，从理论体系的角度来看并不完整。降雨是洪水预报最重要的输入，忽略预见期内的降雨情况，必然会增加预报的不确定性，尤其当预见期较长时，这种影响会进一步加大。将定量降雨预报结果与水文模型进行耦合，对延长洪水预见期和提高预报精度具有重要意义。基于上述建立的溪洛渡、三峡水库入库流量 MISO 系统模型，以区间预报降雨作为输入，获得不同预见期长度的溪洛渡、三峡水库入库流量预报。

其中，数值天气预报采用三峡水利枢纽梯级调度中心发布的 1～7 天分区的面雨量预报值，受限于可获取的数值天气预报数据，预报的时间范围为 2013～2016 年汛期。该数值天气预报是基于欧洲中期数值气象预报中心、中国气象局、美国国家环境预测中心、日本气象厅等数值天气预报产品，结合宜昌市天气雷达对降雨情况的临近预测，并综合预报员的经验判断而获得的。实践检验证明本套数据精度较好，目前广泛应用于三峡水利枢纽梯级调度中心的流量预报业务。采用本章提出的降雨校正方法，对本套数据进行预处理，并将结果作为模型输入，用于获取溪洛渡、三峡水库的入库流量预报。由于发布的面雨量预报值时间尺度为 24 h，选用雨型 II 的参数对日雨量进行时程分配，获得 6 h 降雨量数据。对于干支流各控制水文站和水库站，采用实测值作为模型输入。

1）溪洛渡水库 1～5 天入库流量预报结果分析

表 5.5 列出了 2013～2016 年预见期为 1～5 天的溪洛渡水库 MISO 模型预报入库流量的各项评价指标。由表中结果可知，对于最长 5 天预见期（20 个时段）时，效率系数能保持在 90%以上，水量相对误差在−6%以内，相对误差绝对值的均值在 10%以内，结果较好。相比于模拟值效率系数，由于输入采用了降雨预报数据，增加了结果的不确定性，导致预报精度略微降低。此外，由结果可知，随着预见期的延长，不确定性不断增加，预报精度

也呈现出下降的趋势，结果符合客观实际的规律。总体而言，建立的溪洛渡水库 MISO 模型具有较高的预报精度，达到水文预报情报规范的甲等精度，对于预报水量偏小的问题，可通过后期对模型输出的后处理进行校正。

表 5.5　2013～2016 年溪洛渡水库 MISO 模型预报入库流量评价指标

预见期/天	NSE/%	RE/%	RE 绝对值的均值/%
1	93.00	−2.60	8.30
2	92.00	−4.40	8.90
3	91.00	−5.40	9.30
4	91.00	−5.60	9.30
5	90.00	−5.70	9.60

2）三峡水库 1～7 天入库流量预报结果分析

表 5.6 列出了不同预见期三峡水库 MISO 模型预报入库流量的评价指标。随着预见期的延长，三峡水库 MISO 模型预报入库流量效率系数逐渐从 94.00% 减小至 88.00%，汛期水量相对误差在−3% 以内，预报流量相对误差的绝对值的均值范围为 6.62%～8.92%，具有较好的预报精度。相比于三峡水库入库流量模拟检验期效率系数，1～7 天预报的效率系数均小于该值，分析其原因为进行入库洪水预报的过程中考虑了区间数值降雨预报，增加了输入量的不确定性，导致预报精度的略微降低，并且随着预见期的延长，降雨预报的精度逐渐降低，导致长预见期的预报结果精度较低。总体而言，三峡水库 MISO 模型具有较高的预报精度，达到水文预报情报规范的甲等精度，对于预报水量偏小的问题，可通过后期对模型输出的后处理进行校正的方法加以解决。

表 5.6　2010～2016 年三峡水库 MISO 模型预报入库流量评价指标

预见期/天	NSE/%	RE/%	RE 绝对值的均值/%
1	94.00	−2.40	6.62
2	92.00	−2.30	7.06
3	91.00	−2.52	7.55
4	90.00	−2.47	7.77
5	89.00	−2.60	8.16
6	89.00	−2.66	8.49
7	88.00	−2.67	8.92

5.3.3　基于自回归模型的入库流量预报实时校正技术研究与应用

1. 研究数据

溪洛渡、三峡水库入库流量数据的时间尺度为 6 h，研究时段均为 2008～2016 年 6 月

1 日~9 月 30 日。

2. 预报实时校正结果分析

为了保持结果的一致性，溪洛渡、三峡水库入库流量均采用率定期 2008~2013 年，对误差自回归模型进行参数估计，并采用检验期 2014~2016 年进行实时预报效果的验证。

1）溪洛渡水库入库流量实时校正

样本自相关图、偏自相关图分别见图 5.9 和图 5.10。可以发现，偏自相关图在阶数为 5 时大致出现截尾现象。因此，自回归模型的阶数取为 5。

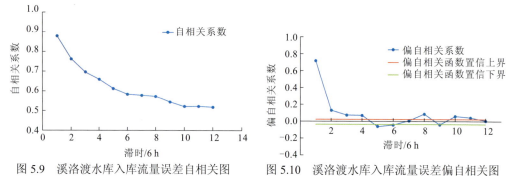

图 5.9　溪洛渡水库入库流量误差自相关图　　　图 5.10　溪洛渡水库入库流量误差偏自相关图

利用预报未来时刻的误差，对 MISO 模型模拟流量进行修正，得到校正后的流量。MISO 模型模拟的溪洛渡水库入库流量与校正后的流量结果的精度评价指标 NSE 和 RE 分别见表 5.7。由表可知，经过校正后效率系数 NSE 率定期和检验期分别提高 1.67% 和 3.39%，水量相对误差 RE 得到明显改善，经过校正后的率定期和检验期水量误差都趋近于 0。

表 5.7　溪洛渡水库 MISO 模型模拟与校正流量的精度评价指标　　　　　（单位：%）

时段	MISO 模型模拟流量		校正流量	
	NSE	RE	NSE	RE
率定期	98.13	-0.06	99.80	0.00
检验期	94.97	-3.37	98.36	0.20

图 5.11 展示了经过自回归模型误差校正后的模拟结果、MISO 模型模拟值和实测值的对比，由图可知，MISO 模型模拟值与溪洛渡水库实测入库流量之间存在较大误差，由自回归模型进行误差校正后，模拟流量与实测值基本重合，且洪峰部分吻合良好，表明建立的误差自回归模型能够有效地降低模拟误差，提高模型精度。

以 2013 年溪洛渡水库模拟流量为例，图 5.12 中对比了溪洛渡水库入库 MISO 模型的模拟误差与自回归误差的对比图。从图中可以直观地看出，通过本章建立的溪洛渡水库误差自回归模型能够有效地预测出误差的符号和量级，并可据此对模型计算流量作出校正，校正后结果相较原始结果明显改善。

2）三峡水库入库流量实时校正

样本自相关图、偏自相关图分别见图 5.13 和图 5.14。可以发现，偏自相关图在阶数为

5 时大致出现截尾现象。因此，自回归模型的阶数取为 5。

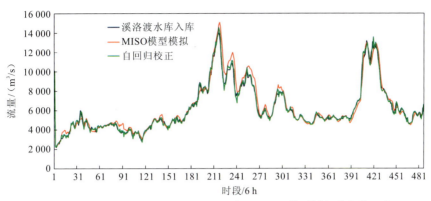

图 5.11　2013 年溪洛渡水库入库流量实测值和 MISO 模型模拟值与校正值对比

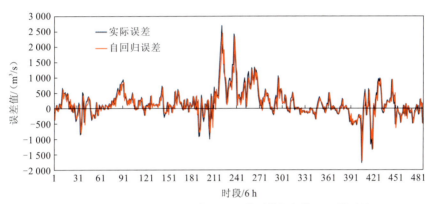

图 5.12　2013 年溪洛渡水库 MISO 模型模拟与校正误差对比

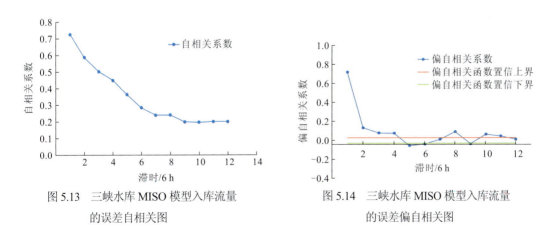

图 5.13　三峡水库 MISO 模型入库流量　　　　图 5.14　三峡水库 MISO 模型入库流量
　　　　的误差自相关图　　　　　　　　　　　　　　　的误差偏自相关图

　　利用预报未来时刻的误差，对 MISO 模型模拟流量进行修正，得到校正后的流量。向家坝水库 MISO 模型模拟计算的三峡水库入库流量与校正后的入库流量结果的精度评价指标 NSE 和 RE 分别见表 5.8。由表可知，经过校正后效率系数 NSE 率定期和检验期分别提高 1.19% 和 2.98%，水量相对误差 RE 得到明显改善。

表 5.8　三峡水库 MISO 模型入库流量模拟与校正流量的精度评价指标　　（单位：%）

时段	MISO 模型模拟流量		校正流量	
	NSE	RE	NSE	RE
率定期	97.76	-0.82	98.95	-0.16
检验期	94.88	-2.72	97.86	-0.59

图 5.15 展示了自回归误差校正后的 MISO 模型模拟流量与实测入库流量的对比，由图可知误差校正后的模拟流量值与实测值拟合效果更好，洪峰部分得到了显著改善，此外，原 MISO 模型模拟值偏低部分也得到了明显校正。

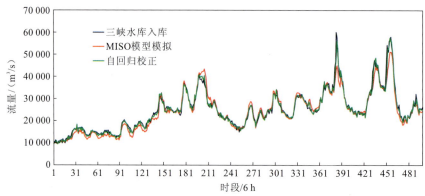

图 5.15　2014 年三峡水库汛期入库流量实测值和 MISO 模型模拟值与校正值对比

以 2014 年三峡水库模拟流量为例，图 5.16 给出了三峡水库 MISO 模型的模拟误差与自回归误差的对比图。从图中可以直观地看出，通过本章建立的三峡水库误差自回归模型能够有效地预测出误差的符号和量级，并可据此对模型计算流量作出校正。

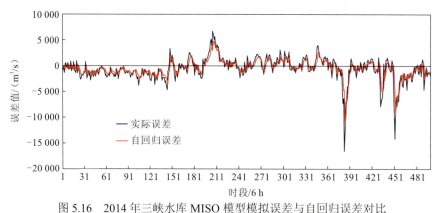

图 5.16　2014 年三峡水库 MISO 模型模拟误差与自回归误差对比

5.3.4　基于误差分布的入库流量概率预报方法研究与应用

1. 研究数据

选用 2008～2016 年溪洛渡水库 6 月 1 日～9 月 30 日实测入库流量及预见期 1～5 天的

MISO 模型确定性预报入库流量结果，2008～2016 年三峡水库 6 月 1 日～9 月 30 日实测入库流量，预见期 1～7 天的 MISO 模型确定性预报入库流量结果。

2. 评价指标

1）确定性预报

采用模型效率系数 NSE 和径流总量相对误差 RE。

2）置信区间

采用覆盖率（coverage rate，CR）、平均带宽（B）和平均相对带宽（RB）来评价预报置信区间的优良性。

（1）覆盖率。覆盖率是指预报区间覆盖实测流量数据的比率。它是最常用的预报区间评价指标。CR 值越大，表示预报区间覆盖率越高，CR 越接近指定的置信水平越好。

（2）平均带宽。公式如下：

$$B = \frac{1}{T}\sum_{t=1}^{T}(h_{tu} - h_{tl})$$

式中：h_{tu}、h_{tl} 分别为第 t 时刻的预报区间的上界和下界。

（3）平均相对带宽。公式如下：

$$RB = \frac{1}{T}\sum_{t=1}^{T}\left(\frac{h_{tu} - h_{tl}}{h_t}\right) \times 100\%$$

平均带宽或平均相对带宽也是常用的预报区间评价指标。对于指定的置信水平，在保证有较高的覆盖率前提下，预报区间平均带宽或平均相对带宽越窄越好。

3）概率预报

采用 Q-Q 图、可靠性（α-index）、分辨率（π-index）和连续概率排位分数（continuous ranked probability score，CRPS）等指标来评定概率预报的性能。

（1）Q-Q 图。P 值分位数–分位数（quantile-quantile，Q-Q）图通过比较预报概率分布与实测值的概率分布的差异，从概率角度检验预报概率分布的准确性。其中，P 值是某一时段实测流量对应的预报累积概率分布函数值，记为 $P_t = F_t(h_t)$。若预报概率分布与观测值的概率分布相同，则 P_t 符合标准均匀分布 $U(0,1)$，对应于 Q-Q 图中的 1∶1 线，否则就反映了预报概率的偏差。Q-Q 图曲线越接近于 1∶1 线，概率预报结果越合理。

（2）可靠性。可靠性可以从 Q-Q 图中定性地判断，Q-Q 图曲线偏离 1∶1 线越多，概率预报可靠性越低。α-index 用来定量描述可靠性的高低，计算公式如下：

$$\alpha\text{-index} = 1 - \frac{2}{T}\sum_{t=1}^{T}[|q^{em}(P_t) - q^{th}(P_t)|]$$

式中：$q^{em}(P_t)$ 为 P 值的经验分位数，通过数学期望公式计算；$q^{th}(P_t)$ 为利用标准均匀分布 $U(0,1)$ 计算的 P 值的理论分位数。α-index 取值为 0～1，取值越接近 1，表明概率预报可靠性越高。

（3）分辨率。分辨率表示预报概率分布的平均相对精度，π-index 通过下式计算：

$$\pi\text{-index} = \frac{1}{T} \sum_{t=1}^{T} \frac{E[H_t]}{\text{Sdev}[H_t]}$$

式中：$E[H_t]$、$\text{Sdev}[H_t]$ 分别为根据后验分布计算的实测流量 H_t 的期望值和标准差。π-index 取值越大，表明概率预报分辨率越高，预报不确定性越小。

（4）连续概率排位分数。连续概率排位分数是结合可靠性和分辨率的综合指标，是评估概率预报结果总体效果的标准方法，数学表达式为

$$\text{CRPS} = \frac{1}{T} \sum_{t=1}^{T} \int_{0}^{\infty} [F_t(r) - H_s(r - h_t)]^2 \mathrm{d}r$$

式中：F_t 为第 t 时段预报流量的累积分布函数；h_t 为第 t 时段的实测流量；积分变量 r 为流量；$H_s(r - h_t)$ 为实际流量的累积分布函数，当 $r < h_t$ 时等于 0，否则等于 1。当预报结果为单一确定性值时，CRPS 变为预报平均绝对误差，数学表达式为：

$$\text{MAE} = \frac{1}{T} \sum_{t=1}^{T} |h_t - s_t|$$

这是指标 CRPS 的一个优势，它是沟通确定性预报和概率预报的桥梁，使得我们可以更加直观地比较确定性预报和概率预报结果的性能优劣，CRPS 越低表示预报结果越好。

3. 溪洛渡水库入库洪水概率预报结果与讨论

1）边缘分布的确定

假设随机变量 H_k、$S_k(k = 1, 2, \cdots, 5)$ 均服从 P-III 型分布，采用线性矩法估计各变量的统计参数，并采用 K-S 检验法对这些分布拟合进行检验。考虑到实测变量 H_k $(k = 1, 2, \cdots, 5)$ 的边缘概率分布相同，将其统一表示为随机变量 H，则随机变量 H、S_k $(k = 1, 2, \cdots, 5)$ 参数估计结果见表 5.9。在 5% 的显著性水平下，除了 S_4 和 S_5 外，其余的 K-S 检验统计量均小于相应的临界值，通过了检验。另外，选取 Gamma、Normal、Gumbel、Weibul、Gev 五种备用线型进行拟合，P-III 分布与经验分布的拟合误差的标准差最小，故这两个变量也选用 P-III 分布作为边缘分布。

表 5.9　溪洛渡水库入库洪水概率预报边缘分布参数估计结果和 K-S 检验

变量	统计参数			K-S 检验统计量	临界值
	均值	C_v	C_s		
H	6 954.30	0.45	0.71	0.051 7	0.061 6
S_1	6 760.95	0.47	0.91	0.060 8	0.061 6
S_2	6 650.62	0.48	0.96	0.057 7	0.061 6
S_3	6 591.89	0.48	0.97	0.058 3	0.061 6
S_4	6 586.23	0.48	0.97	0.065 6	0.061 6
S_5	6 586.06	0.48	0.97	0.062 0	0.061 6

2）联合分布的建立

采用 Gumbel-Hougaard、Clayton 和 Frank 3 种 Copula 函数分别构造 H_k、S_k 的联合分布，基于不同预见期实测和预报流量同步系列数据，分别得到相应的秩相关系数 τ，根据 τ 与参数 θ 的关系分别计算 Copula 函数的参数值，Copula 函数的 RMSE 值，结果见表 5.10。

表 5.10　溪洛渡水库入库洪水概率预报联合分布参数估计结果

预见期/天	Copula 函数	τ	θ	RMSE
	Gumbel-Hougaard		6.81	0.007 5
1	Clayton	0.853	11.62	0.009 4
	Frank		25.48	0.006 6
	Gumbel-Hougaard		6.99	0.007 5
2	Clayton	0.857	11.99	0.008 6
	Frank		26.22	0.006 5
	Gumbel-Hougaard		6.83	0.007 9
3	Clayton	0.854	11.67	0.008 7
	Frank		25.58	0.006 8
	Gumbel-Hougaard		6.84	0.007 6
4	Clayton	0.854	11.69	0.008 5
	Frank		25.62	0.006 4
	Gumbel-Hougaard		6.78	0.007 7
5	Clayton	0.853	11.56	0.008 3
	Frank		25.37	0.006 3

Frank Copula 函数 RMSE 值最小，因而选择其构造 H_k、S_k 的联合分布。以 Frank Copula 函数作为联结函数所建立的联合分布是合理可行的。另外，从表中可以看出，预见期为 1 天的实测流量序列和预报流量序列的秩相关系数小于其他几个预见期的秩相关系数，然而，从 2 天预见期开始，随着预见期的延长，实测流量序列和预报流量序列的秩相关系数逐渐减小。

3）概率预报结果

据数理统计原理，给定显著性水平赋值为 0.1，计算得到后验流量概率分布 5% 和 95% 的分位数，它们分别给出了 90% 的流量预报区间的置信下限和上限值。针对 2013072108 洪水，溪洛渡水库不同预见期下确定性预报流量、后验期望值预报流量及 90% 的置信区间列于表 5.11。预见期 1 天、2 天、3 天和 4 天的期望值预报相比确定性预报均有所改善，而预见期 5 天的预报精度反而有所降低。对于预见期 1~5 天的预报，贝叶斯预报处理器计算的 90% 的置信区间均包含了实测流量，具有较高的可靠性。

表 5.11　溪洛渡水库 2013072108 洪水不同预见期期望值预报流量及 90%的置信区间

预报时刻	实测流量/(m³/s)	确定性预报流量/(m³/s)	后验期望值预报流量/(m³/s)	90%置信区间/(m³/s)
2013072208	10 000	9 000	9 350	[7 980, 11 000]
2013072308	11 600	10 800	11 300	[9 200, 14 100]
2013072408	13 000	12 500	12 600	[9 890, 16 400]
2013072508	13 700	14 400	13 500	[10 300, 17 600]
2013072608	10 000	12 500	12 600	[9 860, 16 300]

同理，可以计算任意预报时刻的后验期望值预报流量和90%置信区间，实现洪水过程的连续预报。根据 2013 年溪洛渡水库不同预见期汛期洪水过程的后验期望值预报流量和90%的置信区间及实测流量过程（以 1 天预见期为例，如图 5.17 所示）。可以看出，基于 Copula-BPF 的后验期望值预报流量与实测流量序列拟合效果总体较好，概率预报区间基本上可以包含实测流量，表明结果是可靠的，可以为防洪决策提供更多的信息，使得预报人员能定量地考虑各种不确定性，实现水文预报与决策有机结合。

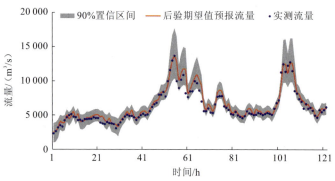

图 5.17　2013 年溪洛渡水库汛期入库流量实测值、1 天预见期后
验期望值预报流量与 90%置信区间

4）概率预报结果评价

从后验期望值预报结果的精度、90%置信区间的优良性及概率预报整体性能等三个方面对贝叶斯概率预报结果进行评价，以分析概率预报结果的准确性。

溪洛渡水库 1～5 天预见期的确定性预报与贝叶斯后验期望值预报结果的精度评价指标 NSE 和 RE 分别见表 5.12。对于后验期望值预报结果的 NSE 而言，相较于确定性预报结果有所提升，且随着预见期的延长，后验期望值预报结果的精度相较于确定性预报结果的精度提升更加明显。此外，值得注意的是，后验期望值预报结果的 RE 显著减小。由于溪洛渡水库的防洪库容较大，水库运行调度主要受洪水总量控制，所以准确地预报径流总量具有重要意义，相比于确定性预报，贝叶斯后验期望值预报在这方面优势明显。

表 5.12　溪洛渡水库不同预见期的确定性预报与后验期望值预报结果

预见期/天	确定性预报		Copula-BPF	
	NSE/%	RE/%	NSE/%	RE/%
1	93.00	−2.60	93.00	0.50
2	92.00	−4.40	93.00	0.60
3	91.00	−5.40	93.00	0.50
4	91.00	−5.60	93.00	0.50
5	90.00	−5.70	92.00	0.50

表 5.13 给出了不同预见期的溪洛渡水库入库流量贝叶斯概率预报 90%置信区间评价指标值。不同预见期的覆盖率 CR 值均超过 88%，接近指定的置信水平 90%，表明计算得到的 90%流量预报区间是合理可靠的。预见期为 1 天的平均带宽 B 值和平均相对带宽 RB 值反而要大于其他几个预见期，这可能是由于实测流量序列与预报流量序列的秩相关系数小于其他几个预见期造成的。而从 2 天预见期开始，随着预见期的延长，平均带宽 B 值和平均相对带宽 RB 值逐渐增大，表明入库流量的预报不确定性增加。

表 5.13　溪洛渡水库入库流量不同预见期概率预报的 90%置信区间评价指标值

预见期/天	CR/%	$B/（m^3/s）$	RB /%
1	89.96	2 853	45.87
2	90.37	2 784	44.76
3	88.11	2 852	45.83
4	89.14	2 855	45.88
5	88.93	2 886	46.34

仅仅对贝叶斯概率预报 90%置信区间的评价是不够全面的，进一步采用 Q-Q 图、α-index、π-index 和 CRPS 等指标来评定概率预报的整体性能。溪洛渡水库汛期入库流量预报 Q-Q 图如图 5.18 所示（以 1 天预见期为例）。

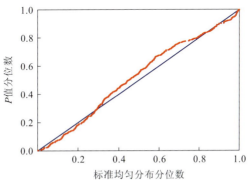

图 5.18　溪洛渡水库 1 天预见期的汛期入库流量概率预报 Q-Q 图

不同预见期的 Q-Q 图曲线都接近于 1∶1 线，整体表现良好，表明贝叶斯预报处理器较好地捕捉了入库流量预报的真实不确定性，得到的概率预报结果是合理、可靠的。Q-Q 图曲线中部区域偏向 1∶1 线的左上方，说明概率预报结果对预报流量的不确定性仍有所低估，这可能与未考虑模型输入等其他来源的不确定性有关。另外，Q-Q 图曲线结果也说明概率预报方法对流量值的预报有所偏低，需要对其进一步校正。

不同预见期的 α-index、π-index 和 CRPS 等指标值列于表 5.14。由表可知，与 Q-Q 图的定性结果相对应，不同预见期的 α-index 值均大于 0.93，进一步表明概率预报结果可靠性高，且随着预见期的延长总体呈现出 π-index 值逐渐减小，概率预报的分辨率和精度降低，说明入库流量的预报不确定性增加。

表 5.14　溪洛渡水库入库流量不同预见期概率预报评价指标值

预见期/天	确定性预报	Copula-BPF			
	MAE/(m^3/s)	α-index	π-index	CRPS/(m^3/s)	CRPS 降幅/%
1	586	0.935 1	8.17	429	26.76
2	623	0.943 3	8.41	423	32.08
3	657	0.938 2	8.19	435	33.83
4	655	0.935 2	8.18	439	33.05
5	668	0.944 3	8.08	445	33.47

随着预见期的延长，综合指标 CRPS 值也呈现不断增加的趋势，意味着概率预报的性能和总体效果略有降低。预见期 1～5 天的 CRPS 值改善（降低）幅度均超过 25%，分别为 26.76%、32.08%、33.83%、33.05%、33.47%。此外，随着预见期的延长，CRPS 的降幅明显增加，说明基于 Copula-BPF 得到的概率预报的优越性随着预见期的增长越发显著。

4. 三峡水库入库洪水概率预报结果与讨论

1）边缘分布的确定

假设随机变量 H_k、$S_k(k=0,1,2,\cdots,7)$ 均服从 P-III 型分布，采用线性矩法估计统计参数，并采用 K-S 检验法对这些分布拟合进行检验。考虑到实测变量 $H_k(k=1,2,\cdots,7)$ 的边缘概率分布相同，将其统一表示为随机变量 H，则随机变量 H、$S_k(k=1,2,\cdots,7)$ 参数估计结果见表 5.15。结果表明，在 5% 的显著性水平下，K-S 检验统计量均小于相应的临界值，各变量均通过检验。因此，估计的实测流量和预报流量边缘分布可以满足实际需求，是合理可行的。

表 5.15　三峡水库入库洪水概率预报边缘分布参数估计结果和 K-S 检验

变量	统计参数			K-S 检验统计量	临界值
	均值	C_v	C_s		
H	22 042.15	0.42	1.51	0.027	0.046 5
S_1	21 736.83	0.43	1.52	0.018	0.046 5
S_2	21 811.10	0.43	1.54	0.016	0.046 5
S_3	21 757.30	0.43	1.54	0.020	0.046 5

变量	统计参数			K-S 检验统计量	临界值
	均值	C_v	C_s		
S_4	21 774.15	0.42	1.54	0.017	0.046 5
S_5	21 761.21	0.42	1.54	0.023	0.046 5
S_6	21 764.43	0.42	1.56	0.024	0.046 5
S_7	21 760.89	0.42	1.55	0.022	0.046 5

2）联合分布的建立

采用 Gumbel-Hougaard、Clayton 和 Frank 3 种 Copula 函数分别构造 H_k、S_k 的联合分布，基于不同预见期实测和预报流量同步系列数据，分别得到相应的秩相关系数 τ，根据 τ 与参数 θ 的关系分别计算 Copula 函数的参数值，Copula 函数的 RMSE 值，结果见表 5.16。

表 5.16　三峡水库入库洪水概率预报联合分布参数估计结果

预见期/天	Copula	τ	θ	RMSE
	Gumbel-Hougaard		7.60	0.007 6
1	Clayton	0.87	13.19	0.012 1
	Frank		28.64	0.009 4
	Gumbel-Hougaard		6.99	0.007 6
2	Clayton	0.86	11.98	0.012 6
	Frank		26.20	0.009 5
	Gumbel-Hougaard		6.53	0.007 7
3	Clayton	0.85	11.06	0.013 1
	Frank		24.36	0.009 8
	Gumbel-Hougaard		6.19	0.007 4
4	Clayton	0.84	10.38	0.013 5
	Frank		22.99	0.009 7
	Gumbel-Hougaard		5.90	0.007 2
5	Clayton	0.83	9.79	0.013 8
	Frank		21.80	0.009 6
	Gumbel-Hougaard		5.58	0.006 9
6	Clayton	0.82	9.16	0.014 0
	Frank		20.53	0.009 3
	Gumbel-Hougaard		5.39	0.006 8
7	Clayton	0.81	8.78	0.014 4
	Frank		19.77	0.009 2

Gumbel-Hougaard Copula 函数 RMSE 值最小，因而选择其构造 H_k、S_k 的联合分布。以 Gumbel-Hougaard Copula 函数作为联结函数所建立的联合分布是合理可行的。随着预见

期的延长，实测流量序列和预报流量序列的秩相关系数逐渐减小。

3）概率预报结果

根据数理统计原理，给定显著性水平赋值为 0.1，计算得到后验流量概率分布 5% 和 95% 的分位数，它们分别给出了 90% 的流量预报区间的置信下限和上限值。三峡水库 2013071908 洪水起报的不同预见期的确定性预报流量、后验期望值预报流量及 90% 的置信区间列于表 5.17。

表 5.17　三峡水库 2013071908 洪水不同预见期后验期望值预报流量及 90% 的置信区间

预报时刻	实测流量/（m³/s）	确定性预报流量/（m³/s）	后验期望值预报流量/（m³/s）	90%置信区间/（m³/s）
2013071908	31 100	28 200	28 300	[25 000，31 300]
2013072008	42 600	38 000	37 700	[34 000，41 000]
2013072108	48 100	48 600	48 200	[44 300，51 700]
2013072208	45 900	47 800	44 200	[37 400，50 100]
2013072308	38 200	41 500	41 700	[37 200，45 600]
2013072408	39 500	36 600	36 700	[31 900，40 900]
2013072508	40 900	39 800	39 800	[34 900，44 200]

预见期的后验期望值预报流量相比确定性预报流量，洪峰部分有所改善，对于预见期 1～7 天的预报，贝叶斯预报处理器计算的 90% 的置信区间基本包含了实测流量，可靠性较高。

同理，可以计算任意预报时刻的后验期望值预报流量和 90% 置信区间，实现洪水过程的连续预报。从 2013 年三峡水库预见期 1～7 天汛期洪水过程的后验期望值预报流量和 90% 的置信区间及实测流量过程（以 3 天预见期为例，如图 5.19 所示）可以看出，基于 Copula-BPF 的后验期望值预报流量与实测流量序列拟合效果总体较好，但拟合效果随预见期的延长而降低。此外，90% 置信区间也随着预见期的延长均变宽，预报不确定性增大，但基本上可包含实测流量，表明概率区间预报是可靠的，可以为防洪决策提供更多的信息，定量给出了各种不确定性，实现水文预报与实践决策的有机结合。

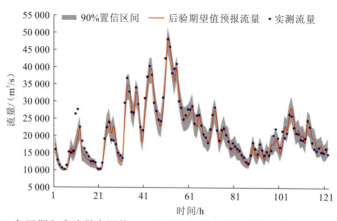

图 5.19　2013 年汛期入库流量实测值、3 天预见期后验期望值预报流量与 90% 的置信区间

4）概率预报结果评价

三峡水库预见期 1～7 天的确定性预报与贝叶斯后验期望值预报结果的精度评价指标 NSE 和 RE 分别见表 5.18。对于后验期望值预报结果的 NSE 而言，相比确定性预报结果有了显著提升，效率系数值略有不同程度提高，而且值得注意的是后验期望值预报结果的 RE 明显增大。总体而言，RE 随着预见期的增大而略微增大。

表 5.18　三峡水库入库流量不同预见期的确定性预报与后验期望值预报结果

预见期/天	确定性预报		Copula-BPF	
	NSE/%	RE/%	NSE/%	RE/%
1	93.62	−2.15	94.01	−0.89
2	91.81	−2.15	92.30	−0.88
3	90.52	−2.50	91.05	−1.19
4	90.00	−2.56	90.54	−1.26
5	89.34	−2.74	89.94	−1.41
6	88.69	−2.80	89.34	−1.44
7	87.90	−2.81	88.41	−1.40

表 5.19 给出了不同预见期的三峡水库入库流量贝叶斯概率预报 90%置信区间评价指标值。不同预见期的覆盖率 CR 值均超过 85%，接近于指定的置信水平 90%，表明计算得到的 90%流量预报区间是合理、可靠的。随着预见期的延长，平均带宽 B 值和平均相对带宽 RB 值均逐渐增大，置信区间的精度下降，表明入库流量的预报不确定性随预见期持续增加。

表 5.19　不同预见期三峡水库入库流量贝叶斯概率预报的 90%置信区间评价指标值

预见期/天	CR /%	$B/$（m³/s）	RB /%
1	88.64	5 156	24.98
2	87.45	5 610	26.43
3	86.53	5 815	27.79
4	86.15	6 109	29.26
5	86.07	6 395	30.61
6	85.54	6 763	32.43
7	85.28	7 009	33.68

仅仅对贝叶斯概率预报 90%置信区间的评价是不够全面的，进一步采用 Q-Q 图、α-index、π-index 和 CRPS 等指标来评定概率预报的整体性能。三峡水库汛期入库流量预报 1 天预见期 Q-Q 图如图 5.20 所示。

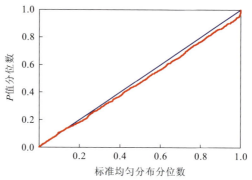

图 5.20　三峡水库 1 天预见期的汛期入库流量概率预报 Q-Q 图

　　不同预见期的 Q-Q 图曲线整体较为接近于 1∶1 线，概率预报结果对预报流量的不确定性仍有所低估，这可能与模型输入等其他来源的不确定性有关。概率预报方法对流量值的预报总体上有所偏低，需要对其进一步进行校正。

　　不同预见期的 α-index、π-index 和 CRPS 等指标值列于表 5.20。与 Q-Q 图的定性结果相对应，不同预见期的 α-index 值均接近 1，进一步表明概率预报结果可靠性高。随着预见期的延长，π-index 值逐渐减小，概率预报的分辨率和精度降低，说明入库流量的预报不确定性增加。

表 5.20　不同预见期三峡水库入库流量概率预报评价指标值

预见期/天	确定性预报	Copula-BPF			
	CRPS 或 MAE/（m³/s）	α-index	π-index	CRPS/（m³/s）	CRPS 降幅/%
1	1 522	0.975 6	13.53	1 080	29.04
2	1 640	0.982 8	12.50	1 186	27.68
3	1 765	0.976 1	11.01	1 281	27.42
4	1 818	0.969 8	11.06	1 359	25.24
5	1 911	0.968 8	10.56	1 420	25.67
6	1 976	0.963 7	9.91	1 463	25.96
7	2 076	0.958 3	9.58	1 106	46.72

　　随着预见期的延长，综合指标 CRPS 值也呈现不断增加的趋势，意味着概率预报的性能和总体效果降低。然而，基于 Copula-BPF 得到的概率预报 CRPS 值始终小于相应的确定性预报，彰显了概率预报的有效性。预见期 1～7 天的 CRPS 值改善（降低）幅度均超过25%，分别为 29.04%、27.68%、27.42%、25.24%、25.67%、25.96% 和 46.72%。

5.3.5　基于统计后处理的入库流量集合概率预报方法研究与应用

1. 研究区域

　　研究区域为寸滩—武隆以下的三峡水库区间流域：对于上游干支流控制站入流，采用马斯京根法演算至入库点；对于三峡水库区间流域，采用水文模型进行产汇流计算后直接叠加得到三峡水库入库流量。在考虑三种主要不确定性来源的基础上，构建了三峡水库入库流量集合预报方案，并进行短期入库流量预报试验。

2. 三峡区间流域模型结果

模型率定期采用实测数据作为输入，对两种水文模型以三种优化指标共计 6 组方案分别进行参数优化。率定期为 2010～2013 年，检验期为 2014～2015 年。各方案下的模型评价指标如表 5.21 所示。由结果可知，各方案的模型模拟精度都很高，效率系数 NSE 均高于 99%，而不同方案之间的三种优化指标值具有显著差异，表明建立的三峡水库入库流量集合预报模型能够较好地描述预报不确定性。基于以上分析，建立的 6 组方案均可用于三峡水库入库流量预报。

表 5.21　三峡水库入库流量模型方案评价结果

评价指标	新安江模型优化指标			GR4J 模型优化指标		
	RMSE	RMEST	MELT	RMSE	RMEST	MELT
RMSE	935.6	944.4	945.0	888.2	893.8	937.4
RMEST	3.00×10^6	1.31×10^6	3.56×10^6	4.53×10^6	3.00×10^6	4.63×10^6
MELT	0.004 6	0.004 8	0.004 5	0.004 9	0.004 9	0.004 6
NSE/%	99.09	99.07	99.07	99.18	99.17	99.09

3. 三峡水库入库流量集合预报效果评价

对于三峡水库入库流量预报，本章采用寸滩站、武隆站的实测值和预报值作为输入，并考虑预见期内的三峡区间数值降雨预报，计算得到了 2012 年 5 月 11 日～2015 年 12 月 31 日共计 1 330 个时段的三峡水库入库流量 1～3 天集合预报结果。

图 5.21 展示了各预见期三峡水库入库流量集合预报的评价指标箱线图。随着预见期增长，三峡水库入库流量的预报精度总体上呈现下降趋势，以效率系数 NSE 为例，1～3 天预见期的集合预报 NSE 中位数分别为 98%、95% 和 91%，结果表明随着预见期延长，预报误差逐渐增大。同时，随着预见期增长，集合预报成员之间的差异也更加显著，表现为评价指标的取值范围逐渐增加，集合预报的不确定性区间也逐渐增大。总体看来，3 天预见期集合入库流量预报误差仍维持在较小的水平，具有较好的预报精度。

4. 基于统计后处理的集合概率预报

集合概率预报的目的是要在保证"准确度"（calibration）的前提下获取"集中度"高的概率分布，用以描述未知预报量的不确定性。为评价集合概率预报结果，选取百分比综合转换（percentage integrated transform，PIT）图和 CRPS 值两个指标进行结果展示。

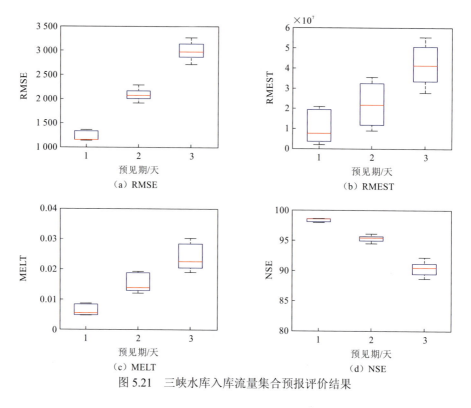

图 5.21　三峡水库入库流量集合预报评价结果

1）PIT 图

上述"准确度"是指集合概率预报与未知真实分布在统计学角度的一致性程度，可通过绘制集合概率预报的 PIT 图进行判断。对于第 t 个样本点的 PIT 值可按照下式计算：

$$\text{PIT}_t = G_t(O_t)$$

式中：O_t 为第 t 个样本点的实测流量；$G_t(*)$ 为对第 t 个样本作出的概率预报分布函数。

将所有计算得到的 PIT 值绘制成直方图，即可获得 PIT 图。完美情况下，PIT 图应该呈现出均匀分布（即各组内的样本点个数相同）。若 PIT 图呈现 U 形分布，则表明集合概率预报结果低估了预报不确定性；反之，若 PIT 图呈现倒 U 形分布，则表明预报不确定性被高估。通过统计 PIT 图与标准均匀分布的差异校准偏差（calibration deviation，CD），可以定量描述集合概率预报准确性的好坏：

$$\text{CD} = \sqrt{\frac{1}{k}\sum_{i=1}^{k}\left(\text{bin}_i - \frac{1}{k}\right)^2}$$

式中：bin_i 为第 i 个分组的频率；k 为分组个数，常取 10～20 内的整数。显然，CD 值越小越好，代表 PIT 图越接近标准均匀分布。

2）CRPS 值

CRPS 值是一个综合评价集合概率预报准确性和集中度的指标，其定义式与 5.3.4 小节相同。采用自适应滑动窗口的参数率定方法，以 CRPS 值最小作为优化目标进行集合概率预报参数率定。经试算分析，取滑窗长度为 10～120 不等，当滑窗长度为 80 时即可取得最好效果（最小的 CRPS 值），因此本小节选取目标时刻前期 80 个时段的集合预报值和相应的实测值作为参数率定的样本。最优结果的 PIT 图评价见图 5.22，相应的 CRPS 评价结果见表 5.22。由图 5.22（a）可知，原始集合预报的准确度非常差，大量样本的 PIT 值位

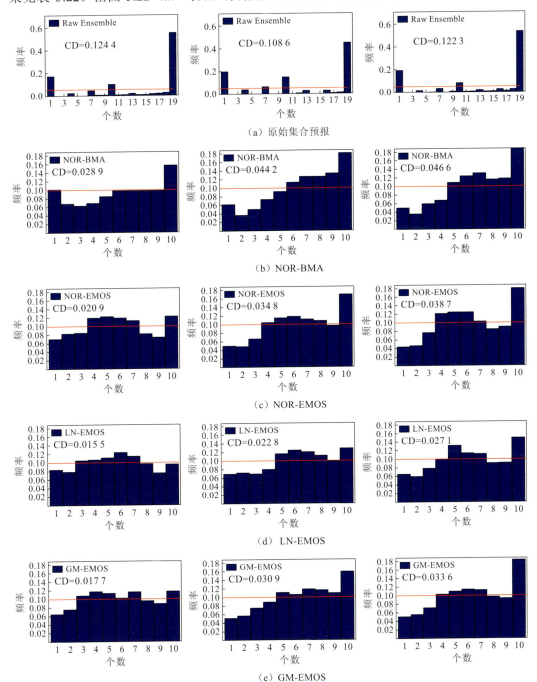

图 5.22　原始集合预报与 EMOS 集合概率预报 PIT 图对比

Raw Ensemble 为原始输出集合；NOR-BMA 为基于正太分布的 BMA 法；NOR-EMOS 为基于正太分布的 EMOS 法；LN-EMOS 为基于对数正态分布的 EMOS 法；GM-EMOS 为基于伽马分布的 EMOS 法

于两端，呈现明显的 U 形形状，严重低估了预报值的不确定性。经过统计后处理，各集合概率预报的 PIT 图均相较原始集合预报有了较大提升，且随着预见期的增长，PIT 图相较标准均匀分布差距增大，集合概率预报的准确度减小。结合表 5.22 结果，可以发现基于正态分布的 BMA 法和 EMOS 法的结果最差，具有较大的 CRPS 值和 CD 值。NOR-BMA 在 1 天预见期时表现略好于 NOR-EMOS，而 2 天和 3 天预见期则是 NOR-EMOS 更佳，计算结果表明：随着预见期的增长，EMOS 法表现更加稳健。采用两种非正态分布计算的 EMOS 集合概率预报结果中，LN-EMOS 的 PIT 图更接近标准均匀分布，具有更好的准确度；LN-EMOS 和 GM-EMOS 具有近似的 CRPS 值，但 GM-EMOS 的 90%区间宽度相较 LN-EMOS 窄，表明预报不确定性较小。综合以上评价结果，推荐选用基于伽马分布的 EMOS 法获取集合概率预报。

表 5.22　原始集合预报与 EMOS 集合概率预报 CRPS 和 90%区间宽度

项目	预见期/天	原始集合预报 / (m³/s)	NOR-BMA / (m³/s)	NOR-EMOS / (m³/s)	LN-EMOS / (m³/s)	GM-EMOS / (m³/s)
	1	675	496	511	465	469
CRPS	2	1 126	835	834	783	776
	3	1 597	1 180	1 174	1 063	1 065
	1	837	3 487	3 501	3 341	3 064
90%区间宽度	2	1 002	5 011	5 158	4 879	4 276
	3	1 105	7 487	7 734	6 908	5 160

第6章

短中期水文气象预报实践及精度评定

　　基于落地雨的传统水文预报方法，由于流域汇流时间本身的限制，难以完全满足长江流域防洪调度决策、洪水资源化利用的要求。如何延长三峡库区洪水预报预见期、提高洪水预报精度，是三峡库区水文气象预报面临的一大难题。随着现代数值气象预报技术的出现，为提前并可靠地预测河川径流提供了重要支撑。基于本书的相关研究成果，结合长期以来长江流域水文气象预报实践经验，优化完善流域水文气象作业预报体系。

　　本章重点针对三峡水库试验性蓄水以来的三峡水库入库流量、沙市站水位、莲花塘站水位等要素，开展短中期水文气象预报精度评定。主要结论包括：随着气象预报技术的发展，降雨预报基本可提前 10 天左右预测出降雨过程，提前3 天以上锁定降雨落区，精准预报降雨量级；对三峡水库入库来水预报，基本可提前 7 天左右预报将出现的明显涨水过程，提前 3 天以上预测入库洪水量级及峰现时间；对中下游主要控制站水位预报，基本可提前 3 天左右预报超警、超保时间，为三峡水库科学调度提供前提依据和有力支撑。

6.1　水文气象预报作业体系

长江水文气象预报业务起步于 20 世纪 50 年代，经过几十年的实践与发展，预报方法与技术手段日臻完善，形成了水文气象相结合、短中长期相结合、预报调度相结合的工作体制和技术路线。

目前，长江流域降雨预报采用的是短中期、延伸期和长期预报相结合的预报方法。其中：短中期降雨预报对象为长江流域 39 个子分区未来 7 天的逐 24 h 定量面雨量，同时根据水文预报需求可提供加密分区、逐 6 h 滚动预报；延伸期降雨预报对象为长江流域 14 个大分区 8～20 天的降雨过程，主要是对未来强降雨过程进行预判；长期预报是对未来一个月至一年内的降雨趋势进行预测，即流域降雨相对于多年平均态偏多偏少的趋势，根据预测时间长短可分为年度、季节、月降雨趋势预测。

在水文预报方面，为了总结经验，提高预报方案质量，推动长江流域实时洪水作业预报工作的开展，1994 年水利部水文水利调度中心具体组织指导，由水利部长江水利委员会水文局牵头流域内多个水文单位参加流域预报方案汇编，汇编方案按流域水系分为长江上游（石鼓—宜昌）、长江中下游（宜昌—南京）、汉江流域三大部分，汇编方案共计 155 个，采用的预报方法主要包括前期降雨指数（antecedent-preception index，API）模型、单位线、水位（流量）相关、马斯京根、汇流系数、调洪演算等。此后，受水利部长江水利委员会水文局、长江防汛抗旱总指挥部委托，2004 年 9 月～2005 年 12 月完成《长江流域洪水预报方案修编》工作，修编方案为 146 个。

随着流域内水利工程的不断兴建，长江流域河系的水流天然状态已逐渐改变，呈多阻隔格局。河流上的预报节点与调度节点（阻隔点）紧密相连、密不可分，以串联、并联或混联方式存在，相互制约影响，形成牵一发而动全身的局面。为满足以三峡水库为核心的长江流域水库群联合调度对洪水预报的要求，开展了三峡水库水文特性及预报技术研究工作，基于本书相关研究成果，改进长江流域预报体系，以流域大型水库、重要水文站、防汛节点等为关键控制断面，利用空间位置与水力联系构建形成水库、湖泊、防洪对象有序关联的拓扑关系概化图，构建了最新长江流域预报体系，根据新的预报体系及水库调度需求，扩充预报节点至大约 400 个（含水库节点约 60 个），实现了预报方案从岗托—大通（包括洞庭湖四水、鄱阳湖五河）接近全流域覆盖，含预报方案 900 余套，预报覆盖面积从原来的 140 万 km² 以上增加至接近 180 万 km²（全流域），预报河段从原来的 3 600 km 延长至约 4 300 km；采用的预报方法除了 API、单位线、水位（流量）相关、马斯京根、汇流系数、调洪演算外，还增加了分布式新安江模型、DDRM 及水动力学模型等，总体坚持实用、可靠的原则，预报模型选用适合流域洪水特性的成熟技术和方法，所有的预报断面均编制有至少一套预报方案，重要节点断面编制多套预报方案对比。

三峡水库作为长江上游控制性水库，其在长江防洪调度预报体系中发挥着关键作用，当前三峡水库预报体系覆盖范围包括岷江大渡河瀑布沟水库和干流紫坪铺水库以下流域，沱江流域，嘉陵江渠江、培江及干流亭子口水库以下流域，向寸区间，三峡区间。考虑水系分布、站点布设、水库分布，三峡水库预报体系共划分有预报分区 89 个。针对长江中下游复杂的江湖关系，建立了集径流模型与相关图、大湖演算、水动力学等河道演算模型于一体的预报方案体系。

6.2　短中期降雨及水文预报精度评定方法

1. 短期降雨预报精度评定

收集长江上游、清江及洞庭湖水系 2008～2020 年共 13 年 4～10 月日常短期降雨预报成果（预报内容为降雨量范围及降雨量倾向值），各分区预报样本数为 2 549 个。统计预报分区为金沙江、岷沱江、嘉陵江、向寸区间、乌江、三峡区间、长江上游、清江、洞庭湖水系，其中，日常预报分区细分后，上述统计分区为面积权重计算值。

短期降雨预报评定内容为上述样本中不同预见期不同降雨量级预报的准确率、漏报率、空报率、实际降雨量级的频次频率。采用统计学的方法，结合降雨对水情的影响，考虑相对极端情况下的空报率及漏报率，定义针对中雨及以上量级：若预报与实况属于相同的降雨量级，则视该次预报为正确，针对无雨和小雨量级，若预报无雨，则实况无雨或小雨均视为预报正确，若预报小雨，则实况无雨或小雨也均视为正确；若预报的降雨量级较实况降雨量级大两级或两级以上，则为预报空报；若预报的降雨量级较实况降雨量级小两级或两级以上，则为预报漏报。实际降雨量级的频次频率为分预见期分降雨量级的前提下分别统计各量级所有预报样本中实际出现各种降雨量级的次数和频率，降雨量级的划分采用江河流域面雨量等级划分标准，见表 6.1。

表 6.1　江河流域面雨量等级划分

等级	12 h 面雨量值/mm	24 h 面雨量值/mm
小雨	0.1～2.9	0.1～5.9
中雨	3.0～9.9	6.0～14.9
大雨	10.0～19.9	15.0～29.9
暴雨	20.0～39.9	30.0～59.9
大暴雨	40.0～80.0	60.0～150.0
特大暴雨	>80.0	>150.0

不同等级降雨量预报准确率 η、漏报率 β、空报率 w 计算公式如下：

$$\eta = (n/m) \times 100\%; \qquad \beta = (u/m) \times 100\%; \qquad w = (p/m) \times 100\%$$

式中：m 为发布预报次数；n 为预报正确次数；u 为预报漏报次数；p 为预报空报次数。

2. 中期降雨预报精度评定

中期降雨预报精度评定内容为是否预报出长江上游的降雨过程及预报降雨过程的强度是否正确。收集长江上游 7 个分区 2008～2020 年共 13 年 4～10 月日常中期降雨预报成果

（预报内容主要为降雨量范围及降雨量倾向值），依据江河流域面雨量等级划分标准，选取长江上游实况面雨量至少连续两天达到或超过中雨量级的降雨过程作为统计样本，依据实况发生的降雨过程，若中期降雨预报中有文字说明或者数字证明有降雨过程，则为降雨过程预报正确，若没有，则为降雨过程预报错误。同时对比长江上游预报的降雨过程与实际发生的降雨过程的强度，若实际发生的降雨过程累计雨量在预报累计雨量范围内，则为降雨过程强度预报正确，否则为降雨过程强度预报偏强或偏弱。

3. 短中期水文预报精度评定

1）绝对误差

水文要素的预报值减去实测值为预报的绝对误差。多个绝对误差绝对值的平均值表示多次预报的平均误差分析。

2）相对误差

绝对误差除以实测值为相对误差，以百分数表示。多个相对误差绝对值的平均值表示多次预报的平均相对误差水平。相对误差绝对值与百分之百的差值为准确率。

3）保证率误差

将各预见期入库流量预报的绝对误差、相对误差的绝对值进行从小到大排序，采用如下公式分别计算其保证率 P。

$$P = k/(N+1) \times 100\%$$

式中：$k = 1, 2, 3, \cdots, N$，表示序号；N 表示预报样本总数。

4）合格率

一次预报的误差小于许可误差时，为合格预报。合格预报次数与预报总次数之比的百分数为合格率，表示多次预报总体的精度水平。

水位预报许可误差取预见期内实测变幅的 20%，当许可误差小于相应流量的 5%对应的水位幅度值或小于 0.1 m 时，则以该值作为许可误差；三峡水库入库流量及累计水量 1～5 天预报许可误差则分别按 5%、10%、15%、20%、25%控制。

6.3　短中期水文气象预报精度评定结果

6.3.1　短期降雨预报精度评定结果

根据上述评定方法，对各分区降雨预报误差准确率、漏报率、空报率（以下简称"三率"）进行统计计算，统计实际各量级降雨发生频次与相应频率，统计相同预见期所有预报分区的综合预报准确率。

1）各分区各量级预报与实际降雨频次统计结果

（1）金沙江。统计 24 h、48 h 及 72 h 金沙江各量级预报与实际降雨频次，历史样本中：3 天内金沙江预报无雨时，发生大雨及以上强度的次数为 0；预报小雨时，发生大雨的频率最高为 0.1%，发生暴雨及以上强度的次数为 0；预报中雨时，发生暴雨的频率最高为 0.2%，发生大暴雨的次数为 0；预报大雨时，发生大暴雨的次数为 0。

（2）岷沱江。统计 24 h、48 h 及 72 h 岷沱江各量级预报与实际降雨频次，历史样本中：3 天内岷沱江预报无雨时，发生大雨及以上强度的次数为 0；预报小雨时，发生大雨的频率最高为 0.6%，发生暴雨及以上强度的次数为 0；预报中雨时，发生暴雨的频率最高为 0.9%，发生大暴雨的次数为 0；预报大雨时，发生大暴雨的次数为 0。

（3）嘉陵江。统计 24 h、48 h 及 72 h 嘉陵江各量级预报与实际降雨频次，历史样本中：3 天内嘉陵江预报无雨时，发生大雨的频率最高为 0.5%，发生暴雨及以上强度的次数为 0；预报小雨时，发生大雨的频率最高为 1.2%，发生暴雨的频率最高为 0.1%，发生大暴雨强度的次数为 0；预报中雨时，发生暴雨的频率最高为 0.9%，发生大暴雨的次数为 0；预报大雨时，发生大暴雨的频率最高为 0.5%。

（4）向寸区间。统计 24 h、48 h 及 72 h 向寸区间各量级预报与实际降雨频次，历史样本中：3 天内向寸区间预报无雨时，发生大雨的频率最高为 1.9%，发生暴雨及以上强度的次数为 0；预报小雨时，发生大雨的频率最高为 1.1%，发生暴雨的频率最高为 0.2%，发生大暴雨强度的次数为 0；预报中雨时，发生暴雨的频率最高为 1.5%，发生大暴雨的频率最高为 0.1%；预报大雨时，发生大暴雨的频率最高为 0.5%；预报暴雨时，发生大暴雨强度的次数为 0。

（5）乌江。统计 24 h、48 h 及 72 h 乌江各量级预报与实际降雨频次，历史样本中：3 天内乌江预报无雨时，发生大雨的频率最高为 1.3%，发生暴雨及以上强度的次数为 0；预报小雨时，发生大雨的频率最高为 1.4%，发生暴雨的频率最高为 0.1%，发生大暴雨强度的次数为 0；预报中雨时，发生暴雨的频率最高为 1.6%，发生大暴雨的次数为 0；预报大雨时，发生大暴雨的频率最高为 0.4%；预报暴雨时，发生大暴雨的次数为 0。

（6）三峡区间。统计 24 h、48 h 及 72 h 三峡区间各量级预报与实际降雨频次，历史样本中：3 天内三峡区间预报无雨时，发生大雨的频率最高为 1.6%，发生暴雨的频率最高为 0.9%，发生大暴雨的次数为 0；预报小雨时，发生大雨的频率最高为 1.4%，发生暴雨的频率最高为 0.1%，发生大暴雨强度的次数为 0；预报中雨时，发生暴雨的频率最高为 2.1%，发生大暴雨的次数为 0；预报大雨时，发生大暴雨的频率最高为 0.5%；预报暴雨时，发生大暴雨的频率最高为 4.3%；预报大暴雨 1 次，实际也发生大暴雨。

（7）长江上游。统计 24 h、48 h 及 72 h 长江上游各量级预报与实际降雨频次，历史样本中：3 天内长江上游预报无雨时，发生中雨及以上强度降雨的次数为 0；预报小雨时，发生中雨的最高频率为 7.2%，发生大雨及以上强度的次数为 0；预报中雨及大雨时，发生暴雨及以上量级的次数为 0。

（8）清江。统计 24 h、48 h 及 72 h 清江各量级预报与实际降雨频次，历史样本中：3 天内清江预报无雨时，发生大雨的最高频率为 0.9%，发生暴雨的最高频率为 0.4%，发生大暴雨的次数为 0；预报小雨时，发生大雨的最高频率为 4.0%，发生暴雨的最高频率为 0.3%，发生大暴雨的最高频率为 0.1%；预报中雨时，发生暴雨的频率最高为 4.7%，发生大暴雨的频率最高为 0.4%；预报大雨时，发生大暴雨的频率最高为 1.7%；预报暴雨时，发生大暴雨的频率最高为 13.4%；24 h 预报大暴雨 1 次，实况也发生大暴雨。

（9）洞庭湖水系。统计 24 h、48 h 及 72 h 洞庭湖水系各量级预报与实际降雨频次，历史样本中：3 天内洞庭湖水系预报无雨时，发生大雨的最高频率为 1.0%，发生暴雨及以上强度的次数为 0；3 天内预报小雨时，发生大雨的频率最高为 0.6%，发生暴雨及以上强度的次数为 0；预报中雨时，发生暴雨的频率最高为 0.9%，发生大暴雨的次数为 0；预报大雨或暴雨时，发生大暴雨的次数为 0。

2）各预见期短期降雨预报精度评定结果

24 h、48 h 及 72 h 预见期长江上游、清江及洞庭湖水系各分区短期降雨预报准确率见表 6.2～表 6.4，由表可见：①24 h 短期降雨预报平均准确率为 74.8%，平均漏报率为 1.0%，平均空报率为 1.9%。②48 h 短期降雨预报平均准确率为 73.5%，平均漏报率为 0.90%，平均空报率为 1.80%。③72 h 短期降雨预报平均准确率为 71.6%，平均漏报率为 1.2%，平均空报率为 2.4%。④流域面积大的预报区域准确率较高，漏报率较低。

表 6.2　各分区 24 h 短期降雨预报"三率"分析

24h 预报	漏报		准确		空报	
	漏报次数	漏报率/%	准确次数	准确率/%	空报次数	空报率/%
金沙江	2	0.8	1 957	76.8	9	0.4
岷沱江	17	0.7	1 811	71.0	44	1.7
嘉陵江	24	0.9	1 892	74.2	48	1.9
向寸区间	25	1.0	1 701	66.7	96	3.8
乌江	37	1.5	1 839	72.1	78	3.1
三峡区间	39	1.5	1 914	75.1	75	2.9
长江上游	0	0	2 051	80.5	0	0
清江	58	2.3	1 895	74.3	64	2.5
洞庭湖水系	8	0.3	2 100	82.4	12	0.5
平均值	—	1.0	—	74.8	—	1.9

表 6.3　各分区 48 h 短期降雨预报"三率"分析

48h 预报	漏报		准确		空报	
	漏报次数	漏报率/%	准确次数	准确率/%	空报次数	空报率/%
金沙江	1	0.04	1 944	76.3	15	0.60
岷沱江	14	0.50	1 746	68.5	35	1.40
嘉陵江	10	0.40	1 857	72.9	41	1.60
向寸区间	24	0.90	1 680	65.9	79	3.10

续表

48 h 预报	漏报		准确		空报	
	漏报次数	漏报率/%	准确次数	准确率/%	空报次数	空报率/%
乌江	22	0.90	1 829	71.8	58	2.30
三峡区间	29	1.10	1 927	75.6	69	2.70
长江上游	0	0	2 001	78.5	1	0.04
清江	85	3.30	1 831	71.8	101	4.00
洞庭湖水系	15	0.60	2 034	79.8	15	0.60
平均值	—	0.90	—	73.5	—	1.80

表 6.4　各分区 72 h 短期降雨预报"三率"分析

72 h 预报	漏报		准确		空报	
	漏报次数	漏报率/%	准确次数	准确率/%	空报次数	空报率/%
金沙江	5	0.2	1 881	73.8	23	0.9
岷沱江	14	0.5	1 724	67.6	44	1.7
嘉陵江	17	0.7	1 857	72.9	54	2.1
向寸区间	36	1.4	1 613	63.3	104	4.1
乌江	36	1.4	1 765	69.2	89	3.5
三峡区间	36	1.4	1 832	71.9	82	3.2
长江上游	0	0	1 968	77.2	3	0.1
清江	111	4.4	1 804	70.8	115	4.5
洞庭湖水系	19	0.7	1 987	78.0	35	1.4
平均值	—	1.2	—	71.6	—	2.4

统计 24 h、48 h 及 72 h 预见期长江上游、清江及洞庭湖水系各分区各量级预报精度：
①24 h 无雨预报的平均准确率为 97.7%，平均漏报率为 2.3%；24 h 小雨预报的平均准确率
为 91.9%，平均漏报率为 0.9%，平均空报率为 0；24 h 中雨预报的平均准确率为 38.7%，
平均漏报率为 0.9%，平均空报率为 2.1%；24 h 大雨预报的平均准确率为 39.7%，平均漏报
率为 0.3%，平均空报率为 16.2%；24 h 暴雨预报的平均准确率为 39.5%，平均漏报率为 0，
平均空报率为 20.8%；24 h 大暴雨预报的平均准确率为 100%。②48 h 无雨预报的平均准确
率为 98.9%，平均漏报率为 1.1%；48 h 小雨预报的平均准确率为 92.2%，平均漏报率为 0.9%，
平均空报率为 0；48 h 中雨预报的平均准确率为 36.0%，平均漏报率为 1.1%，平均空报率
为 2.4%；48 h 大雨预报的平均准确率为 36.6%，平均漏报率为 0.3%，平均空报率为 14.8%；
48 h 暴雨预报的平均准确率为 33.9%，平均漏报率为 0，平均空报率为 23.0%；48 h 大暴雨
预报的平均准确率为 33.3%。③72 h 无雨预报的平均准确率为 97.7%，平均漏报率为 2.3%；
72 h 小雨预报的平均准确率为 90.7%，平均漏报率为 1.1%，平均空报率为 0；72 h 中雨预
报的平均准确率为 33.8%，平均漏报率为 1.4%，平均空报率为 2.7%；72 h 大雨预报的平均

准确率为 29.4%，平均漏报率为 0.1%，平均空报率为 21.9%；72 h 暴雨预报的平均准确率为 33.5%，平均漏报率为 0，平均空报率为 27.7%；72 h 大暴雨预报的平均准确率为 0。④虽然 72 h 内无雨预报的漏报率较高，但是无雨预报时，实际发生中雨及以上量级的频率很低。72 h 内小雨预报时，实际发生大雨及以上量级的频率很低。⑤中雨及以上量级预报的准确率低，但漏报率也低，从各区统计的空报率看普遍较高，因此当预报中雨及以上量级时，实际发生的降雨强度可能比预报小。

6.3.2　中期降雨预报精度评定结果

根据上述评定方法，对长江上游中期降雨过程预报精度评定见表 6.5。其中：有预报样本数为 151 次；在 151 次降雨过程检验中，有 1 次降雨过程未预报，降雨过程预报的准确率为 99.3%；在 150 次预报出的降雨过程样本中，过程强度正确的有 116 次（77.3%），偏强的有 10 次（6.7%），偏弱的有 24 次（16.0%）。

表 6.5　长江上游中期降雨过程预报精度评定

实况降雨过程	预报过程雨量范围/mm	实况过程雨量/mm	过程评定	强度评定
2008 年 8 月 6～7 日	5～15	13.9	正确	正确
2008 年 8 月 14～15 日	20～40	18.2	正确	偏强
2008 年 8 月 27～29 日	20～40	25.8	正确	正确
……				
2020 年 7 月 10～12 日	35～55	25.5	正确	偏强
2020 年 7 月 14～18 日	45～90	40.2	正确	偏强
2020 年 7 月 24～25 日	20～40	22.8	正确	正确
2020 年 7 月 29～30 日	10～20	13.9	正确	正确
2020 年 8 月 6～8 日	10～20	17.6	正确	正确
2020 年 8 月 11～12 日	5～15	22.1	正确	偏弱
2020 年 8 月 15～17 日	20～40	32.1	正确	正确
2020 年 8 月 28～30 日	15～25	20.9	正确	正确
2020 年 9 月 13～16 日	20～40	25.9	正确	正确

6.3.3　短中期水情预报精度评定结果

1）三峡水库入库流量短中期预报

收集统计 2008～2020 年 4～10 月，预见期为 1～5 天的三峡水库入库流量短中期预报成果和实况，其中：预见期 1～3 天，预报和实况值均为每日 8 时入库流量，样本数为 2 568 个；预见期 4～5 天，预报值取自三峡水库入库流量中期预报成果，预报和实况值均为日平均入库流量，样本数为 379 个。按 1～5 天不同预见期对三峡水库入库流量预报进行误差统计，并统计总体平均相对误差和合格率，进而分析不同保证率下的相对误差。

（1）不同预见期三峡水库入库流量分析。依据前述方法分析不同预见期三峡水库入库流量预报的平均相对误差和合格率，评定结果见表 6.6。总体上随着预见期的延长，平均相对误差呈增长趋势，预报合格率呈下降趋势；1～3 天预报平均相对误差均在 8.64% 以下，预报合格率在 90.81%～91.43%；4～5 天预见期预报值虽为日平均流量，但预见期 4 天、5 天预报平均相对误差分别仅为 10.52%、12.69%，预报合格率分别为 87.07%、79.95%。

表 6.6　三峡水库入库流量预报精度评定

预见期/天	预报次数	平均相对误差/%	合格率/%
1	2 568	4.18	91.43
2	2 568	6.37	90.81
3	2 568	8.64	91.00
4	379	10.52	87.07
5	379	12.69	79.95

（2）不同量级下三峡水库入库流量分析。将三峡水库入库流量的实况值按 0～<10 000 m³/s、10 000～<20 000 m³/s、20 000～<30 000 m³/s、30 000～<40 000 m³/s、40 000～<50 000 m³/s 和 ≥50 000 m³/s 分为 6 个等级，分析预报入库流量级别对预报平均相对误差的影响，结果如图 6.1 所示。

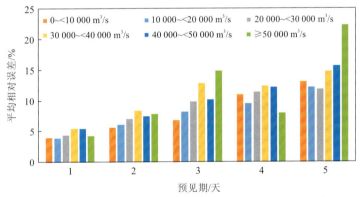

图 6.1　预报入库流量级别与预报平均相对误差相关关系

计算结果表明，不同量级入库流量对应的预报平均相对误差随预见期长度的增加总体基本呈上升趋势。但由于预报入库流量在 40 000 m³/s 以上且预见期为 4～5 天的样本数量较少，其代表性还需累计资料后进一步分析。

（3）保证率误差分析。将各预见期（1～5 天）入库流量预报的相对误差的绝对值进行排序，采用经验频率公式计算保证率。为统计三峡水库短中期入库流量预报误差的保证率水平，分别计算了不同保证率下绝对误差及相对误差的绝对值，具体见图 6.2、图 6.3。

对于 1～5 天预见期的三峡水库入库流量预报，在相同保证率下，随着预见期的延长，绝对误差及相对误差的绝对值均呈增大趋势：在 85% 的保证率下，1～3 天、4～5 天预见期三峡水库入库流量的绝对误差的绝对值分别在 1 500～3 000 m³/s、3 500～4 000 m³/s，相

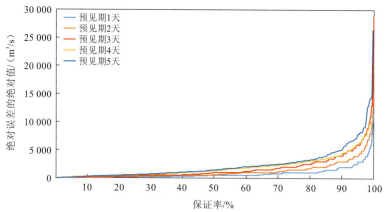

图 6.2　1～5 天预见期三峡水库入库流量预报绝对误差的绝对值保证率曲线

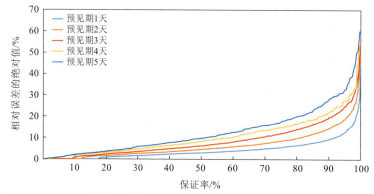

图 6.3　1～5 天预见期三峡水库入库流量预报相对误差的绝对值保证率曲线

对误差的绝对值分别在 7.69%～16.44%、18.69%～22.76%；在 90%的保证率下，1～3 天、4～5 天预见期三峡水库入库流量的绝对误差的绝对值分别在 2 000～4 000 m³/s、4 500～5 200 m³/s，相对误差的绝对值分别在 9.48%～19.61%、21.95%～27.91%；在 95%的保证率下，1～3 天、4～5 天预见期三峡水库入库流量的绝对误差的绝对值分别在 3 000～6 000 m³/s、6 200～7 800 m³/s，相对误差的绝对值分别在 12.78%～25.00%、27.52%～32.81%。

2）三峡水库入库流量中期预报

收集 2008～2020 年 4～10 月，预见期为 1～5 天的三峡水库入库流量中期预报成果，按 1～5 天不同预见期计算不同预见期下三峡水库入库水量，并对三峡水库入库水量预报进行误差及平均误差统计，进而分析不同保证率下的相对误差。

（1）精度评定。依据前述方法分析不同预见期三峡水库入库水量预报的平均相对误差和合格率，结果见表 6.7。总体上随预见期的延长，平均相对误差呈增长趋势；1～3 天预见期三峡水库入库水量预报平均相对误差在 3.50%～4.55%，合格率在 93.14%～94.99%；4 天、5 天预见期三峡水库入库水量预报成果平均相对误差分别为 5.41%、6.28%，合格率分别为 87.07%、79.95%。

表 6.7　三峡水库入库水量预报精度评定

预见期/天	预报次数	平均相对误差/%	合格率/%
1	379	3.50	94.99
2	379	4.00	93.40
3	379	4.55	93.14
4	379	5.41	87.07
5	379	6.28	79.95

（2）保证率误差分析。将各预见期（1～5 天）内的累计入库水量预报误差（绝对误差及相对误差的绝对值）进行排序，采用经验频率公式计算保证率，得到不同保证率下的绝对误差及相对误差的绝对值，结果如图 6.4、图 6.5 所示。由图、表中数据可见，对于 1～5 天预见期的三峡水库入库水量预报，在相同保证率下，随着预见期的延长，绝对误差及相对误差的绝对值均呈增大趋势：在 85% 的保证率下，累计 1～3 天、4～5 天预见期三峡水库入库水量绝对误差的绝对值分别为 1.04 亿～3.54 亿 m³、5.79 亿～8.55 亿 m³，相对误差的绝对值分别为 6.74%～8.03%、9.78%～11.28%；在 90% 的保证率下，累计 1～3 天、4～5 天预见期三峡水库入库水量绝对误差的绝对值分别为 1.47 亿～4.23 亿 m³、7.08 亿～10.37 亿 m³，相对误差的绝对值分别为 8.30%～9.84%、11.53%～12.62%；在 95% 的保证率下，累计 1～3 天、4～5 天预见期三峡水库入库水量绝对误差的绝对值分别为 1.90 亿～6.48 亿 m³、10.37 亿～15.03 亿 m³，相对误差的绝对值分别为 10.39%～14.25%、14.59%～16.79%。

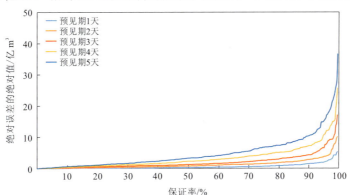

图 6.4　1～5 天预见期三峡水库入库水量预报绝对误差的绝对值保证率曲线

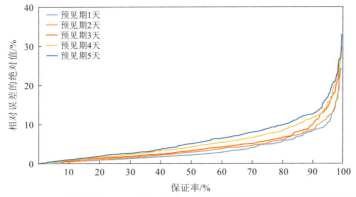

图 6.5　1～5 天预见期三峡水库入库水量预报相对误差的绝对值保证率曲线

3）沙市站精度评定

统计 2008～2020 年沙市站 1～3 天预见期水位 40 m 以上时水位预报平均误差及合格率，如表 6.8 所示。当沙市站位于高水位时，水位预报精度仍处于一个较高的水平，随着预见期的延长，水位预报的平均误差呈增长趋势，合格率呈下降趋势；1 天、2 天、3 天预见期水位平均误差分别为 0.14 m、0.24 m、0.37 m，1 天、2 天预见期水位合格率均大于 70%，3 天预见期水位合格率较低，为 60.3%。总体来说，沙市站水位预报主要受三峡水库调度影响，尤其电网在日均进行调峰时，出库流量最大日内变化可达 5 000 m³/s，对沙市站水位的影响达 1.5 m，是沙市站水位预报精度偏低的主要原因。

表 6.8 沙市站水位预报精度评定（40 m 以上较高水位）

预见期/天	预报次数	平均误差/m	合格率/%
1	229	0.14	81.2
2	227	0.24	72.8
3	227	0.37	60.3

4）莲花塘站精度评定

（1）精度评定。统计 2008～2020 年莲花塘站 1～5 天预见期水位预报平均误差及合格率，见表 6.9。随着预见期的延长，水位预报的平均误差呈增长趋势，合格率呈下降趋势；莲花塘站 1 天、2 天、3 天、4 天、5 天预见期水位平均误差分别为 0.06 m、0.11 m、0.16 m、0.22 m、0.28 m；1～3 天预见期水位合格率均在 89.9%以上，4～5 天预见期水位合格率均在 77.1%以上。

表 6.9 莲花塘站水位预报精度评定

预见期/天	预报次数	平均误差/m	合格率/%
1	994	0.06	98.9
2	994	0.11	96.3
3	994	0.16	89.9
4	985	0.22	83.4
5	970	0.28	77.1

（2）保证率误差分析。为统计莲花塘站水位预报误差的保证率水平，计算莲花塘站水位绝对误差的绝对值保证率曲线，如图 6.6 所示。由图表可知：在 85%保证率下，预见期 1 天、2 天、3 天、4 天、5 天的绝对误差的绝对值分别在 0.1 m、0.21 m、0.32 m、0.44 m、0.55 m 以下；在 90%保证率下，绝对误差的绝对值分别在 0.12 m、0.25 m、0.39 m、0.53 m、0.69 m 以下；在 95%保证率下，绝对误差的绝对值分别在 0.15 m、0.33 m、0.51 m、0.71 m、0.92 m 以下。在 85%保证率下的绝对误差的绝对值基本反映了预报的平均误差，在 95%～100%保证率下的绝对误差的绝对值较大，反映了预报的极端误差。

综合来说，莲花塘站水位预报结果较好，预报结果具有可信度。对于 1～5 天预见期的莲花塘站水位预报，在相同保证率下，随着预见期的延长，绝对误差的绝对值呈增大趋势。

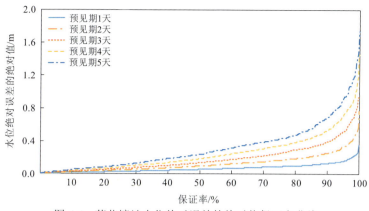

图 6.6　莲花塘站水位绝对误差的绝对值保证率曲线

6.3.4　三峡水库建库以来典型洪水预报

三峡水库自 2008 年试验性蓄水应用以来，发生了多次上游型、中下游型及流域型编号洪水，本小节选取多场洪水案例，对三峡水库建库以来典型洪水预报误差进行分析，分析较大洪水时预报情况。

1.　"长江 2012 年第 4 号洪水"

1）概况

2012 年 7 月中下旬，受强降雨影响，长江上游各支流来水急剧增加，支流控制站纷纷出现较大洪水过程，金沙江、岷沱江洪水在向下游演进过程中，降雨移动方向又与洪水演进方向一致，导致金沙江、岷沱江来水与屏山—寸滩区间来水严重遭遇，干流宜宾—寸滩江段全线超保证水位，朱沱站出现超历史洪水；朱沱站以上来水又与嘉陵江来水遭遇，导致寸滩站出现 1981 年以来最大洪水，三峡水库出现建库以来最大洪水，最大入库流量 71 200 m³/s，为"长江 2012 年第 4 号洪水"。通过拦洪运用，三峡水库最大出库流量 45 800 m³/s，最高调洪水位 163.09 m，如图 6.7 所示。

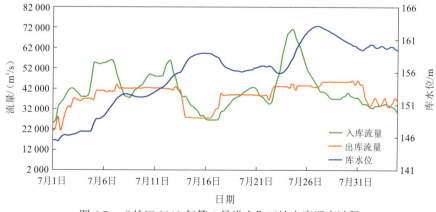

图 6.7　"长江 2012 年第 4 号洪水"三峡水库调度过程

2）预报分析

（1）降雨。7 月 20～22 日，受高空槽、切变线及冷空气影响，长江上游发生了一次强降雨过程，中心位于岷沱江、嘉陵江上游及屏山—寸滩区间。7 月 17 日的中期预报对这次降雨过程提前 4 天预报，在 19 日和 20 日的短期预报中对各分区的具体雨量值提前 3 天进行了较准确的预报，19 日预报 21 日岷沱江、嘉陵江雨量分别为 25 mm、20 mm，实际出现 22 mm 和 16 mm 的降雨，屏山—寸滩区间的降雨预报效果稍差。

（2）水情。"长江 2012 年第 4 号洪水"期间，提前 1 周预报出有明显涨水过程，提前 5 天预报出 50 000 m³/s 以上明显涨水过程，提前 2.5 天的洪峰预报相对误差在 10% 以下，22 日 20 时预测洪峰 70 000 m³/s 至出现洪峰，有效预见期 48 h，相对误差仅 1.8%，洪峰预报精度较高。三峡水库入库流量预报与实况对比如表 6.10 所示。

表 6.10　"长江 2012 年第 4 号洪水"三峡水库入库流量预报

预报依据时间	入库洪峰/（m³/s）			相对误差/%	预见期/天
	预报		实况		
2012-07-19 8:00	2012-07-25 8:00	50 000		29.9	5.5
2012-07-20 8:00	2012-07-25 8:00	45 000		36.9	4.5
2012-07-21 8:00	2012-07-25 8:00	50 000	2012-07-24 20:00　71 300	29.9	3.5
2012-07-22 8:00	2012-07-24 20:00	65 000		8.8	2.5
2012-07-22 20:00	2012-07-24 20:00	70 000		1.8	2.0
2012-07-23 8:00	2012-07-24 20:00	70 000		1.8	1.5

2. "长江 2016 年第 2 号洪水"

1）概况

2016 年汛期，受 6 月 30 日～7 月 6 日持续强降雨过程影响，长江中下游干流监利以下江段全线超警，形成了长江 2016 年 2 号洪水。其中，长江干流城陵矶以下江段和洞庭湖、鄱阳湖主要站水位列有水文记录以来的第 5～6 位。中下游干流莲花塘站、汉口站、大通站洪峰水位分别为 34.29 m、28.37 m、15.66 m，分别排历史第 5 位、第 5 位、第 6 位。三峡水库自 6 月 30 日起实施拦洪调度，出库流量从 30 000 m³/s 减至 18 200 m³/s，有效降低了中下游防洪压力，联合上游水库群调度平均降低洞庭湖区及莲花塘河段水位约 0.7 m，如图 6.8 所示。

2）预报分析

（1）降雨。6 月 17 日的延伸期预报提前 13 天预报了 6 月 30 日～7 月 6 日的降雨过程。提前 10 天以上对 7 月 18～20 日的降雨过程作出预报。6 月 24 日的中期预报就对 6 月 30 日开始的降雨作出了预报，随后的滚动中期预报逐渐明确了降雨过程的强度和落区。6 月 30 日开始的短期预报更是对各分区的雨量值作出了较准确的预报。总体而言，各分区中

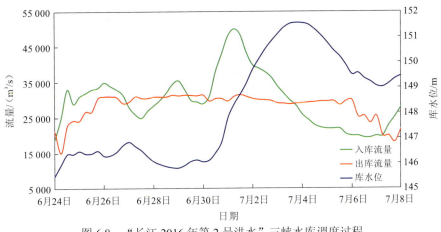

图 6.8　"长江 2016 年第 2 号洪水"三峡水库调度过程

雨以上量级的降雨都作出了预报，不存在漏报的情况。长江上游各区的强降雨除了三峡水库下段预报偏小外基本没有漏报，洞庭湖水系的降雨也不存在漏报的情况，但一些小分区的雨量预报值偏差较大。

7 月 18～20 日长江流域自西向东有大到暴雨的强降雨过程。过程面雨量：江汉平原 160 mm，清江 141 mm，澧水 98 mm，鄂东北 77 mm，武汉 65 mm，沅江、洞庭湖区 43～48 mm，嘉陵江、向寸区间、乌江、三峡区间、陆水 30～39 mm。总体而言，3 天内的预报把各区的强降雨基本都预报出来了，不存在漏报的情况，虽然对清江、江汉平原等区域的雨量预报明显偏小，但都预报出了大到暴雨以上的量级。具体 3 天内的预报和实况见表 6.11。

表 6.11　7 月 18～20 日雨量实况和预报对照　　　　　　（单位：mm）

分区	18 日				19 日				20 日			
	预报			实况	预报			实况	预报			实况
	16 日	17 日	18 日		17 日	18 日	19 日		18 日	19 日	20 日	
江汉平原	50	30	23	53	40	32	40	87	—	—	—	—
澧水	40	20	32	47	35	35	42	47	—	—	—	—
向寸区间	16	16	22	34	—	—	—	—	—	—	—	—
武汉	35	20	7	33	—	—	—	—	—	—	—	—
陆水	18	18	18	32	—	—	—	—	—	—	—	—
嘉陵江	25	30	27	28	—	—	—	—	—	—	—	—
洞庭湖区	25	20	15	18	—	—	—	—	—	—	—	—
鄂东北	20	18	12	19	30	15	35	39	11	13	27	11
清江	—	—	—	—	45	45	40	111	—	—	—	—
三峡下段	—	—	—	—	35	35	18	34	—	—	—	—
乌江	—	—	—	—	19	19	30	22	—	—	—	—
三峡上段	—	—	—	—	19	25	25	29	—	—	—	—
沅江	—	—	—	—	10	9	18	27	—	—	—	—

（2）水情。"长江 2016 年第 2 号洪水"期间，提前 6 天预测超警戒水位，提前 3 天预测接近保证水位，5 日 8 时提前两天预测出莲花塘站洪峰水位 34.20 m，实况 34.29 m（7 月 7 日 23 时），有效预见期 63 h，误差仅 0.09 m，洪峰预报精度高。莲花塘站水位预报与实况对比如图 6.9 所示。

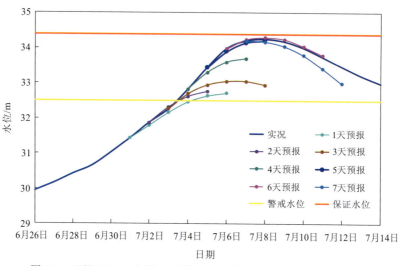

图 6.9　"长江 2016 年第 2 号洪水"莲花塘站水位预报与实况对比

3. "长江 2020 年第 2 号洪水"

1）概况

2020 年 7 月中旬，受强降雨影响，嘉陵江、乌江、三峡区间来水迅猛增加，嘉陵江北碚站 7 月 17 日出现洪峰流量 17 100 m³/s，乌江武隆站 7 月 18 日出现洪峰流量 12 100 m³/s，并与三峡区间来水遭遇（16 日 20 时区间洪峰流量 19 500 m³/s），三峡水库入库流量 17 日 10 时涨至 50 000 m³/s，形成"长江 2020 年第 2 号洪水"，18 日出现入库洪峰流量 61 000 m³/s，出库流量 14 日起从 19 000 m³/s 左右逐步增加，最大出库流量 40 000 m³/s 左右，最高调洪水位 164.58 m（20 日 5 时，为建库以来 7 月最高调洪水位），削峰率约为 46%，调度过程见图 6.10。

中下游干流附近多条支流再次发生较大涨水过程，汉口以上江段水位复涨，莲花塘站洪峰水位 34.39 m（距保证水位 0.01 m，21 日 17 时），汉口站最高水位 28.66 m（超警 1.36 m，20 日 3 时）。主要受长江下游区间来水增加并叠加潮位顶托影响，长江下游马鞍山至镇江江段最高潮位超历史，南京站最高水位 10.39 m（7 月 21 日，超历史 0.17 m）。

2）预报分析

（1）降雨。7 月 14～20 日，受高空槽、暖湿气流及冷空气的影响，长江流域自西向东有一次大到暴雨的强降雨过程，过程累计雨量：滁河 245 mm、青弋水阳江 177 mm、长下干 159 mm、清江 150 mm、三峡—万宜区间 142 mm。此次过程中强雨区在上游干流附近维持 4 天后，快速南压至中下游干流附近，长江干流大部雨量超过 100 mm，局部达到 200 mm 以上。

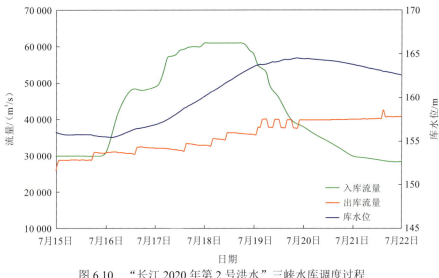

图 6.10　"长江 2020 年第 2 号洪水"三峡水库调度过程

6 月 26 日，水利部长江水利委员会水文局发布的延伸期定量降雨预报提前 18 天预报 7 月 14 日前后长江上游、汉江上游有一次中等强度降雨过程。在随后的延伸期滚动预报及短中期滚动预报中都对此次过程的持续时间、强度及落区进行了进一步的确认。在 7 月 10 日的短中期预报中，预计从 7 月 14 日开始，在乌江中下游有强降雨过程，从 7 月 11 日的短中期预报开始，除对乌江的降雨过程进行了持续的确认外，也加大了三峡区间的预报量级，逐步明确了此次过程长江上游的强降雨落区及量级。

（2）水情。"长江 2020 年第 2 号洪水"期间，三峡水库入库过程实况与预报对比见表 6.12。本次洪水过程中三峡水库入库流量整体预报趋势把握较好。本次过程提前 6 天预报将发生超过 45 000 m³/s 量级的洪水，提示可能发生编号洪水，提前 4 天预报三峡水库 17 日前后入库洪峰将达到 55 000 m³/s 以上量级，17 日预计当日 20 时最大入库流量 59 000 m³/s 左右，实况 18 日出现 61 000 m³/s 入库洪峰，洪峰流量相对误差 3.3%，洪水过程宽胖，预报洪峰流量偏小。

表 6.12　"长江 2020 年第 2 号洪水"三峡水库入库流量预报

预报依据时间	入库洪峰/（m³/s）			相对误差/%	预见期/天
	预报		实况		
2020-7-15 8:00	2020-7-18 8:00	48 000		−21.31	3
2020-7-16 8:00	2020-7-18 8:00	55 000	2020-7-18 8:00　61 000	−9.84	2
2020-7-17 8:00	2020-7-17 20:00	56 000		−8.20	1
2020-7-17 14:00	2020-7-17 20:00	59 000		−3.28	0.75

此次洪水过程中：提前 3 天预报城陵矶至汉口江段水位即将返涨；提前 4 天预报中下游干流莲花塘站水位将涨至保证水位（实际洪峰水位 34.39 m，距保证水位 0.01 m），预报的洪峰及过程与实况基本吻合，取得较高的预报精度，莲花塘站水位过程实况与预报对比图如图 6.11 所示。

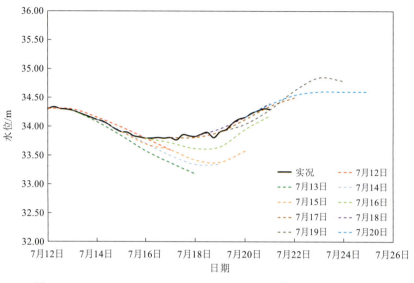

图 6.11　"长江 2020 年第 2 号洪水"莲花塘站水位实况与预报对比

4. "长江 2020 年第 4、5 号洪水"

1）概况

2020 年 8 月 11～17 日，长江上游发生了入汛以来最强降雨过程，长江上游嘉岷流域出现大范围暴雨到大暴雨的强降雨，过程维持时间长达 7 天。受持续强降雨影响，长江上游多条支流发生较大洪水过程，受上游干流和嘉陵江来水叠加影响，干流寸滩站发生 1 次复式涨水过程，8 月 14 日 5 时流量涨至 50 900 m³/s，形成"长江 2020 年第 4 号洪水"，14 日 19 时出现 4 号洪水，洪峰流量 59 400 m³/s，16 日来水退至 46 000 m³/s 后返涨，17 日 14 时再次涨至 50 400 m³/s，形成"长江 2020 年第 5 号洪水"，20 日 4 时出现 5 号洪水洪峰流量 74 600 m³/s（相应），位居历史最大流量第 5 位，20 日 8 时 15 分出现洪峰水位 191.62 m（超保证水位 8.12 m），位居历史最高水位第 2 位，仅次于 1905 年的 192.00 m。洪水形成之前，结合水文气象预报，为统筹流域防洪安全，减轻三峡库区防洪压力，三峡水库主动消落库水位，8 月 14 日 12 时最低降至 153.03 m，预留防洪库容约 178 亿 m³，同时继续联合调度长江上游水库群拦蓄洪水，其间三峡水库最大入库流量 75 000 m³/s，最大出库流量 49 400 m³/s，最高调洪水位 167.65 m，"长江 2020 年第 4、5 号洪水"三峡水库调度图如图 6.12 所示。

受上游来水影响，长江中下游宜昌至九江江段水位出现不同程度的返涨，其中宜昌至螺山江段水位超警幅度为 0.2～1.1 m。

2）预报分析

（1）降雨。2020 年 8 月 11～17 日，受高空槽、西南涡、冷空气及暖湿气流的共同影响，长江上游嘉岷流域发生了一次持续的强降雨过程。8 月 11 日，岷江下游、沱江、涪江有暴雨到大暴雨，12 日，强降雨区略东移，嘉陵江干流、涪江、沱江有暴雨到大暴雨；13～

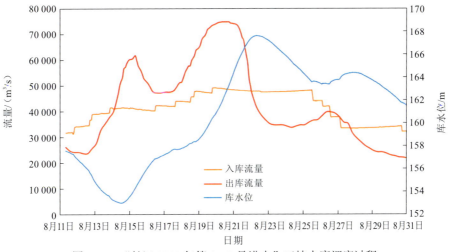

图 6.12　"长江 2020 年第 4、5 号洪水"三峡水库调度过程

14 日，降雨减弱，15～17 日，随着一股冷空气新势力的加入，降雨再度加强，且暴雨区缓慢西移南压，岷江、沱江、涪江及嘉陵江上游一带有暴雨到大暴雨。此次过程的强降雨落区位于嘉岷流域，其中，涪江过程累计雨量达 390 mm、沱江达 313 mm。

　　7 月 25 日，水利部长江水利委员会水文局发布的延伸期定量降雨预报已经预测出 8 月 11 日开始长江上游嘉岷流域有降雨过程，在 8 月 7 日的短中期预报中提前 4 天预报 8 月 11～13 日嘉岷流域有 70 mm 左右的过程雨量，8 月 8 日的短中期预报中对此次过程的量级进行进一步加大，明确了涪江、沱江的过程雨量在 100 mm 以上，在之后的滚动预报中对过程的持续时间、强度及落区进行了逐日订正，总体而言此次过程预报效果较好。

　　（2）水情。此次过程的三峡水库入库过程、莲花塘站水位过程实况与预报对比图如图 6.13、图 6.14 所示，由图可知，在 4、5 号洪水期间整体预报趋势、量级均把握较好。

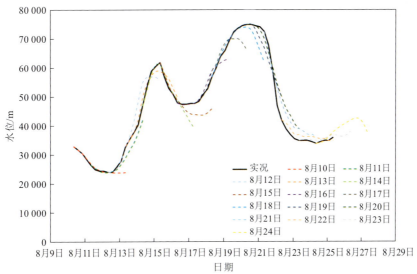

图 6.13　4、5 号洪水期间三峡水库入库流量过程实况与预报对比

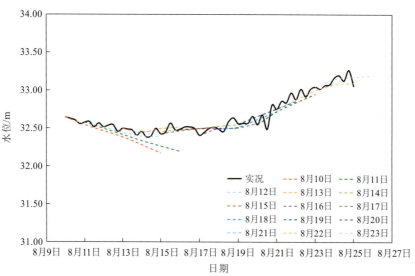

图 6.14　4、5 号洪水期间莲花塘站水位过程实况与预报对比

8 月 5 日，初步估计三峡水库 12 日起将有一次明显涨水过程；9 日，预判即将出现"长江 2020 年第 4 号洪水"；11 日提前 4 天确定洪峰流量将达到 60 000 m³/s 量级；14 日精准预报 15 日前后出现洪峰流量 61 000 m³/s 左右，实况 15 日 8 时三峡水库入库洪峰 62 000 m³/s，相对误差仅 1.6%。早在 8 月 10 日，便预判出将发生"长江 2020 年第 5 号洪水"，此后滚动预报，16 日确定长江 5 号洪水洪峰流量在 70 000 m³/s 左右；18 日，考虑金沙江来水变化溪洛渡、向家坝水库调度调整，以及嘉陵江草街电站滞洪作用，预计 20 日早洪峰流量 74 000 m³/s 左右，相对误差仅 1.3%；19 日继续滚动分析，调整三峡水库入库洪峰 20 日 8 时 75 000 m³/s，实况 20 日 8 时三峡水库入库洪峰 75 000 m³/s，提前 1 天精准预报三峡水库入库洪峰，相对误差为 0。4、5 号洪水期间，三峡水库整个来水过程涨水、退水面均与实况高度吻合。

中下游水位预报中，根据三峡水库出库方案滚动预报，提前 1～3 天预报沙市站、监利站和莲花塘站超警时间，提前 2～7 天预报出洪峰时间，各站洪峰水位预报误差在 0.02～0.07 m。总体而言，本轮编号洪水中，对监利站、莲花塘站的水位预报过程预报精度较高，涨退趋势判断与实况基本一致。

参考文献

陈红莲, 李瑞, 张玉珊, 等, 2023.赤水河流域不同地貌区生态系统健康对比[J]. 应用生态学报, 34(7): 1912-1922.

陈进, 黄薇, 2005. 梯级水库对长江水沙过程影响初探[J]. 长江流域资源与环境, 14(6): 786-791.

陈力, 段唯鑫, 2014. 三峡蓄水后库区洪水波传播规律初步分析[J]. 水文, 34(1): 30-34.

陈乾金, 高波, 李维京, 等, 2000. 青藏高原冬季积雪异常和长江中下游主汛期旱涝及其与环流关系的研究[J]. 气象学报, 58(5): 582-595.

陈文, 2002. El Niño 和 La Niña 事件对东亚冬、夏季风循环的影响[J]. 大气科学, 26(5): 595-610.

陈兴芳, 宋文玲, 2000. 欧亚和青藏高原冬春季积雪与我国夏季降水关系的分析和预测应用[J]. 高原气象, 19(2): 214-223.

程海云, 陈力, 2017. 三峡水库泄水波与沙市站水位流量响应关系研究[J]. 人民长江, 48(19): 29-34, 41.

程海云, 陈力, 许银山, 2016. 断波及其在上荆江河段传播特性研究[J]. 人民长江, 47(21): 30-34, 47.

狄斐, 韩东晖, 赵文博, 等, 2023. 赤水河(仁怀段)底栖动物群落特征及驱动因素分析[J]. 环境工程学报, 10: 1-13.

丁晶, 1988. 雅砻江洪水随机模拟及其应用[J]. 成都科技大学学报(5): 99-104.

付伟, 吕娟, 何冬燕, 2010. 六种数值模式对芜湖市地面气温和降水预报的对比检验分析[J]. 气象与环境科学, 33(B9): 109-114.

高松影, 刘天伟, 李慧琳, 等, 2011. 日本数值产品对丹东暴雨预报的天气学检验与误差分析[J]. 暴雨灾害, 30(3): 234-240.

郭生练, 熊立华, 杨井, 等, 2000. 基于DEM的分布式流域水文物理模型[J]. 武汉水利电力大学学报, 33(6): 1-5.

郭生练, 闫宝伟, 肖义, 等, 2008. Copula 函数在多变量水文分析计算中的应用及研究进展[J]. 水文, 28(3): 1-7.

侯玉, 吴伯贤, 郑国权, 1999. 分形理论用于洪水分期的初步探讨[J]. 水科学进展, 10(2): 140-143.

黄嘉佑, 黄茂怡, 张印, 等, 2003. 中国三峡地区汛期降水量的正态性研究[J]. 气象学报(1): 122-127.

黄灵芝, 2006. JC 法理论在设计洪水分析中的应用研究[D]. 西安: 西安理工大学.

贾仰文, 王浩, 王建华, 等, 2005. 黄河流域分布式水文模型开发和验证[J]. 自然资源学报, 20(2): 300-308.

蒋大成, 牟伦武, 2022. 渠江流域"7·11"暴雨洪水特性分析及防洪对策研究[J]. 四川水利, 43(1): 53-56.

金勇, 周建军, 黄国鲜, 2010. 长江上游大型水库运行对长江上游水文过程的影响[J]. 水力发电学报, 29(2): 94-101.

李保国, 崔振华, 2018. 黄河小北干流河段洪水演进规律变化分析[J]. 人民黄河, 40(5): 12-16.

李兰, 2007. LL 全分布式水文模型及其在黄河流域应用研究[C]. 东营: 第三届黄河国际论坛: 26-33.

李丽娟, 郑红星, 2000. 华北典型河流年径流演变规律及其驱动力分析: 以潮白河为例[J]. 地理学报, 55(3): 309-317.

李庆, 陈月娟, 2006. 青藏高原积雪异常对亚洲夏季风气候的影响[J]. 解放军理工大学学报(自然科学版), 7(6): 605-612.

李素霞, 魏恩甲, 何文学, 等, 2001. 明渠非恒定急变流断波要素的计算[J]. 西北农林科技大学学报(自然科学版), 29(5): 144-146.

李天元, 郭生练, 闫宝伟, 等, 2013. 基于多变量联合分布推求设计洪水过程线的新方法[J]. 水力发电学报, 32(3): 10-14, 38.

李天元, 郭生练, 刘章君, 等, 2014. 基于峰量联合分布推求设计洪水[J]. 水利学报, 45(3): 269-276.

梁潇云, 刘屹岷, 吴国雄. 2005. 青藏高原对亚洲夏季风爆发位置及强度的影响[J]. 气象学报, 63(5): 799-805.

梁忠民, 李彬权, 余钟波, 等. 2009. 基于贝叶斯理论的 TOPMODEL 参数不确定性分析[J]. 河海大学学报(自然科学版), 37(2): 129-132.

廖亚一, 吕海深, 李占玲, 2014. 气象数据不确定性对 SWAT 模型径流模拟影响[J]. 人民长江, 45(9): 34-38.

刘楚薇, 饶建, 吴志文, 等, 2019. ENSO 与中国夏季降水的联系: 冬季 QBO 的调制作用[J]. 热带气象学报, 35(2): 210-223.

刘琳, 陈静, 程龙, 等, 2013. 基于集合预报的中国极端强降水预报方法研究[J]. 气象学报, 71(5): 853-866.

刘攀, 郭生练, 王才君, 等, 2005. 三峡水库汛期分期的变点分析方法研究[J]. 水文, 25(1): 18-23.

刘源, 纪昌明, 张验科, 等, 2022. 基于 Vine Copula 的短期径流预报不确定性分析[J]. 水力发电学报, 41(7): 95-105.

刘章君, 郭生练, 李天元, 等, 2014a. 梯级水库设计洪水最可能地区组成法计算通式[J]. 水科学进展, 25(4): 575-584.

刘章君, 郭生练, 李天元, 等, 2014b. 贝叶斯概率洪水预报模型及其比较应用研究[J]. 水利学报, 45(9): 1019-1028.

刘章君, 郭生练, 胡瑶, 等, 2015. 基于 Copula-Monte Carlo 法的水库下游洪水概率分布研究[J]. 水力发电, 41(8): 17-22.

刘章君, 郭生练, 许新发, 等, 2019. 贝叶斯概率水文预报研究进展与展望[J]. 水利学报, 50(12): 1467-1478.

卢程伟, 陈莫非, 张余龙, 等, 2021. 断波在朱沱—三峡坝址库区河段传播规律分析[J]. 长江科学院院报, 38(8): 14-18, 24.

闵要武, 段唯鑫, 陈力, 2011. 三峡水库调洪运用对寸滩站水位流量关系影响[J]. 人民长江, 42(3): 17-19.

尼玛吉, 次珍, 2018. 2017 年夏季西藏地区天气气候特征[J]. 高原科学研究, 2(2): 59-64.

庞轶舒, 秦宁生, 王春学, 等, 2020. ENSO 事件的季节演变对西南夏季降水异常的影响分析[J]. 高原气象, 39(3): 581-593.

彭勇, 徐炜, 王萍, 等, 2015. 耦合 TIGGE 降水集合预报的洪水预报[J]. 天津大学学报(自然科学与工程技术版), 48(2): 177-184.

钱名开, 徐时进, 王善序, 等, 2004. 淮河息县站流量概率预报模型研究[J]. 水文, 24(2): 23-25.

覃爱基, 陈雪英, 郑艳霞, 1993. 宜昌径流时间序列的统计分析[J]. 水文(5): 15-21.

芮孝芳, 2004. 水文学原理[M]. 北京: 中国水利水电出版社.

沈晓东, 王腊春, 谢顺平, 1995. 基于栅格数据的流域降雨径流模型[J]. 地理学报, 50(3): 264-271.

史晓亮, 杨志勇, 绪正瑞, 等, 2014. 降雨输入不确定性对分布式流域水文模拟的影响研究: 以武烈河流域为例[J]. 水文, 34(6): 26-32.

谭维炎, 黄守信, 1983. 水库下游城市防洪风险的估算[J]. 水利学报(7): 37-40.

屠妮妮, 何光碧, 张利红, 2010. 成都区域气象中心业务数值预报产品检验分析[J]. 高原山地气象研究, 30(1): 21-28.

王船海, 郭丽君, 芮孝芳, 等, 2003. 三峡区间入库洪水实时预报系统研究[J]. 水科学进展, 14(6): 677-681.

王船海, 南岚, 李光炽, 2004. 河道型水库动库容在实时洪水调度中的影响[J]. 河海大学学报(自然科学版), 32(5): 526-529.

王冬, 方娟娟, 李义天, 等, 2016. 三峡水库调度方式对洞庭湖入流的影响研究[J]. 长江科学院院报, 33(12): 10-16.

吴国雄, 毛江玉, 段安民, 等. 2004. 青藏高原影响亚洲夏季气候研究的最新进展[J]. 气象学报, 62(5): 528-540.

夏凡, 陈静, 2012. 基于T213集合预报的极端天气预报指数及温度预报应用试验[J]. 气象, 38(12): 1492-1501.

肖红茹, 王灿伟, 周秋雪, 等, 2013. T639、ECMWF细网格模式对2012年5～8月四川盆地降水预报的天气学检验[J]. 高原山地气象研究, 33(1): 80-85.

肖明静, 盛春岩, 石春玲, 等, 2013. 2010年汛期多模式对山东降水预报的检验[J]. 气象与环境学报, 29(2): 27-33.

谢小平, 黄灵芝, 席秋义, 等, 2006. 基于JC法的设计洪水地区组成研究[J]. 水力发电学报, 25(6): 125-129.

熊立华, 周芬, 肖义, 等, 2003. 水文时间序列变点分析的贝叶斯方法[J]. 水电能源科学, 21(4): 39-41, 61.

徐正凡, 1987. 论水库中洪水波的传播特性[J]. 人民长江(9): 14-20.

闫宝伟, 郭生练, 郭靖, 等, 2010. 基于Copula函数的设计洪水地区组成研究[J]. 水力发电学报, 29(6): 60-65.

严欣, 琚建华, 甘薇薇, 2016. MJO持续异常对ENSO的影响[J]. 热带气象学报, 32(5): 634-644.

阳帆, 张兰萍, 文海东, 等, 2023. 赤水河流域四川段水土流失动态变化及防治对策研究[J]. 中国水土保持(8): 73-76.

杨文发, 王乐, 张俊, 2021. 流域多尺度水文预报应用进展及适用性探讨[J]. 人民长江, 52(10): 84-94.

于兴杰, 张树田, 马领康, 2009. 基于模糊统计法与分形分析法的洪水分期研究[J]. 中国农村水利水电(7): 65-67, 71.

俞鑫颖, 刘新仁, 2002. 分布式冰雪融水雨水混合水文模型[J]. 河海大学学报(自然科学版), 30(5): 23-27.

袁鹏, 邵骏, 吕孙云, 等, 2008. BP神经网络在洪水地区组成随机模拟中的应用[J]. 中国农村水利水电(11):

4-7.

张光智, 徐祥德, 苗秋菊, 1996. 影响东亚季风环流异常因子的敏感性试验[J]. 应用气象学报, 7(3): 235-236, 323-324, 327.

张洪刚, 郭生练, 2004. 贝叶斯概率洪水预报系统[J]. 科学技术与工程, 4(2): 74-75.

张康, 何锦翔, 方神光, 等, 2013. 红水河梯级开发对洪水演进的影响分析[J]. 人民珠江, 34(S1): 57-60.

张宁娜, 黄阁, 吴曼丽, 等, 2012. 2010 年国内外 3 种数值预报在东北地区的预报检验[J]. 气象与环境学报, 28(2): 28-33.

张顺利, 陶诗言, 2001. 青藏高原积雪对亚洲夏季风影响的诊断及数值研究[J]. 大气科学, 25(3): 372-390.

赵人俊, 1984. 流域水文模拟: 新安江模型和陕北模型[M]. 北京: 水利电力出版社.

郑益群, 钱永甫, 苗曼倩, 等, 2000. 青藏高原积雪对中国夏季风气候的影响[J]. 大气科学, 24(6): 761-774.

钟逸轩, 吴裕珍, 王大刚, 等, 2016. 基于贝叶斯模式平均的大渡河流域集合降水概率预报研究[J]. 水文, 36(1): 8-14, 57.

朱益民, 杨修群, 陈晓颖, 等, 2007. ENSO 与中国夏季年际气候异常关系的年代际变化[J]. 热带气象学报, 23(2): 105-116.

AJAMI N K, DUAN Q Y, GAO X G, et al., 2006. Multimodel combination techniques for analysis of hydrological simulations: application to distributed model intercomparison project results[J]. Journal of hydrometeorology, 7(4): 755-768.

ALLEN R G, PEREIRA L S, RAES D, et al., 1998. Crop evapotranspiration guidelines for computing crop water requirements[R]. Rome: FAO irrigation and drainage.

BÁRDOSSY A, 1998. Generating precipitation time series using simulated annealing[J]. Water resources research, 34(7): 1737-1744.

BEVEN K, BINLEY A, 1992. The future of distributed models: model calibration and uncertainty prediction[J]. Hydrological processes, 6(3): 279-298.

DUAN W, GUO S, WANG J, et al., 2016. Impact of cascaded reservoirs group on flow regime in the middle and lower reaches of the Yangtze River[J]. Water, 8(6) : 218.

FREEZE R A, HARLAN R L, 1969. Blueprint for a physically-based digitally-simulated hydrologic response model[J]. Journal of hydrology, 9: 237-258.

GNEITING T, WESTVELD A H, RAFTERY A E, et al., 2005. Calibrated probabilistic forecasting using ensemble model output statistics and minimum CRPS estimation[J]. Monthly weather review, 133(5): 1098-1118.

JIANG R S, SUN L, SUN C, et al., 2021. CWRF downscaling and understanding of China precipitation projections[J]. Climate dynamics (8): 1-18.

KIELY G, ALBERTSON J D, PARLANGE M B, 1998. Recent trends in diurnal variation of precipitation at Valentia on the west coast of Ireland[J]. Journal of hydrology, 207(3/4): 270-279.

KRZYSZTOFOWICZ R, KELLY K S, 2000. Hydrologic uncertainty processor for probabilistic river stage forecasting[J]. Water resources research, 36(11): 3265-3277.

МОЛОКОВ, ЩИГОРИН, 1956. The rain water and confluent channel[M]. Beijing: Architectural Engineering Press.

PERREAULT L, PARENT E, BERNIER J, et al., 2000. Retrospective multivariate Bayesian change-point analysis: a simultaneous single change in the mean of several hydrological sequences[J]. Stochastic environmental research and risk assessment(14): 243-261.

PERRIN C, MICHEL C, ANDRÉASSIAN V, 2003. Improvement of a parsimonious model for streamflow simulation[J]. Journal of hydrology, 279(1/4): 275-289.

RAFTERY A E, BALABDAOUI F, GNEITING T, et al., 2003. Using Bayesian model averaging to calibrate forecast ensembles[J]. Monthly weather review, 133(5): 1155-1174.

RICHTER B D, BAUMGARTNER J V, POWELL J, et al., 1996. A method for assessing hydrologic alteration within ecosystems[J]. Conservation biology, 10(4): 1163-1174.

TEUTSCHBEIN C, SEIBERT J, 2012. Bias correction of regional climate model simulations for hydrological climate-change impact studies: review and evaluation of different methods[J]. Journal of hydrology, 456-457: 12-29.

THOMS M C, SHELDON F, ROBERTS J, et al., 1996. Scientific panel assessment of environmental flows for the Barwon-Darling River: a report to the Technical Services Division of the New South Wales Department of Land and Water Conservation[R].

WU T W, QIAN Z A, 2003. The relation between the Tibetan winter snow and the Asian summer monsoon and rainfall: an observational investigation[J]. Journal of climate, 16 (12): 2038-2051.

ZENG X B, BELJAARS A, 2005. A prognostic scheme of sea surface skin temperature for modeling and data assimilation[J]. Geophysical research letters, 32(14): L14605.

ZENG X B, ZHAO M, DICKINSON R E, 1998. Intercomparison of bulk aerodynamic algorithms for the computation of sea surface fluxes using TOGA COARE and TAO data[J]. Journal of Climate, 11: 2628-2644.